الطريق إلى شهادة الأيزو 20000
The Road To ISO 20000

إعداد

خالد عبدالفتاح يوسف

جدول المحتويات

الفصل الأول: تعريف بمعيار الأيزو 20000

مقدمة

يصف هذا الدليل عملية تنفيذ متطلبات معيار ISO/IEC 20000 ويقدم مسارًا يعتمد على ممارسات أيتل 4 للحصول على الشهادة وفقًا للمعيار بدءًا من موقف افتراضي أن المنظمة لا تحتاج سوى القليل جدًا من المتطلبات يوفرها الدليل. تختلف كل منظمة فى إختيار الطرق الصالحة لتنفيذ تخصصات إدارة خدمات تكنولوجيا المعلومات.

يعتبر هذا الدليل ببساطة النقطة التى يمكن البدء منها ومقترحا ومؤشرًا عامًا للترتيب الذي يمكن تنفيذ الأمور بها.

لا توجد طريقة موحدة أو وحسدة صحيحة لتطبيق معايير نظام إدارة خدمات تكنولوجيا المعلومات لكن المهم هو أن تصل الطريقة بالمنظمة إلى نظام إدارة الخدمة (SMS) ذي الصلة والملائم لاحتياجاتها المحددة.

تعتمد أفضل طريقة على عدد من العوامل:

- حجم المنظمة.
- مزيج التقنيات التي تستخدمها سواء كنت مزود خدمة داخلي أو خارجي.
- البلد و الظروف المحيطة التي تعمل فيها.
- الثقافة التي تبنتها المنظمة.
- الصناعة التي تعمل فيها.
- الموارد المتاحة للمنظمة
- البيئة القانونية والتنظيمية والتعاقدية التي تعمل فيها.

ماهو معيار ISO/IEC 20000

أداة لتحسين الأعمال يمكنها المساعدة في بناء نظام إدارة خدمات تكنولوجيا المعلومات المرن الذي لا يتكيف فقط مع التقنيات سريعة التغير ولكنه يضمن أيضًا التوافق مع أهداف العمل لتحقيق النتائج.

يمثل المعيار طريقة منهجية رائعة لإثبات تقديم خدمة عالية الجودة باستمرار ويمنح المنظمة ميزة تنافسية لجذب أعمال جديدة.

يضمن المعيار ISO/IEC 20000 للمنظمة العمل مع أصحاب المصلحة لتوفير أفضل خدمات تكنولوجيا المعلومات التي يتم مراقبتها واختبارها وتحسينها بانتظام بمرور الوقت من خلال مراجعة العمليات على فترات منتظمة وتحديد فرص التحسين وتقديم خدمة أفضل للعملاء.

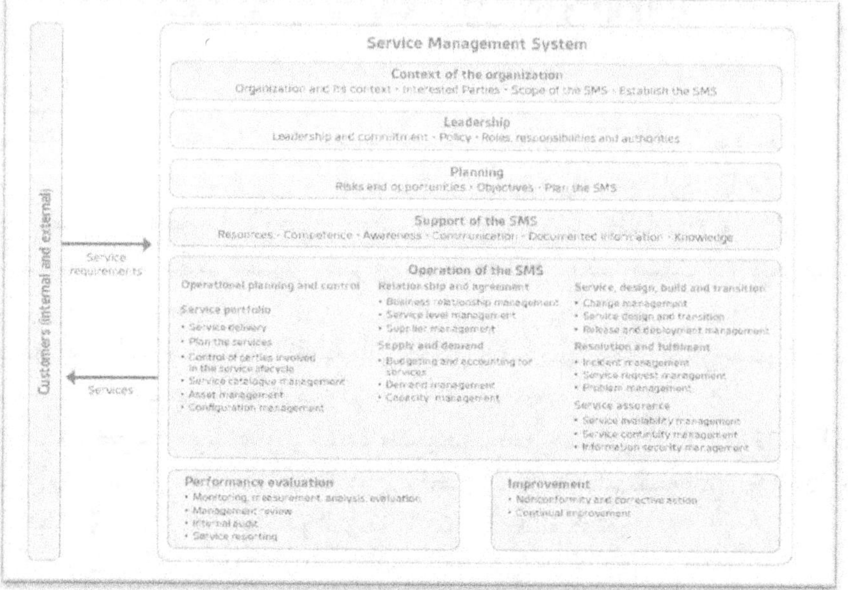

الشكل رقم 1 إطار عمل نظام إدارة الخدمة كما ورد فى المعيار.
ISO/IEC 20000-1:2018.

فوائد تطبيق معيار ISO/IEC 20000

أفادت معظم الشركات التي تطبق شهادة ISO/IEC 20000 عن زيادات في كفاءة العمليات وزيادة رضا العملاء وتحسين جودة الخدمة عندما يتم التأكد من أن تطوير وتقديم الخدمات يتوافق مع المعايير المقبولة عالميًا.

- تصبح المؤسسة أكثر قدرة على المنافسة مما يقلل المخاطر والتكلفة والوقت لتسويق المنتجات والخدمات الجديدة مع تحسين القيمة وجودة الخدمة.

- سوف توفر عوامل التمكن من دعم استراتيجية الأعمال بشكل واضح مع فرص متزايدة لتحسين كفاءة الخدمات في جميع المجالات مما يؤثر على التكاليف وجودة الخدمة.

- تتمثل الفائدة التشغيلية في إثبات موثوقية الخدمة واتساقها بوضوح وهو أمر بالغ الأهمية في أي بيئة لإستمرارية بقاء الأعمال ونموها المحتمل.

- سيتم إدارة أعمال الموردين بشكل أكثر فعالية حيث يمكن أن تؤدي الشهادة إلى تقليل حجم عمليات تدقيق الموردين وبالتالي تقليل التكاليف.

- يصبح مقدمو الخدمات أكثر استجابة مع تقديم خدمات تعتمد على الأعمال التجارية وليس على التكنولوجيا فقط.

- عمليات تدقيق الشهادات مستمرة ويجب التعامل معها كآلية لتثقيف الموظفين ورفع مستوى وعيهم.

مزايا معيار أيزو 20000

- يوفر المعيار إطار عمل و مواصفات ومتطلبات للمؤسسات.
- وضع خطة إدارة خدمات تكنولوجيا المعلومات تحدد بوضوح الأهداف.
- تحديد متطلبات تقديم الخدمة.
- توضيح الأدوار والمسؤوليات.
- مراجعة مدى فعالية أداء خدمات تكنولوجيا المعلومات بشكل منتظم.
- تحديد فرص التحسين.

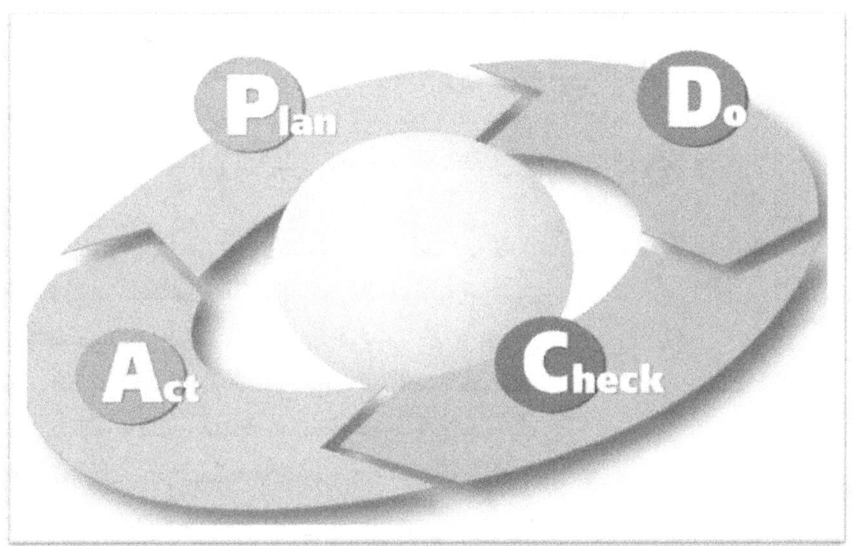

منهجية PDCA أو تخطيط-تنفيذ-تَحَقُّق- تحسين

منهجية PDCA معروفة أيضًا باسم دورة ديمنج أنشأها الدكتور دبليو إدواردز ديمينغ وهى عملية حل المشكلات المتكررة المكونة من أربع خطوات والتي تستخدم عادةً لمراقبة الجودة و يقدمها معيار ISO/IEC 20000 لتنطبق على جميع عمليات نظام إدارة الخدمة.

تخطيط Plan:

- تحديد الأهداف والعمليات اللازمة لتحقيق النتائج المتوافقة مع متطلبات العملاء وسياسات المؤسسة.
- يجب تخطيط جميع مكونات إدارة الخدمة وفقًا للمواصفة بحيث توفر الخطة إجابات على الأسئلة ما الذي يجب فعله ومتى وبواسطة من وكيف.
- يجب أن يكون الحفاظ على هذه الخطط ملزما لجميع الأطراف ويجب أن يكون التوجيه الإداري واضحًا ومتاحا.

عناصر الخطة

- نِطَاق الأعمال.
- الأهداف والمتطلبات.
- العمليات و الأنشطة و الإجراءات.
- إطار الأدوار والمسؤوليات.
- واجهات بين عمليات إدارة الخدمة.
- الأساليب الواجب اتباعها في تحديد وتقييم وإدارة القضايا والمخاطر.
- أساليب التواصل مع المشاريع التي تقوم بإنشاء الخدمات أو تعديلها.
- الموارد والتسهيلات والميزانيات اللازمة لتحقيق الأهداف المحددة.
- أدوات تنفيذ أعمال التشغيل و القياس و الرصد و التحليل .
- عمليات القياس والمراجعة وتحسين الجودة.
- المسؤوليات الموثقة للمراجعة والترخيص والتواصل والتنفيذ.

تنفيذ Do:

يجب تنفيذ العمليات و الأنشطة المخطط لها لإدارة الخدمة وتقديم الخدمات من قبل مزود الخدمة و تشمل عمليات التنفيذ ما يلي:-

- تخصيص الأموال والميزانيات.
- تحديد الأدوار والمسؤوليات و الصلاحيات.
- توثيق ودعم السياسات والخطط والإجراءات.
- تعريف كل عملية أو مجموعة من العمليات.
- تحديد و تنفيذ خطة إدارة المخاطر التي قد تتعرض لها الخدمة.
- إدارة الفرق التي تعمل على توظيف وإدارة الموظفين.
- إدارة الموارد والتسهيلات.
- إدارة فرق العمل و مكتب الخدمة والعمليات.
- تحرير التقارير عن التقدم المحقق فى تنفيذ الخطط.
- تنسيق عمليات إدارة الخدمة.

تحقق Check :

أنشطة مراقبة وقياس العمليات والخدمات وفقا للسياسات والأهداف والمتطلبات ومراجعة التقارير الصادرة عن النتائج بغرض التحقق من أن العمليات تطابق النتائج المتوقعة.

- يجب أن يتم تطبيق الطرق المناسبة لرصد وقياس عمليات إدارة الخدمة من قبل مزود الخدمة و تهدف هذه الأساليب إلى إظهار قدرة العمليات على تحقيق النتائج المخطط لها.

- يجب إجراء المراجعات الداخلية على فترات زمنية مخططة للتحقق من أن إدارة الخدمة تتوافق مع متطلبات معيار ISO/IEC 20000 ويتم تنفيذها وصيانتها بشكل فعال.
- يمكن إجراء المراجعات داخليًا من قبل إدارة نظام الخدمة بينما يجب تنفيذ عمليات التدقيق من قبل طرف محايد لم يشارك في سير العمل.
- يجب التخطيط لبرنامج التدقيق مع الأخذ في الاعتبار حالة وأهمية العمليات والمجالات التي سيتم تدقيقها بالإضافة إلى نتائج عمليات التدقيق السابقة.
- يجب تحديد معايير التدقيق ونطاقه وتكراره وطرق الإجراء.
- لا يجوز لمدققي الحسابات مراجعة أعمالهم أواختيار المراجعين و يجب أن يضمن إجراء عمليات التدقيق موضوعية وحيادية عملية التدقيق.
- يجب تسجيل نتائج عمليات التدقيق والمراجعات إلى جانب أي إجراءات تصحيحية و علاجية تم تحديدها، جنبًا إلى جنب مع هدف مراجعات إدارة الخدمة والتقييم والتدقيق ويجب إبلاغ الأطراف المعنية بحالات عدم الامتثال أو عدم المطابقة.

تحسينAct :

إتخاذ الإجراءات اللازمة لتحسين أداء العملية بشكل مستمروتعديل و ضبط الخطط لتصحيح أي حالات عدم مطابقة.

- يجب أن تكون هناك سياسة واضحة معلنة بشأن تحسين الخدمة وعلاج أي حالات عدم التزام بها.
- يجب تحسين و تصحيح مستوى تنفيذ خطط إدارة الخدمة و التعريف الواضح لأدوار ومسؤوليات أنشطة تحسين الخدمة أمر ضروري.
- يجب تقييم جميع مقترحات تحسينات الخدمة وتسجيلها وتحديد أولوياتها.
- يجب وضع خطة للتحكم في وإدارة أنشطة التحسين على أساس مستمر.
- يجب أن تكون كل عملية تحسين في مكانها الصحيح و تتضمن تحسينات على كل من العمليات الفردية والجماعية التكاملية عبر المؤسسة.

أنشطة التحسين

- جمع وتحليل البيانات لتحديد خط الأساس ومقياس أداء الخدمة و تقييم قدرة الإدارة و فعالية عمليات تقديم الخدمة.
- تحديد وتخطيط وتنفيذ و قياس ووضع تقارير التحسينات.
- التشاور مع جميع الأطراف المعنية ل تحديد أهداف تحسينات الجودة وتقليل التكاليف واستخدام الموارد.
- النظر في المدخلات ذات الصلة بالتحسينات من عمليات إدارة الخدمة.
- مراجعة سياسات إدارة الخدمة والعمليات والإجراءات والخطط.

◄ التأكد من تنفيذ كافة الإجراءات المعتمدة وأنها تحقق الأهداف المقصودة.

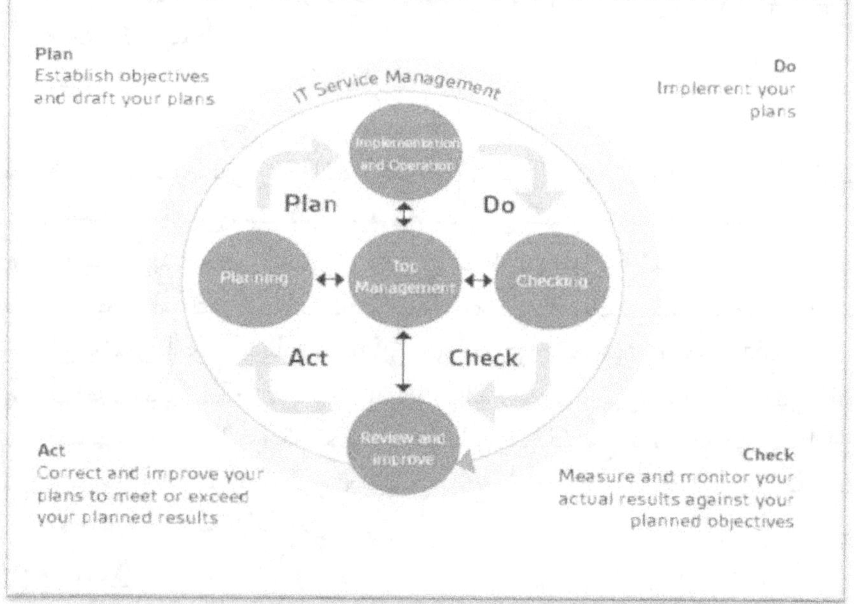

الشكل رقم 2 إدارة الخدمات و منهجية PDCA
BSI ISO/IEC 20000 Your implementation guide.

المفاهيم الأساسية لمعيار ISO/IEC 20000

إدارة خدمات تكنولوجيا المعلومات

◄ إدارة جميع العمليات التي تتكامل لضمان جودة الخدمات المباشرة وفقًا لمستويات الخدمة المتفق عليها.

◄ بدء وتصميم وتنظيم ومراقبة وتوفير ودعم وتحسين خدمات تكنولوجيا المعلومات بما يتناسب مع احتياجات منظمة العميل.

العناصر القياسية لتعريفات إدارة خدمات تكنولوجيا المعلومات

◄ وصف العمليات المطلوبة لتقديم ودعم خدمات تكنولوجيا المعلومات للعملاء.

◄ الغرض الأساسي هو تقديم ودعم المنتجات أو التكنولوجيا التي تحتاجها الشركة لتحقيق الأهداف أو الغايات التنظيمية الرئيسية.

◄ تحديد الأدوار والمسؤوليات للأشخاص المعنيين بما في ذلك موظفي تكنولوجيا المعلومات والعملاء وأصحاب المصلحة الآخرين المعنيين.

◄ إدارة الموردين الخارجيين (الشركاء) المشاركين في تقديم ودعم التكنولوجيا والمنتجات التي يتم تقديمها ودعمها بواسطة إدارة تكنولوجيا المعلومات.

فوائد إدارة خدمات تكنولوجيا المعلومات للمنظمة

- تطور منظمة تكنولوجيا المعلومات هيكلًا أكثر وضوحًا، وتكون أكثر كفاءة وأكثر تركيزًا.
- تسيطر منظمة تكنولوجيا المعلومات بشكل أكبر على البنية الأساسية والخدمات التي تتحمل مسؤوليتها.
- توفر بنية العملية الفعالة إطارًا للاستعانة بمصادر خارجية فعالة لخدمات تكنولوجيا المعلومات.
- تشجع على تبنى أفضل الممارسات.
- توفر أطرًا مرجعية متماسكة للاتصالات الداخلية (ومع الموردين) لتوحيد الإجراءات وتحديدها.

مسؤولية الإدارة

الإجراءات التي يجب على الإدارة العليا اتخاذها لدعم التنفيذ الناجح وصيانة نظام إدارة خدمات تكنولوجيا المعلومات.

الأطراف المهتمة

الشخص أو الكيان الذي يمكن أن يؤثر أو يتأثر أو يتصور أنه يتأثر بقرار أو نشاط في نظام إدارة خدمات تكنولوجيا المعلومات مثل مقدمي الخدمات والمساهمين أو الموردين أو العملاء أو المنافسين.

التواصل

إرشادات محددة حول ما يجب توصيله من معلومات للمعنيين عند التخطيط لنظام إدارة خدمات تكنولوجيا المعلومات أو تنفيذه أو صيانته أو تحسينه.

المعلومات الموثقة

وثائق التفاصيل المكتوبة لنظام إدارة خدمات تكنولوجيا المعلومات والمستندات الداعمة مثل اتفاقيات مستوى الخدمة ونماذج عملية إدارة التغيير وغيرها من وثائق تتعلق بالتحكم في نظام إدارة الخدمة و صيانته.

عدم المطابقة والإجراءات التصحيحية

يتم تحديد عدم المطابقة من خلال عملية التدقيق بأنها عدم استيفاء أحد متطلبات المعيار و الإجراءات التصحيحية هي الإجراءات التي يجب على المنظمة اتخاذها من أجل الوفاء بالمتطلبات.

الإجراءات الوقائية

يمكن وضع إجراءات وقائية لتقليل احتمالية تصعيد المشكلة أو حدوثها من خلال المراجعات المنتظمة وتحليل السبب الجذري.

مراجعة الإدارة

العملية التي تقوم بها الإدارة بتقييم التقدم والإنجازات التي حققها نظام خدمات تكنولوجيا المعلومات ومراجعة فرص التحسين.

<u>تقديم الخدمة</u>

التركيز على وضع الخطط والإجراءات والتقارير والاتفاقيات المناسبة لضمان فعالية وكفاءة تقديم الخدمة للعملاء ولأصحاب المصلحة.

<u>المتطلبات العامة لنظام إدارة الخدمة</u>

- المتطلبات العامة لنظام إدارة خدمة تكنولوجيا المعلومات (ITSMS) ومسؤولية الإدارة والتوثيق وإدارة الموارد و وضع منهجية PDCA موضع التنفيذ.

- يجب أن تلتزم الإدارة بالتخطيط وإنشاء وتنفيذ وتشغيل ومراقبة ومراجعة وصيانة نظام إدارة خدمة تكنولوجيا المعلومات والخدمات.

- ضمان توصيل أهمية نظام إدارة خدمة تكنولوجيا المعلومات في المنظمة.

- تحدد الإدارة العليا نطاق وأهداف النظام وتطور وتحافظ على سياسة إدارة الخدمة لضمان ملاءمتها وتحقيق الأهداف وتحسينها باستمرار.

- إدارة العمليات التي تديرها أطراف أخرى وضمان تقييمها بشكل مناسب.

- يجب توثيق الإجراءات التي تدعم التشغيل الفعال لنظام إدارة خدمة تكنولوجيا المعلومات وصيانتها والتحكم فيها.

- تحديد الموارد البشرية والتكنولوجية والمعلوماتية والمالية اللازمة لتخطيط وتنفيذ وإدارة نظام إدارة خدمة تكنولوجيا المعلومات بشكل فعال.

- التركيز على كيفية تنفيذ منهجية PDCA.

<u>تصميم الخدمات الجديدة أو المتغيرة والانتقال إليها</u>

- تحديد وتقييم متطلبات الخدمات الجديدة أو المتغيرة.

- يتم تصميم الخدمات المعتمدة والانتقال إليها وفقا للمخططات.

- يتم إشراك الأطراف المهتمة التي تساهم في هذه الخدمات والتواصل معها.

- يجب اختبار جميع الخدمات الجديدة المعتمدة قبل تشغيل الخدمة باستخدام خدمة إدارة الإصدار والنشر.

<u>عمليات تقديم الخدمة</u>

- يجب وضع اتفاقيات و متطلبات تقديم الخدمة واضحة لتقديم أفضل خدمة.

- وضع تقارير الخدمة بحيث يمكن مراجعة أداء تقديم الخدمة مقارنة بالأهداف المتفق عليها ويمكن تحديد حالات عدم المطابقة و فرص التحسين.

- يحدد هذا البند أيضًا أهمية استمرارية وتوافر الخدمات للعملاء.

- تقييم المخاطر المرتبطة بعدم توفر الخدمات وتحديد متطلبات العملاء.

- تطوير واختبار خطة متطلبات التوفر والإجراءات اللازمة لإعادة تشغيل الخدمة.

- وضع توقعات فعّالة وإعداد ميزانيات ومراقبة مالية لتكاليف تقديم الخدمة.

- تطوير خطة لإدارة القدرة والحفاظ عليها لضمان تلبية متطلبات الخدمة.
- يجب التأكد من وجود سياسة وضوابط لأمن المعلومات.
- يمكن لمعيار ISO/IEC 27000 تقديم إرشادات إضافية في هذا المجال.

عمليات العلاقات

- بناء علاقات تجارية لدعم تشغيل نظام إدارة خدمات تكنولوجيا المعلومات.
- تحديد المتطلبات المختلفة للعملاء والمستخدمين والأطراف المهتمة ومراجعة الأداء بانتظام لضمان تقديم الخدمة بشكل فعال.
- تطوير عقد موثق مع أي موردين يقدمون أجزاء من إدارة الخدمة.
- ضمان هذا الوضوح بين المنظمة والمورد بشأن الخدمة المقدمة والسماح بمراجعة الأداء مقارنة بالأهداف المتفق عليها.

عمليات الحل

- إعداد وتدريب الموظفين المعنيين للتعامل مع الحوادث وطلبات الخدمة.
- يحدد مع العميل ما يتم تصنيفه على أنه حادث كبير وضمان مشاركة الإدارة العليا عند حدوث ذلك حتى يمكن حلها ومراجعتها.
- يجب إنتاج إجراء موثق لإدارة المشكلات لتقليلها و تقليل التأثير المحتمل.
- التركيز على أي أسباب جذرية وإجراءات وقائية للتنفيذ.

عمليات التحكم

التأكد من وجود تحكم مناسب لنظام إدارة خدمات تكنولوجيا المعلومات.
تطوير قاعدة بيانات لإدارة التكوين وسياسة لإدارة التغيير وسياسة للإصدارات للمساعدة في التحكم في نظام إدارة خدمات تكنولوجيا المعلومات.
يجب تطوير الوثائق وصيانتها لتتبع أي تغييرات ويجب مراجعة جميع عمليات التحكم على فترات مخططة لضمان كفاءتها والسماح بتحديد فرص التحسين.

كيفية جعل متطلبات ISO/IEC 20000 فعّالة للمنظمة

- يجب التأكد من أن المنظمة تفهم مبادئ ISO/IEC 20000 والأدوار التي سيحتاج الأفراد إلى لعبها ومراجعة الأنشطة والعمليات وفقًا للمعيار.
- إن التزام الإدارة العليا هو المفتاح لجعل تنفيذ ISO/IEC 20000 ناجحًا.
- يجب التأكيد على كيفية عمل الأقسام المختلفة معًا لتجنب الانعزال.
- التأكد من أن المنظمة تعمل كفريق واحد لصالح العملاء والمنظمة.
- مراجعة الأنظمة والسياسات والإجراءات والعمليات الحالية فقد تقوم بالفعل بالكثير مما هو موجود في المعيار وتجعله يعمل لصالح العمل.
- التحدث إلى العملاء والموردين حول اقتراحات تحسينات حول الخدمات.
- تدريب الموظفين على إجراء عمليات تدقيق داخلية يساعدهم في الفهم و يوفر ملاحظات قيمة حول المشكلات المحتملة أو فرص التحسين.

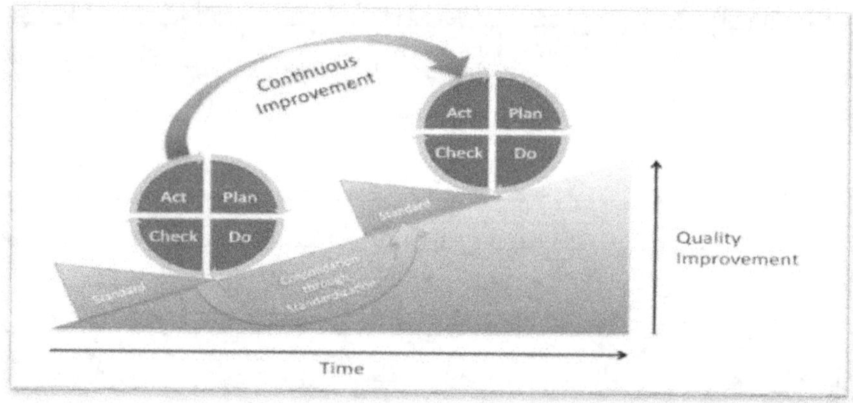

الشكل رقم 3 تنفيذ منهجية PDCA و التحسين المستمر.
IT Service Management-Ing. Aleš Studený.

عملية التدقيق

سيحتاج المدقق إلى رؤية بعض الأدلة من أجل إثبات استيفاء المتطلبات. يمكن أن تتخذ هذه الأدلة أشكالاً عديدة تُعرَّف بأنها مزيج من المستندات مثل السياسات والعمليات والإجراءات والسجلات (دليل على القيام بشيء ما). يُستخدم مصطلح المعلومات الموثقة في الإصدارات الجديدة من المعايير لتعريف كل ماهو مطلوب ومسجل.

التعريف الرسمي هو المعلومات المطلوب التحكم فيها وفى الوسيلة التي تحتوي عليها وصيانتها.

متطلبات تطبيق المعيار

وفقا لمعيار ISO/IEC 20000 لا نحتاج فقط إلى مجموعة من العمليات بل نحتاج إلى نظام إدارة الخدمة أو SMS.

تتمثل وظيفة نظام إدارة الخدمة في الالتفاف حول العمليات (مثل إدارة الحوادث والتغيير والتكوين) وضمان ما يلي:

- هناك التزام إداري مستمر بتوفير خدمات تكنولوجيا المعلومات عالية الجودة.
- يفهم الجميع ما يجب تحقيقه وما هو دورهم.
- تستمر خدمات تكنولوجيا المعلومات في تلبية احتياجات العمل.
- وجود فكرة جيدة عن التهديدات الحالية لاستمرارية وأمن الخدمات.
- يعرف الجميع السياسات والعمليات والإجراءات وكيفية استخدامها.
- القيام بتحديث العمليات والوثائق المرتبطة بها عندما تتغير الأمور.س مدى تحقيق النجاح.
- تتحسن فعالية تقديم الخدمة بمرور الوقت.

10

الفصل الثانى: مشروع الطريق إلى الأيزو 20000

مقترح رقم (1) مشروع الطريق إلى الأيزو20000

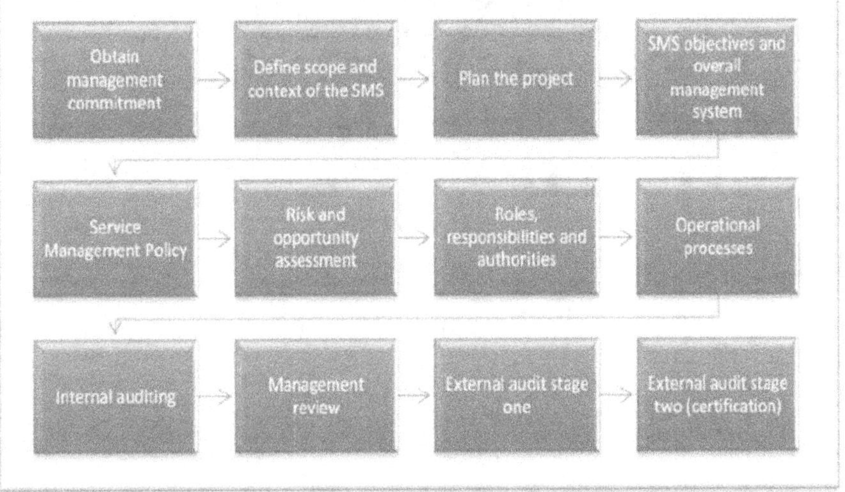

الشكل رقم 4 يبين مراحل مقترح رقم (1).
https://certikit.com/iso-20000-implementation-guide.

مراحل مقترح رقم (1) الطريق إلى الأيزو 20000

يوضح الشكل رقم(4) مراحل مقترح رقم (1) لتنفيذ مشروع الطريق إلى الأيزو 20000.

- الحصول على إلتزام الإدارة.
- تحديد نطاق و سباق عمل نظام إدارة الخدمة.
- وضع خطة المشروع.
- تحديد أهداف و نظام الإدارة الشامل لإدارة الخدمة.
- تحديد سياسة إدارة الخدمة.
- تقييم المخاطر و الفرص.
- تحديد الأدوار و السلطات و المسئوليات.
- بدء العمليات التشغيلية.
- إجراء التدقيق الداخلى.
- مراجعة الإدارة.
- المراجعة الخارجية الأولى.
- المراجعة الخارجية الثانية (الشهادة).

مقترح رقم (2) مشروع الطريق إلى الأيزو20000

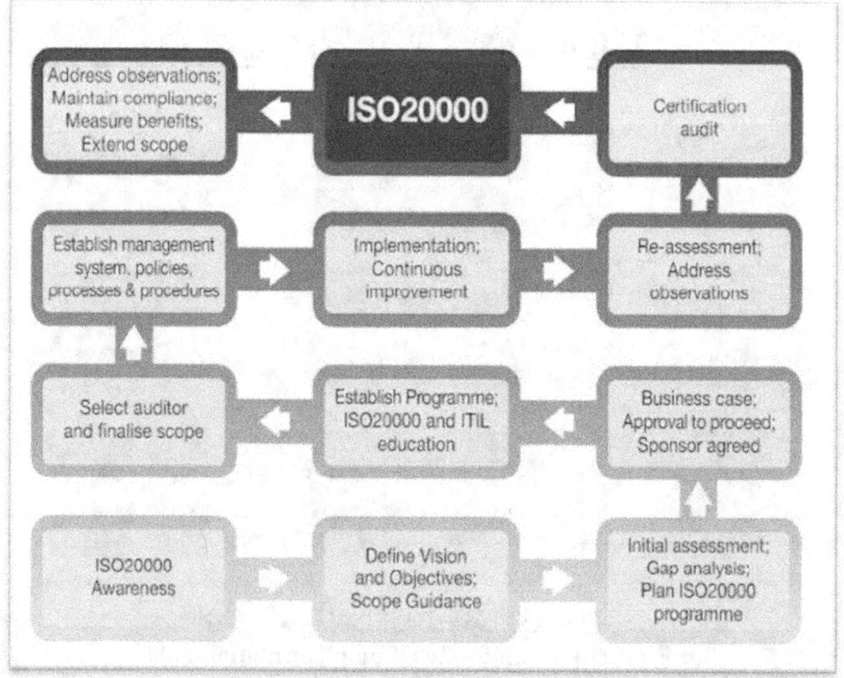

الشكل رقم 5 يبين مراحل مقترح رقم (2).
https://certikit.com/iso-20000-implementation-guide.

مراحل مقترح رقم (2) مشروع الطريق إلى الأيزو 20000

يوضح الشكل رقم(5) مراحل مقترح رقم (2) لتنفيذ مشروع الطريق إلى الأيزو 20000.

1- دورات توعية تدريبية عن أيزو 20000.

2- تحديد الرؤية و الأهداف و دليل نطاق العمل.

3- تحليل فجوة للتقييم الأولى و وضع برنامج خطة الأيزو 20000

4- تجهيز ملف حالة عمل و إعتماد خطة التنفيذ و موافقة من جهة الرعاية.

5- إنطلاق برنامج الأيزو 20000 و منهاج تنفيذ (أيتل3 أو 4 مثلا).

6- إختيار جهة التدقيق و إعتماد التمويل.

7- تشكيل نظام الإدارة و السياسات و العمليات و الإجراءات.

8- بدء التنفيذ و إجراء التحسين المستمر.

9- إعادة تقييم الموقف بعد التدقيق و معالجة و تصحيح الملاحظات.

10- إجراءات التدقيق النهائي للشهادة.

11- الحصول على الشهادة.

12- قياس المزايا و استمرار الإلتزام و تطوير الأعمال.

مقترح رقم (3) مشروع الطريق إلى الأيزو 20000

يوضح الشكل رقم(6) خطة عمل مقترح رقم (3) ثلاثية المراحل لتنفيذ مشروع الطريق إلى الأيزو 20000.

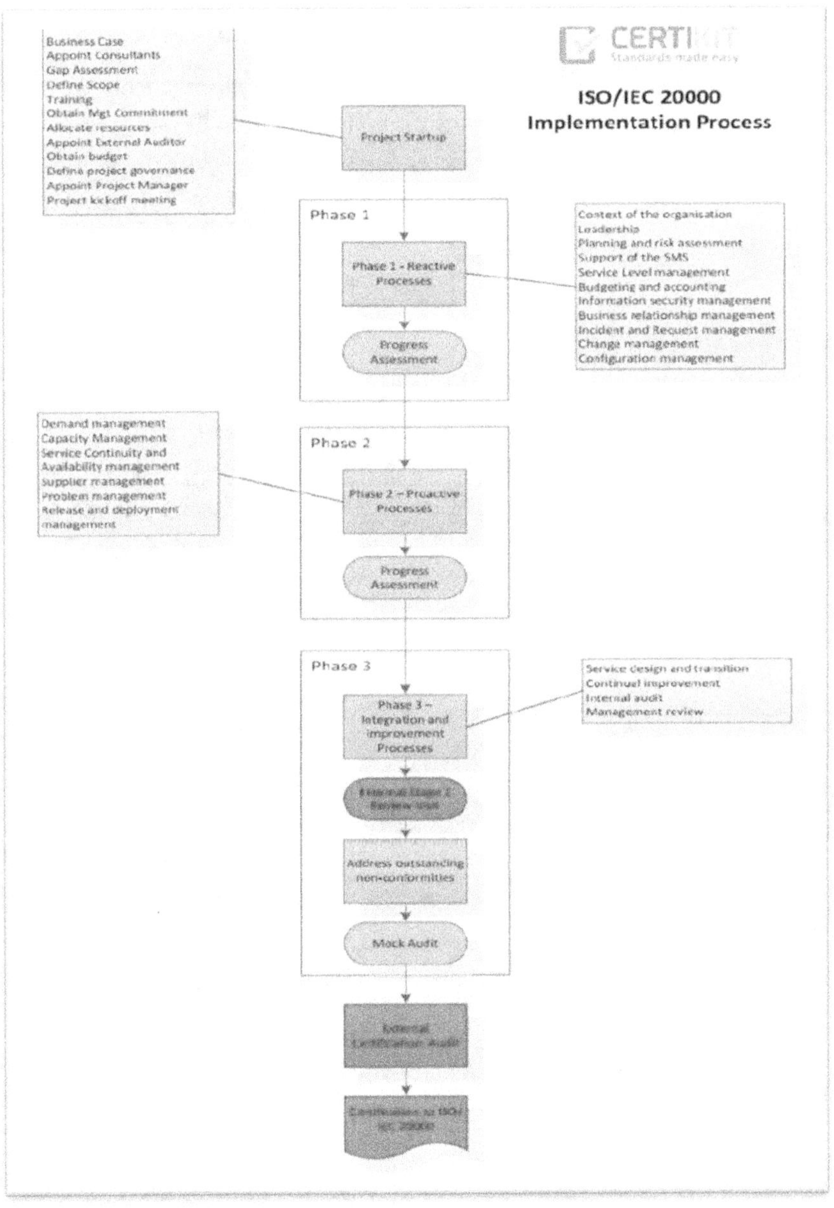

الشكل رقم 6 يبيين مراحل مقترح رقم (3).

https://certikit.com/iso-20000-implementation-guide.

قائمة الخطوات الأولية قبل بدء المشروع

- ➢ كسب دعم الإدارة العليا وتجهيز مستند حالة العمل.
- ➢ تعيين المستشارين أو جهة الإستشارة.
- ➢ آلية تحليل وتقييم الفجوة.
- ➢ تعريف و تحديد خطة العمل.
- ➢ التدريب و التوعية.
- ➢ الحصول على موافقة الإدارة العليا .
- ➢ تخصيص الموارد.
- ➢ تعيين المراجع الخارجى.
- ➢ الحصول على بند ميزانية.
- ➢ تحديد حوكمة المشروع.
- ➢ تعيين مدير المشروع.
- ➢ عقد إجتماع بدء إنطلاق المشروع.

المرحلة الأولى (عملية الإستجابة أو رد الفعل)Reactive Process

يتم فى هذه المرحلة التدقيق الداخلى وفقا لبنود المواصفات المعيارية و تقييم تقدم المرحلة و الإجراءات التصحيحية بعد فحص ما يقدم من مستندات الإجراءات التى تخص البنود التالية:-

1) سياق المؤسسة.
2) القيادة.
3) التخطيط و تقييم المخاطر.
4) دعم نظام إدارة الخدمة.
5) إتفاقية مستوى الخدمة.
6) الميزانيات و الحسابات.
7) إدارة أمن المعلومات.
8) إدارة علاقات العمل.
9) إدارة الطلبات و الحوادث.
10) إدارة التغيير.
11) إدارة التكوين (الكونفجيوريشن).

المرحلة الثانية(عملية إستباقية)Proactive Process

التدقيق ثم تقييم التقدم و الإجراءات التصحيحية فى البنود التالية:-

1) إدارة الطلب.
2) إدارة السعة(القدرة).
3) إدارة إستمرارية و توفر(إتاحة) الخدمة.

4) إدارة الموردين.

5) إدارة المشكلات.

6) إدارة الإصدار و النشر.

المرحلة الثالثة (التكامل و التحسين) Integration And Improvement

(ا)- التدقيق ثم تقييم التقدم فى البنود التالية:-

1) إدارة التصميم و الإنتقال.

2) إدارة التحسين المستمر.

3) مراجعات الإدارة العليا.

(ب)-عملية التدقيق الخارجية الأولى و مراجعة الوثائق و تحديد نقاط عدم المطابقة ثم عمل تدقيق أولى للتحقق من فعالية نظام إدارة الخدمة.

المرحلة الأخيرة

• عملية التدقيق الخارجية الثانية.

• الحصول على الشهادة.

الفصل الثالث: متطلبات معيار الأيزو 20000-1:2018

مقدمة: ISO/IEC 20000-1

يحدد مواصفات و متطلبات إنشاء نظام إدارة الخدمة الذي يدعم إدارة دورة حياة الخدمة، بما في ذلك التخطيط والتصميم والانتقال والتسليم وتحسين الخدمات التي تلبي المتطلبات المتفق عليها وتقدم قيمة للعملاء والمستخدمين والمنظمة التي تقدم الخدمات.

ISO/IEC 20000-1:2018

تتكون نسخة (ISO/IEC 20000-1:2018) من عشرة بنود:

1- نطاق الأعمال Scope.
2- المراجع المعيارية Normative references.
3- المصطلحات و التعريفات Terms and definitions.
4- سياق المؤسسة Context of the organization.
5- القيادة Leadership.
6- التخطيط Planning.
7- دعم نظام إدارة الخدمات Support of the service management system.
8- عمليات نظام إدارة الخدمات Operation of the service management system
9- تقييم الأداء Performance evaluation.
10- التحسين Improvement.

متطلبات بنود المعيار ISO/IEC 20000-1:2018

البنود من 1 إلى 3

لا تحتوي على أي متطلبات، وبالتالي لن تخضع المنظمة للتدقيق وفقًا لهذه المتطلبات ومع ذلك، فهي تستحق القراءة لأنها توفر بعض الخلفية المفيدة حول ماهية المعيار وكيفية تفسيره.

البنود من 4 إلى 10

تحدد متطلبات المعيار و غالبًا ما يشار إلى المتطلبات باسم المتطلبات الواجبة للمعيار لأن الكلمة "shall" هى التي تستخدمها ISO عادةً لإظهار أن ما يتم ذكره إلزامي إذا كانت المنظمة ملتزمة بالمعيار, لذلك فإن هدف عملية التدقيق (الداخلية والخارجية) التحقق مما إذا كانت المنظمة تلبي جميع المتطلبات. المتطلبات ليست اختيارية وإذا لم يتم الوفاء بها يسجل المدقق "عدم المطابقة" وستحتاج المنظمة إلى معالجتها للحصول على شهادة المعيار.

دورة الحياة PDCA و المعيار2018-1:20000 ISO/IEC

نموذج دورة الحياة و خطة تنفيذ مشروع الأيزو 20000

- ➤ البند الرابع و الخامس يمثلان المرحلة التمهيدية للمشروع.
- ➤ البند السادس و السابع يمثلان مرحلة التخطيط Plan.
- ➤ البند الثامن و هى أهم فقرة فى المعيار يمثل مرحلةٌ (تنفيذ) Do
- ➤ البند التاسع يمثل مرحلة الإختبار و تقييم الأداء(تحقق)Check.
- ➤ البند العاشر يمثل مرحلة تنفيذ التحسينات Act.

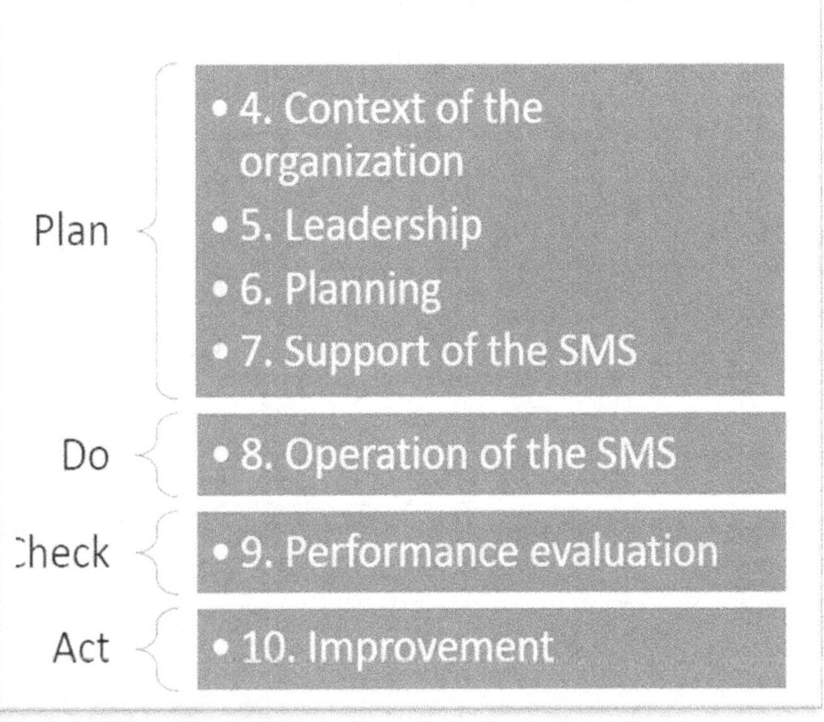

الشكل رقم 7 دورة PDCA و بنود المعيار.
Lynda Cooper-BCS Spring School- March 9th2022

البند الرابع:سياق المؤسسة

- يتناول هذا القسم فهم أكبر قدر ممكن عن المنظمة نفسها والبيئة التي تعمل فيها وأن نظام إدارة الخدمة مناسبًا ووثيق الصلة بتفاصيل العمل والخدمات التي يتم تطبيقه عليها.

- يجب أن يكون الأشخاص الذين ينفذون نظام إدارة الخدمة ويديرونه قادرين على الإجابة على الأسئلة حول نظام إدارة الخدمة ومتطلباته ونطاقه وما تفعله المنظمة وأين وكيف ولمن و...الخ.

سياق المؤسسة و نظام إدارة الخدمة

- يجب ان يتم تحديد نطاق عمل نظام إدارة الخدمة.
- يتطلب المعيار تحديد الطريقة التي يتناسب بها نظام إدارة الخدمة مع الضوابط الموجودة داخل المنظمة مثل إدارة المخاطر المؤسسية واستراتيجيات وسياسات الأعمال وتحديد جميع الأطراف المهتمة مع احتياجاتهم وتوقعاتهم.
- عند مناقشة تقييم المخاطر والفرص تكون المعرفة الشاملة بكيفية عمل المنظمة وما قد يؤثر عليها ضرورية.
- يتأثر نظام إدارة الخدمة بالوضع داخل المنظمة (القضايا الداخلية) وخارج المنظمة (القضايا الخارجية).
- القضايا الداخلية هي عوامل مثل الثقافة وهيكل الإدارة والمواقع وأسلوب الإدارة والأداء المالي والعلاقات مع الموظفين ومستوى التدريب.
- القضايا الخارجية هي تلك التي تقع تحت سيطرة المنظمة بشكل أقل مثل البيئة الاقتصادية والاجتماعية والسياسية والقانونية التي يجب أن تعمل في ظلها.
- القضايا (الداخلية والخارجية) لها تأثير على أولويات وأهداف وتشغيل وصيانة نظام إدارة الخدمة.

متطلبات البند الرابع:- سياق المؤسسة

- فهم المؤسسة وسياقها (المشاكل الخارجية و الداخلية).
- فهم احتياجات و توقعات الاطراف المعنية.
- تحديد نطاق عمل نظام إدارة الخدمة.
- قرارات إنشاء نظام إدارة الخدمة.

الوثائق المطلوبة لهذا البند

- خطة استراتيجية.
- قائمة المشكلات الداخلية والخارجية (تحليل رباعى).
- قائمة الأطراف المهتمة.
- تسلسل شامل للعمليات.

البند الخامس:القيادة

يجب إظهار إهتمام الإدارة العليا في التعامل مع نظام إدارة الخدمة ودعمه. التصريح أن القيادة تدعم نظام إدارة الخدمة في الاجتماعات وفي المقالات المنشورة في المجلات الداخلية والخارجية وفي العروض التقديمية للموظفين والأطراف المهتمة.

مظاهر دعم القيادة

- التأكد من وجود الموارد والعمليات المناسبة لدعم نظام إدارة الخدمة مثل الأشخاص والميزانية ومراجعات الإدارة والخطط .
- وجود خطة موثقة لاتصالات الإدارة العليا.
- خطاب دعم تنفيذي ونموذج للاجتماعات الدورية ذات الصلة التي يجب تدوين محاضرها.
- يمكن للإدارة العليا إظهار إهتمامها في التعامل مع إدارة الخدمة بالتأكد من وجود سياسة قائمة.
- يجب أن تكون هذه السياسة عبارة عن وثيقة موقعة من الإدارة العليا وموزعة على مستوى المنظمة.
- يتعين على الإدارة العليا التأكد من أن كل من يشارك في نظام إدارة الخدمة يعرف دوره والمسؤوليات والسلطات المرتبطة به.
- يتم التأكد من دمج إدارة الخدمة في المسؤوليات الطبيعية للإدارة الحالية بدلاً من إنشاء هيكل تنظيمي موازٍ لنظام إدارة الخدمة فقط.

تعريف نظام إدارة الخدمة (SMS)

نظام إدارة الخدمة (SMS) Service Management System

- نظام إدارة لتوجيه ومراقبة أنشطة إدارة الخدمات في المنظمة.
- مجموعة من القدرات والعمليات لتوجيه ومراقبة أنشطة المنظمة ومواردها للتخطيط والتصميم والانتقال وتقديم وتحسين الخدمات لتقديم القيمة.
- وسائل تقديم القيمة للعميل من خلال تسهيل النتائج التي يريد العميل تحقيقها.

أهداف نظام إدارة الخدمة

- تحددها الإدارة العليا.
- يجب أن تكون متوافقة مع أهداف العمل وسياسة إدارة الخدمة.
- قابلة للقياس والمراقبة والتواصل.
- مدخلات رئيسية لخطة إدارة الخدمة.
- تتم مراجعتها بانتظام.
- تتم مقارنة الإنجازات بالأهداف.

إطار عمل إدارة خدمات تكنولوجيا المعلومات

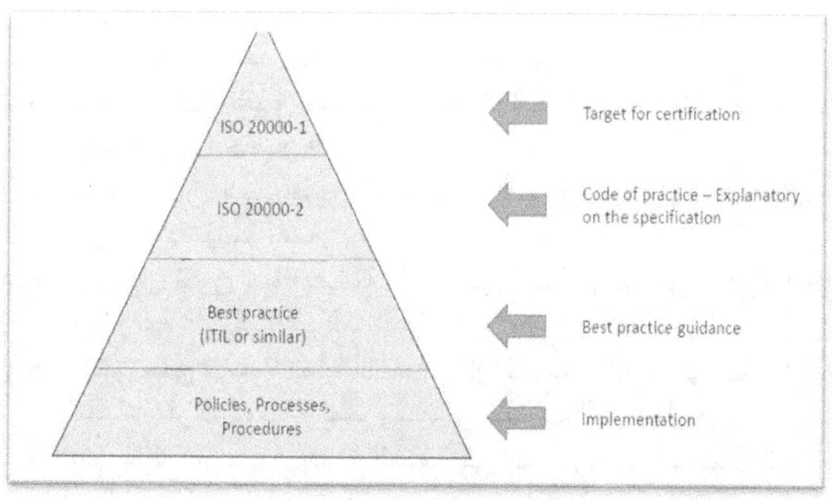

الشكل رقم 8 إطار عمل إدارة خدمات تكنولوجيا المعلومات.
CYS-Christos Tsiakaliaris.

مستويات هرم مشروع شهادة الأيزو 20000

إطار عمل إدارة خدمات تكنولوجيا المعلومات كما فى الشكل رقم 4 يمثل مستويات هرم الوصول إلى شهادة الأيزو 20000.

مستوى التنفيذ

إجراءات و سياسات و عمليات.

مستوى تطبيق دليل أفضل الممارسات

إختيار منهجية أفضل الممارسات أيتل 4 أو ما يماثلها.

مستوى الإلتزام بالمواصفة التفسيرية للممارسات

تطبيق المواصفة 2-20000 ISO

مستوى الهدف شهادة الأيزو20000

تطبيق المواصفة 1-20000 ISO

أهداف إدارة الخدمة

تمكين زيادة مرونة الأعمال من خلال التسليم السريع للخدمات الجديدة أو المتغيرة.

تحسين تكلفة الخدمات المقدمة من خلال الكفاءة التشغيلية.

زيادة جودة الخدمات مع تقليل المخاطر.

مسؤوليات إدارة خدمات تكنولوجيا المعلومات

- ➢ قيادة الإدارة والتزامها.
  - تحمل مسؤوليات تطوير وتشغيل نظام إدارة الخدمة.
  - تحديد أهداف إدارة الخدمة.
  - الموافقة على سياسة وخطة إدارة الخدمة.
  - الموافقة على نطاق نظام إدارة الخدمة وسياسات وعمليات وإجراءات نظام إدارة الخدمة.
- ➢ تفويض أحد أعضاء فريق الإدارة لضمان إنشاء نظام إدارة الخدمة واستخدامه وتحسينه باستمرار ومواءمته مع الاحتياجات المتغيرة.
- ➢ التأكد من إنشاء إجراءات الاتصال المناسبة وتطبيقها وصيانتها.
- ➢ تخصيص الموارد لإعداد وتشغيل نظام إدارة الخدمة والخدمات.
- ➢ التأكد من تحديد سلطات ومسؤوليات إدارة الخدمة وتنفيذها.
- ➢ تعيين الأشخاص للأدوار الرئيسية لنظام إدارة الخدمة.
- ➢ التمثيل في اجتماعات مراجعة الإدارة.

إنشاء نظام إدارة الخدمة

المعايير المؤثرة على نهج تطوير نظام إدارة الخدمة

العوامل المتعلقة بمعيار ISO 20000-1

مستوى فهم معيار ISO 20000-1

نطاق وإمكانية تطبيق معيار ISO 20000-1

العوامل المتعلقة بقدرات المنظمة

- استراتيجية عمل المنظمة ونموذج العمل وأهدافها.
- مستوى مرونة المنظمة وتسامحها مع التغيير.
- تحديد المتطلبات المتضاربة المحتملة.

العوامل المتعلقة باحتياجات العملاء

- احتياجات العملاء.
- تجربة المستخدمين مع الخدمات الحالية.

الوضع الحالي فيما يتعلق بإدارة الخدمات في المنظمة

- ➢ الممارسات.
- ➢ المسؤوليات.
- ➢ دعم الإدارة.
- ➢ الأدوات.
- ➢ خبرة ومهارات الموارد البشرية.
- ➢ الثقافة التنظيمية.

إعتبارات رئيسية لتطوير نظام إدارة الخدمة

- ضمان التزام الإدارة.
- تأسيس فريق العمل و الهيكل التنظيمى وضمان التفاهم المشترك وممارسات التعاون الجيدة.
- الهدف تحقيق مكاسب سريعة.
- العمل مع الموردين والعملاء.
- محاربة مقاومة التغيير:
  - جعل الناس يشعرون بأهميتهم ـ تحديد المسؤوليات.
  - التوعية ـ التدريب.
- الاتصالات و العلاقات.

الموارد اللازمة لتنفيذ وتشغيل نظام إدارة الخدمة

- البشر (الأشخاص الذين يقومون بتصميم نظام إدارة الخدمة وتنفيذه وتشغيله).
- التقنية (الأدوات، الأجهزة/البرمجيات، المواقع، إلخ.).
- المعلومات (متطلبات العملاء واحتياجات العمل، احتياجات عمل المنظمة، سياسات إدارة الخدمة، إلخ.).
- الموارد المالية (لإعداد نظام إدارة الخدمة واستمرار تشغيله).
- الموارد البشرية.
  - تحديد الأدوار والسلطات والمسؤوليات.
  - تحديد متطلبات الكفاءة والتعليم والتدريب والمهارات والخبرة لكل دور.
  - تنظيم جلسات التوعية والتدريب.

التخطيط لإدارة الخدمة قبل البداية

- فهم المنظمة وسياقها.
- فهم ما يتوقعه الآخرون (احتياجات وتوقعات الأطراف المهتمة) من إدارة الخدمة.
- تحديد النطاق والقيود.
- تقييم المخاطر والفرص.
- تحديد الأهداف ووضع خطة لتحقيقها.
- ربط كل شيء معًا في خطة إدارة الخدمة والاستعداد لتنفيذها ومراقبتها وتحسينها باستمرار.
- يجب أن تتوافق أي خطط محددة لعمليات إدارة الخدمة مع خطة إدارة الخدمة.

<u>الحد الأدنى لمحتويات خطة إدارة الخدمة</u>

➢ قائمة الخدمات.

➢ القيود المعروفة التي يمكن أن تؤثر على نظام إدارة الخدمة والخدمات.

➢ الالتزامات مثل السياسات والمعايير والمتطلبات القانونية والتنظيمية والتعاقدية وكيفية تطبيق هذه الالتزامات على نظام إدارة الخدمة والخدمات.

➢ السلطات والمسؤوليات الخاصة بنظام إدارة الخدمة والخدمات.

➢ الموارد البشرية والفنية والمعلوماتية والمالية اللازمة لتشغيل نظام إدارة الخدمة والخدمات.

➢ النهج الذي يجب اتباعه للعمل مع الأطراف الأخرى المشاركة في دورة حياة الخدمة.

➢ التكنولوجيا المستخدمة لدعم نظام إدارة الخدمة.

➢ كيفية قياس فعالية نظام إدارة الخدمة والخدمات ومراجعتها وصياغة تقاريرها وتحسينها.

<u>تنفيذ وتشغيل نظام إدارة الخدمة</u>

- تخصيص الموارد المالية.
- تعيين الأدوار والمسؤوليات.
- تخصيص الموارد البشرية والفنية والمعلوماتية.
- تقييم المخاطر وإدارتها.
- تطوير سياسات وإجراءات إدارة الخدمة.
- إدارة عمليات الخدمة.

<u>أدوار ومسؤوليات وصلاحيات نظام إدارة الخدمة</u>

➢ ينص البند الخامس من معيار الأيزو ISO 20000-1 على التأكد من تعيين مستويات مناسبة من السلطة لاتخاذ القرارات المتعلقة بنظام إدارة الخدمة أو الخدمات.

➢ يتطلب المعيار تحديد الأدوار والمسؤوليات بوضوح بما يسمح للعمليات بالبقاء متسقة وفعالة في تقديم الخدمة و كل مزود خدمة قد ينفذ ويخصص الأدوار بشكل مختلف, ولكن يجب توثيق الأدوار والمسؤوليات.

➢ يمكن استخدام المصفوفات لهذا الغرض على سبيل المثال تحدد مصفوفات RACI من هو المسؤول أو المسائل أو الذي يتم استشارته أو الذى يتم إبلاغه في كل عملية أو نشاط.

➢ بعض الشركات تعتمد على بنائيات وظيفية حسب حجم الأعمال.

مصفوفة توزيع المسؤوليات RACI

هي مصفوفة تحديد المسؤوليات لإنجاز مشروع مقسم في مجموعة من المهام ويطلق عليها في الإنجليزية اختصار (RACI) طبقا لتعريف معهد إدارة المشروعات وتمثل الحروف الاربعة في (RACI) الحالات التالية:-

R = Responsible إختصاص.

A = Accountable مسئولية.

C = Consulted إستشارة (يجب الرجوع إليه قبل إتخاذ القرار).

I = Informed إطلاع (للعلم و الإحاطة).

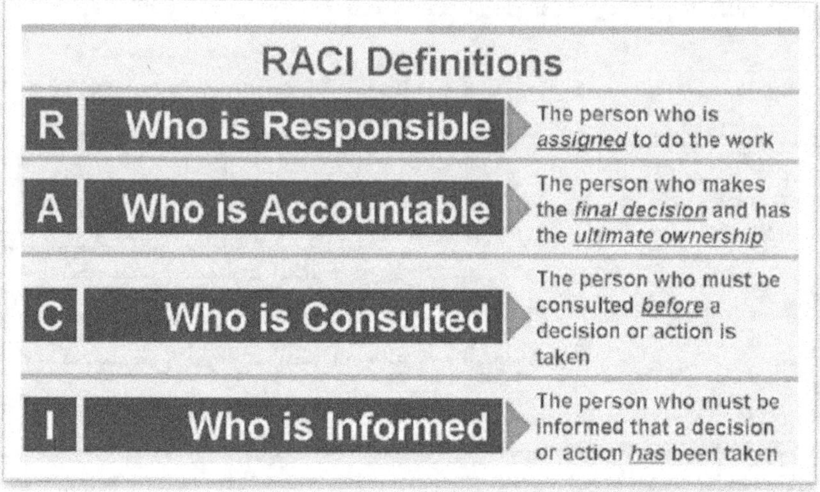

الشكل رقم 9 يبين مصفوفة توزيع المسئوليات RACI
IT Service Management-Ing. Aleš Studený.

المسؤول A = Accountable

هو الفرد الذي يتحمل المسؤولية النهائية عن النشاط أو القرار ولا يمكن تعيين أكثر من مسؤول واحد لأي إجراء مثل مدير الإدارة.

المختص R = Responsible

هو الفرد الذى يقوم بالتنفيذ و يتم تحديد صلاحياته من المسؤول و يمكنه مشاركة آخرين فى المهمة مثل رئيس القسم.

المستشار C = Consulted

هو الذى يمكن الرجوع إليه قبل التنفيذ للتوجيهات و الإستشارات مثل المدير القطاع وهو أعلى درجة من مدير الإدارة.

الإطلاع و العلم I = Informed

من يتم إبلاغه للعلم و الإحاطة و لا يشارك فى التنفيذ أو الإجراءات.

مكتب إدارة الخدمة SMO

هو فريق عمل داخلي مسؤول عن جودة نظام إدارة الخدمة.
يخصص لتحسين جودة وفعالية وكفاءة وظائف العمل وتقديم الخدمات للمستخدمين وينجز هذا العمل من خلال الاستفادة من معايير الجودة وأفضل الممارسات وتطبيقها على البيئة الفريدة للمؤسسة.

الهيكل التنظيمى لإدارة خدمات تكنولوجيا المعلومات

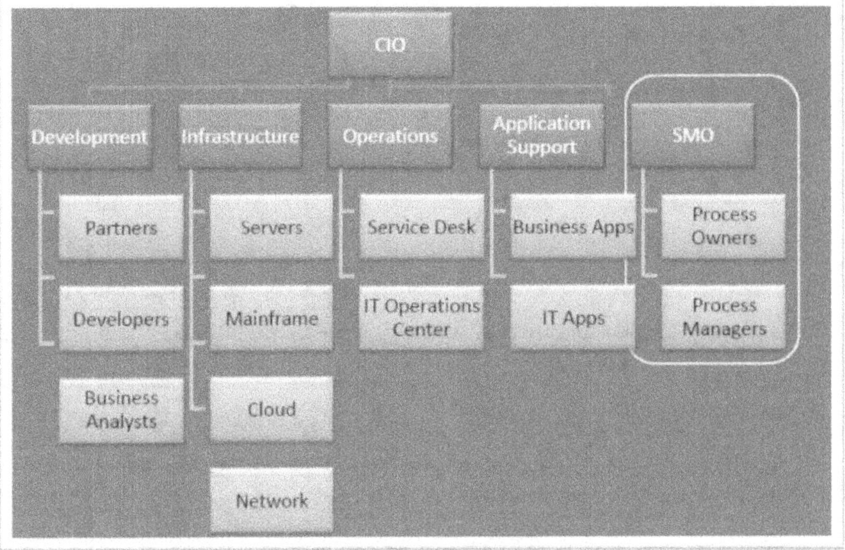

الشكل رقم 10 يبين الهيكل التنظيمى لإدارة خدمات تكنولوجيا المعلومات.
ITSM Academy-Jeff Jensen, itrainitleaders.

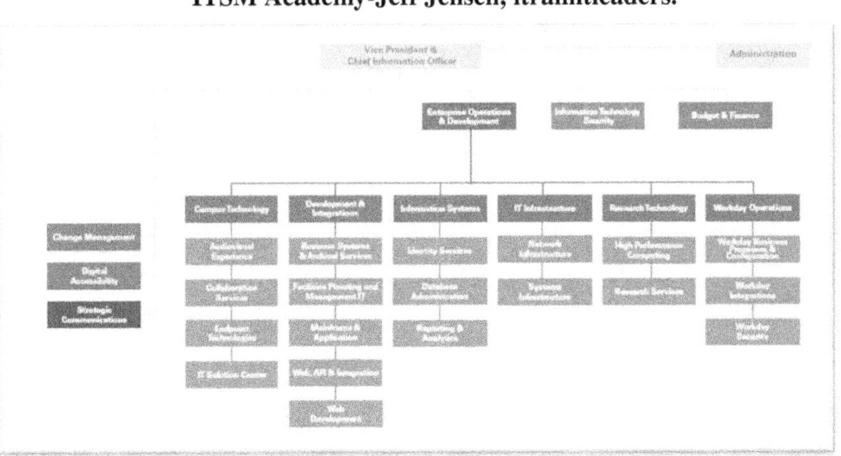

الشكل رقم 11 هيكل تنظيمى لإدارة خدمات تكنولوجيا المعلومات فى مؤسسة كبرى.

الخطة الإستراتيجية لإدارة خدمات تكنولوجيا المعلومات

تتضمن الخطة الاستراتيجية لإدارة تكنولوجيا المعلومات إطار العمل و خريطة الطريق لمشروع تطوير نظام إدارة الخدمات الذى يعتبر الأساس لنهج واسع لتحقيق هدف إنشاء و دعم بيئة آمنة للمعلومات بالمؤسسة.

عناصر الخطة الإستراتيجية

- أهمية البيانات والمعلومات والمعرفة باعتبارها أصول إستراتيجية.
- البنية التحتية القابلة للتشغيل التوافقى المتكامل على مستوى المؤسسة.
- العمليات المتزامنة وسريعة الإستجابة.
- خطة إدارة المخاطر.
- أمثل توظيف للاستثمارات فى مجالات العمل.
- المرونة وقابلية التشغيل التوافقى المشترك بين جميع الإدارات والعاملين في مجالات تكنولوجيا المعلومات.

البيئة الآمنة لتكنولوجيا المعلومات

1- البنية التحتية الموحدة المشتركة لتكنولوجيا المعلومات وخدمات الدعم الفنى التى تستخدم نهجًا مركزيًا عبر جميع الإدارات داخل المؤسسة بشكل كامل متكامل قابل للتشغيل التوافقى الآمن بين جميع الأنظمة.

2- خدمات البرمجيات و التطبيقات اللازمة لتلبية جميع الإدارات.

3- هندسة تصميم العمليات المتكاملة الآمنة لتحقيق التفوق الكامل في المجال وتحسين فعالية المهمة وزيادة الأمن وتحقيق كفاءات تكنولوجيا المعلومات.

4- أمن المعلومات و الأمن السيبرانى.

الفصل الرابع: التخطيط لإدارة المخاطر

الغرض و الأهداف

- الغرض من ممارسة إدارة المخاطر هو ضمان فهم المنظمة للمخاطر ومعالجتها بفعالية.
- تعد إدارة المخاطر ضرورية لضمان الاستدامة المستمرة للمنظمة وخلق القيمة لعملائها.

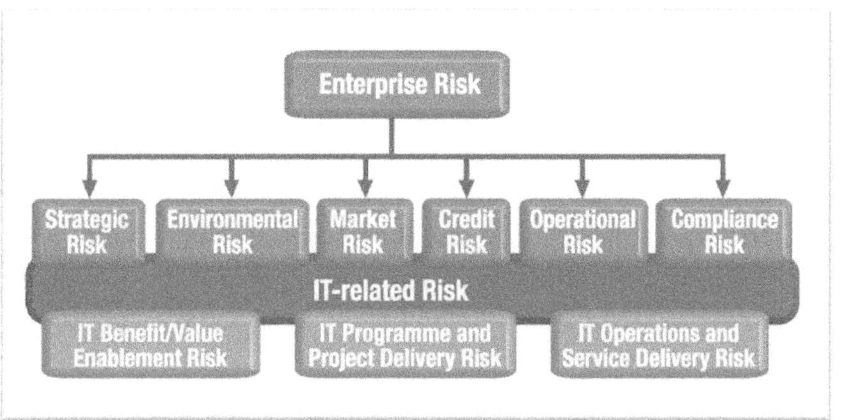

الشكل رقم 12 مصادر المخاطر المرتبطة بتكنولوجيا المعلومات.
IT Risk Management, ITCAMPRO, Tudor Damian.

تعريف الخطر:-

- حدث محتمل يسبب ضررًا أو خسارة يجعل تحقيق الأهداف أكثر صعوبة.
- يمكن تعريفه أيضًا بأنه عدم اليقين بشأن النتيجة.
- يمكن استخدامه في سياق قياس احتمالية النتائج الإيجابية والسلبية.
- يمكن أن تشمل المخاطر التنظيمية العديد من أنواع المخاطر (على سبيل المثال، مخاطر إدارة البرنامج، ومخاطر الاستثمار، ومخاطر الميزانية، ومخاطر المسؤولية القانونية، ومخاطر السلامة، ومخاطر المخزون، ومخاطر سلسلة التوريد، والمخاطر الأمنية).
- تعد المخاطر الأمنية المتعلقة بتشغيل واستخدام أنظمة المعلومات مجرد واحد من العديد من مكونات المخاطر التنظيمية التي يتعامل معها كبار القادة/المديرين التنفيذيين كجزء من مسؤولياتهم المستمرة لإدارة المخاطر.
- تتطلب الإدارة الفعالة للمخاطر أن تعمل المؤسسات في بيئات معقدة للغاية ومترابطة باستخدام أنظمة المعلومات الحديثة والقديمة وهي الأنظمة التي

تعتمد عليها المؤسسات لإنجاز مهامها وإجراء الوظائف المهمة المتعلقة بالأعمال.

- يجب تحقيق التوازن بين الفوائد المكتسبة من تشغيل واستخدام أنظمة المعلومات مع خطر كون نفس الأنظمة بمثابة وسائل يمكن من خلالها شن هجمات مقصودة أو اضطرابات بيئية أو أعمال بشرية.

- توفير التدابير اللازمة والكافية للاستجابة للمخاطر لتوفير الحماية الكافية للمهام والوظائف التجارية لتلك المنظمات.

الشكل رقم 13 المؤسسة و إدارة المخاطر.
IT Risk Management, ITCAMPRO, Tudor Damian.

القدرة على تحمل المخاطر

- يتم تحديد القدرة على تحمل المخاطر من خلال حوكمة المنظمة.
- يجب أن تضمن أنشطة إدارة المخاطر أن تظل المخاطر أقل من القدرة على تحمل المخاطر.
- إذا كان مستوى المخاطر في المنظمة مرتفعًا للغاية فقد يكون لهذا تأثير كبير على قدرة المنظمة على الاستمرار في العمل.
- القدرة على تحمل المخاطر في المنظمة هي الحد الأقصى من المخاطر التي يمكن للمنظمة تحملها.
- تستند القدرة إلى عوامل مثل الضرر الذي يلحق بالسمعة والأصول.

28

شهية المخاطر

- يتم تحديد شهية المخاطر من خلال حوكمة المنظمة ويتم استخدامها لتسهيل اتخاذ القرار وأنشطة إدارة المخاطر.
- تختار بعض المنظمات تحمل مخاطر كبيرة لتحقيق مكاسب كبيرة.
- تفضل منظمات أخرى تحمل مخاطر قليلة ولكن هذا يقلل أيضًا من فرصها.
- شهية المخاطرة لدى المنظمة هي مقدار المخاطر التي تكون المنظمة على استعداد لقبولها.
- يجب أن يكون هذا المقدار دائمًا أقل من قدرة المنظمة على تحمل المخاطر.

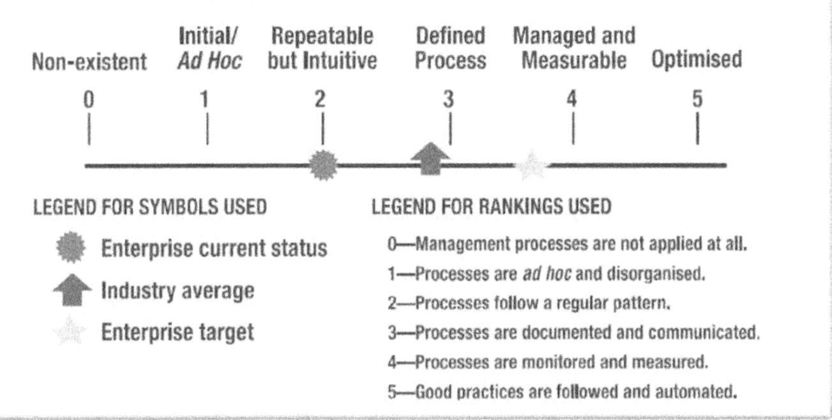

الشكل رقم 14 مستويات نضج إدارة المخاطر.
IT Risk Management, ITCAMPRO, Tudor Damian.

مخاطر تكنولوجيا المعلومات

- تخضع أنظمة المعلومات لتهديدات خطيرة يمكن أن تحدث آثار سلبية على العمليات التنظيمية (أي المهام أو الوظائف أو الصورة أو السمعة) والأصول التنظيمية والأفراد والمنظمات الأخرى والأمة من خلال استغلال كل من المعلومات المعروفة والمفيدة.
- نقاط الضعف غير المعروفة التي تهدد سرية أو سلامة أو توفر المعلومات التي تتم معالجتها أو تخزينها أو نقلها بواسطة تلك الأنظمة.
- يمكن أن تشمل التهديدات التي تتعرض لها أنظمة المعلومات الهجمات المتعمدة والاضطرابات البيئية والأخطاء البشرية الآلية مما يؤدي إلى إلحاق ضرر كبير بمصالح المؤسسة والأمن الوطني والاقتصادي.
- من الضروري أن يفهم القادة والمديرون على جميع المستويات مسؤولياتهم عن إدارة مخاطر أمن المعلومات أي المخاطر المرتبطة بتشغيل واستخدام أنظمة المعلومات التي تدعم المهام ووظائف الأعمال في مؤسساتهم.

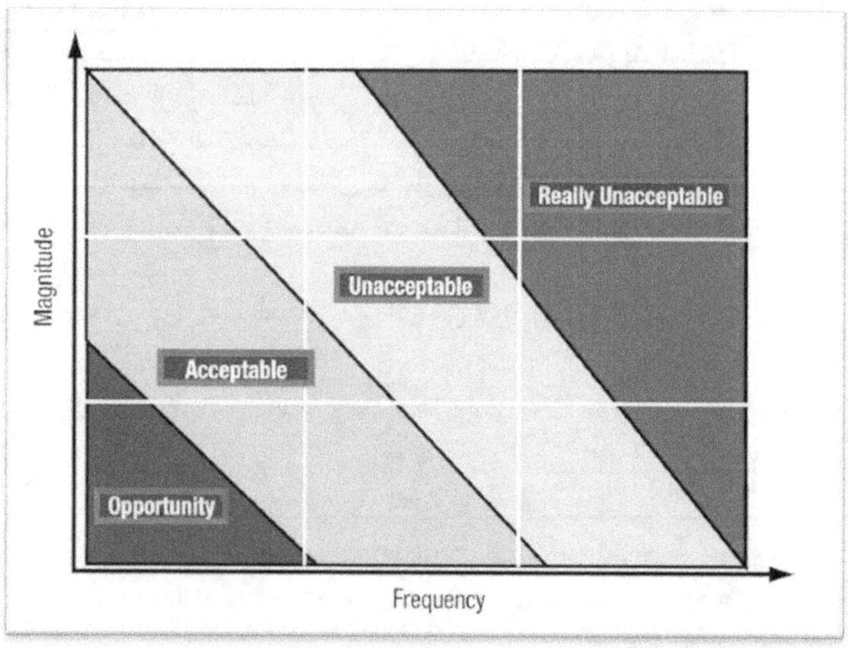

الشكل رقم 15 مستويات تكرار المخاطر و درجة قبولها.
IT Risk Management, ITCAMPRO, Tudor Damian.

إطار إدارة المخاطر(RMF)

- يجب التركيز على جوانب مختلفة من المخاطر و كل ما يتعلق بإدارة أمن المعلومات.

- يجب أن تكون إدارة المخاطر جزءًا لا يتجزأ من إدارة المؤسسة وأن تتكامل تمامًا مع وظائف العمل الأخرى مثل الحوكمة والمالية والاستراتيجية والرقابة الداخلية والمشتريات والتخطيط المستمر والموارد البشرية والامتثال والتكنولوجيا وما إلى ذلك.

- المخاطر مصدر قلق رئيسي ولابد من وضع إطار عمل إدارة المخاطر و إطار عمل للأمن السيبراني.

- المخاطر مهمة جدًا عند التخطيط لمشروع ما حيث يتم معالجة المخاطر في كل المراحل بداية من مرحلة تخطيط المشروع.

- أحد التأكيدات التي يتفق عليها جميع الخبراء هو أن إدارة المخاطر لا ينبغي أن تركز على التعامل مع المشاكل بل ينبغي أن تركز على منعها.

- يتم النظر إلى المخاطر من كل مجال وعملية في دورة حياة الخدمة، ورصدها والتخطيط لها سيساعد المنظمة على إدارة المخاطر بفعالية، مما يقلل من التأثير السلبي وعدم اليقين والتكاليف و استغلال التأثير الإيجابي.

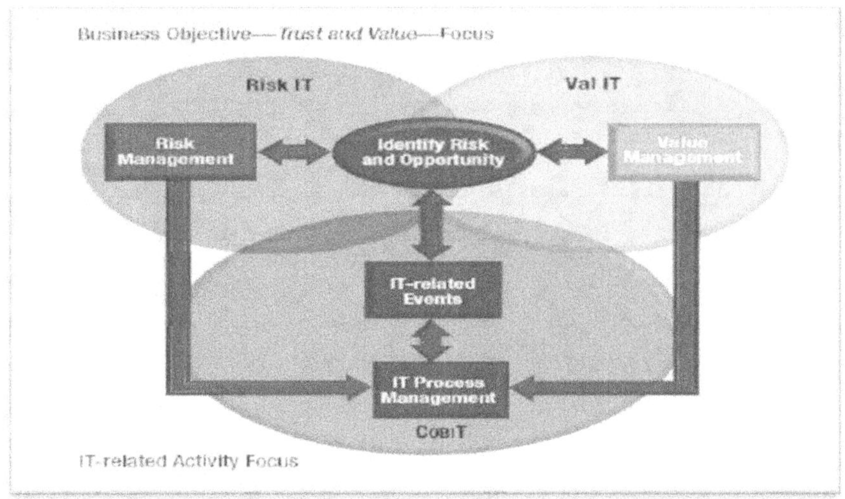

الشكل رقم 16 إطار إدارة المخاطر و إدارة القيمة من COBIT®.
IT Risk Management, ITCAMPRO, Tudor Damian.

سياسة إطار إدارة المخاطر

- ➢ تطبق عملية إطار إدارة المخاطر **RMF** على جميع العمليات والأنظمة بما في ذلك عمليات المتطلبات والمشتريات والاختبار والتقييم التطويري والتقييم التشغيلي.
- ➢ إصدارات (**NIST**) هي المبادئ التوجيهية لإدارة المخاطر.
- ➢ يتم تحديد متطلبات الأمن السيبراني ووظائف إدارة المخاطر التشغيلية للفضاء الإلكتروني وتطبيقها على جميع البرامج والأنظمة والتقنيات في المؤسسة بغض النظر عن طريقة الاستحواذ أو الشراء.
- ➢ يجب فرض المساءلة عن مخاطر الأمن السيبراني المقبولة على جميع المستويات داخل المؤسسة وفي جميع أنحاء دورة حياة أنظمتها.
- ➢ يتم تحديد مسؤول أمن المعلومات بالمؤسسة للتفاعل بشأن المشكلات التي تؤثر على شبكة المعلومات.
- ➢ يتم توفير خدمة المعرفة و التوعية على موقع بوابة نظام إدارة خدمات تكنولوجيا المعلومات بالمؤسسة و هي المصدر الرسمي لإرشادات ومعايير وأدوات تنفيذ إدارة المخاطر و أمن المعلومات.

عناصر إدارة المخاطر الفعّالة

يجب أن يكون الهدف إجراء تقييم دقيق للمخاطر وتحليل الفوائد المحتملة و يجب تحديد المخاطر والفرص التي يقدمها كل مسار عمل لتحديد الاستجابات المناسبة.

تحديد المخاطر

عدم اليقين الذي قد يؤثر على تحقيق الأهداف في سياق نشاط تنظيمي معين يجب النظر في عدم اليقين هذا ثم وصفه لضمان وجود فهم مشترك.

تقييم المخاطر

يجب تقدير احتمالية وتأثير المخاطر الفردية حتى يمكن تحديد أولوياتها وفهم المستوى العام للمخاطر ودرجة التعرض للمخاطر المرتبطة بالنشاط التنظيمي.

معالجة المخاطر

يجب التخطيط للاستجابات المناسبة للمخاطر وتعيين أصحابها والمستفيدين منها ثم تنفيذها ومراقبتها والتحكم فيها.

مبادئ إدارة المخاطر

هناك بعض المبادئ التي تنطبق على إدارة المخاطر على وجه التحديد:-

المخاطر جزء من العمل

➤ ينبغي للمنظومة أن تضمن إدارة المخاطر بشكل مناسب.

➤ يجب تجنب جميع المخاطر ولكن تحمل المخاطر مطلوب لضمان الاستدامة على المدى الطويل.

➤ يجب تحديد المخاطر وفهمها وتقييمها مقابل مستويات المخاطر التي ترغب المؤسسة في تحملها بدون مخاطرة وإدارتها ومراقبتها بشكل مناسب.

إدارة المخاطر و المؤسسة.

➤ من الضروري أن تتم إدارة ممارسات إدارة المخاطر بشكل شامل لتحقيق الاتساق في جميع أنحاء المؤسسة.

➤ لضمان الفعالية يجب أن يكون هناك تشاور مستمر مع أصحاب المصلحة والمرونة المناسبة لإدارات المؤسسة المختلفة.

➤ تسمح المرونة بتطوير إجراءات إدارة المخاطر بحيث يتم التعامل مع جميع الوحدات التنظيمية و الظروف الخاصة بفئات المستخدمين المتعددة.

ثقافة وسلوكيات إدارة المخاطر

• الثقافة والسلوكيات المناسبة التي يتبناها جميع مستويات موظفي المنظمة تشكل أهمية بالغة ويجب أن تكون جزءًا من الطريقة التي تدار بها الأمور.

• يجب نشر فهم أن إدارة المخاطر الفعّالة أمر حيوي لاستدامة المنظمة ودعم تحقيق أهداف العمل.

استخدام سلوكيات إدارة المخاطر الاستباقية.

• ضمان الشفافية والوضوح في إجراءات إدارة المخاطر و تحديد المهام و الأدوار والمسؤوليات والمساءلة عند وقوع خطر.

- تشجيع ومتابعة الإبلاغ عن المخاطر والحوادث والفرص و الخطر الكامن بشكل فعال.
- ضمان دعم لوائح المكافآت و الجزاءات للسلوكيات المرغوبة و غير المرغوبة و لا ينبغي أن يقلل ذلك الإبلاغ عن الحوادث ولا يشجع على الإفراط في الإبلاغ.
- تشجيع التعلم والنمو في النضج بشكل نشط من تجارب المؤسسة وتجارب المنظومات الأخرى.

عوامل نجاح ممارسة إدارة المخاطر PSF

- إرساء حوكمة إدارة المخاطر.
- رعاية ثقافة إدارة المخاطر وتحديد المخاطر
- تحليل وتقييم المخاطر.
- معالجة المخاطر ومراقبتها ومراجعتها.

مدخلات إدارة مخاطر الخدمة

- ➢ خطط إنشاء الإستراتيجية.
- ➢ حزمة تصميم الخدمة.
- ➢ خطة انتقال الخدمة.
- ➢ خطة إدارة أمن المعلومات.
- ➢ اتفاقيات مستوى الخدمة.
- ➢ خطة إدارة التكلفة.
- ➢ سجل المخاطر الحالية.

مخرجات إدارة مخاطر الخدمة

- ➢ خطط تخفيف المخاطر.
- ➢ التحليل الكمي.
- ➢ التحليل النوعي.
- ➢ تحديث سجل المخاطر.

عملية وأنشطة إدارة مخاطر الخدمة عالية المستوى

إنشاء إطار خطة إدارة المخاطر كما في الشكل (17)

- إجراء تحليل أصحاب المصلحة.
- جمع معلومات المخاطر.
- أدوات و تقنيات تحديد الهوية.

تحليل معلومات المخاطر.

- تحليل نوعى للمخاطر.
- تحليل كمى للمخاطر.

- تحديد المخاطر.
- تصنيف المخاطر.
- تحديث سجل المخاطر.
- إنشاء إستجابة للمخاطر.

<u>التحكم في المخاطر.</u>

- إنشاء السيطرة على المخاطر.
- إدارة المخاطر.
- تقارير المخاطر.

<u>تحسين إدارة المخاطر.</u>

- تقييم أداء إدارة المخاطر.
- تحديد فرص التحسين.

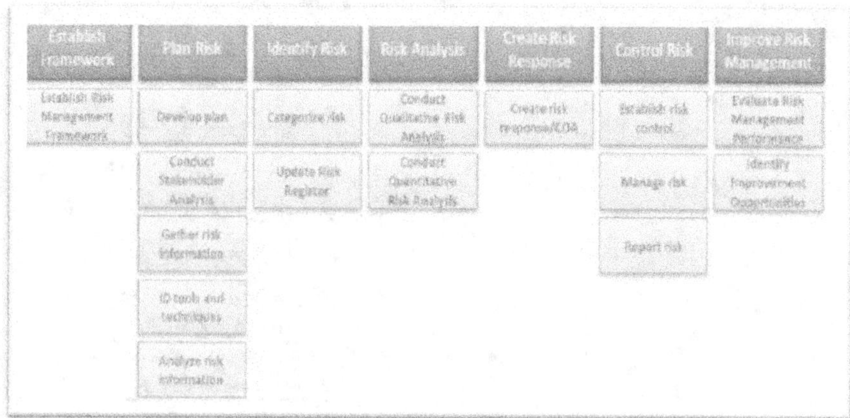

الشكل رقم (17) يبين تفاصيل أنشطة عملية إدارة المخاطر.
DESMF EDITION III Signed June2016.

عمليات إدارة المخاطر

تتكون أنشطة إدارة المخاطر من ثلاث عمليات:

- حوكمة إدارة المخاطر.
- تحديد المخاطر وتحليلها ومعالجتها.
- مراقبة المخاطر ومراجعتها.

حوكمة إدارة المخاطر

تتضمن هذه العملية عددا من الأنشطة كما فى الشكل رقم (18) وتحول المدخلات التالية إلى مخرجات.

<u>المدخلات</u>
- تحليل العوامل البيئية (PESTLE).
- البيئة التنافسية.
- بيئة التهديد.
- المتطلبات التنظيمية.
- استراتيجية المنظمة.

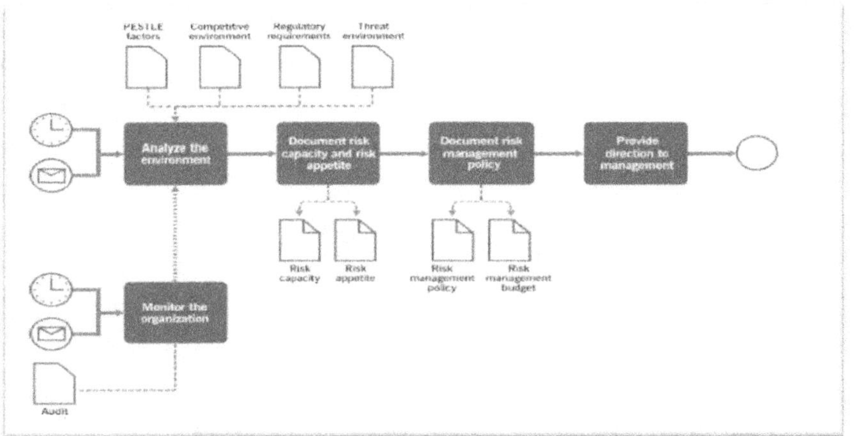

الشكل رقم (18) يبين مسار عملية حوكمة إدارة المخاطر.
ITIL4 Practices-AXELOS Copyright-2020.

<u>المخرجات</u>
- القدرة على تحمل المخاطر.
- الرغبة في المخاطرة.
- سياسة إدارة المخاطر.
- الميزانية اللازمة لإدارة المخاطر.
- التوجيه المقدم للإدارة.

<u>الأنشطة</u>
- تحليل البيئة.
- توثيق القدرة على تحمل المخاطر والرغبة في المخاطرة.
- توثيق سياسة إدارة المخاطر.
- تقديم التوجيهات للإدارة.
- مراقبة المنظمة.

<u>تحديد المخاطر وتحليلها ومعالجتها</u>

تتضمن هذه العملية عددا من الأنشطة كما فى الشكل رقم (19) وتحويل المدخلات إلى مخرجات.

المدخلات

- سياسة إدارة المخاطر.
- الرغبة في المخاطرة.
- ميزانية إدارة المخاطر.
- سجلات المخاطر الحالية.
- محفظة الخدمات.
- نماذج الخدمات.
- المخاطر التي تم تحديدها كجزء من أنشطة أخرى.
- المعايير والأطر.
- خدمات تقييم التهديدات وتقييم نقاط الضعف من أطراف ثالثة.

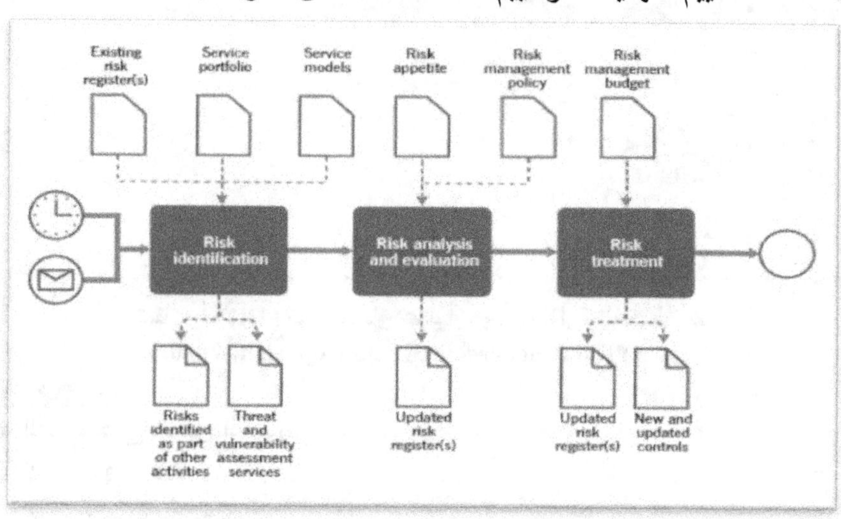

الشكل رقم (19) يبين مسار عملية تحديد المخاطر و تحليلها.
ITIL4 Practices-AXELOS Copyright-2020.

المخرجات

- تحديث سجلات المخاطر.
- ضوابط جديدة ومحدثة.

الأنشطة

- تحديد المخاطر.
- تحليل المخاطر وتقييمها.
- معالجة المخاطر.

مراقبة المخاطر ومراجعتها

تتضمن هذه العملية عددا من الأنشطة كما فى الشكل رقم (20) وتحول المدخلات إلى مخرجات.

المدخلات
- سياسة إدارة المخاطر.
- سجلات المخاطر.
- خدمات تقييم التهديدات والثغرات.

المخرجات
- تحديث سجلات المخاطر.
- تقارير التدقيق.
- متطلبات الضوابط الجديدة والمحدثة.

الأنشطة
- تقييمات الرقابة والتقييم.
- عمليات تدقيق ومراجعة المخاطر.

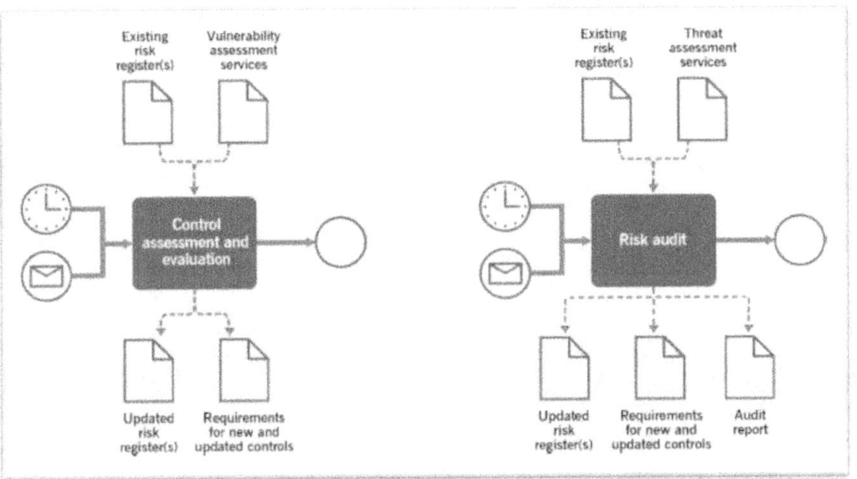

الشكل رقم (20) يبين مسار عملية مراقبة المخاطر و مراجعتها.
ITIL4 Practices-AXELOS Copyright-2020.

الفصل الخامس: خطة إدارة أهداف الخدمة

عملية إدارة أهداف الخدمة

يتم وضع الخطة وفقا للفقرة 6-3 (الشكل رقم (21) بإعداد ما يلى:-

1) قائمة بالخدمات فى نطاق العمل.

2) وصف القيود المعروفة.

3) تحديد السلطات و المسئوليات لنظام إدارة الخدمة و الخدمات.

4) تحديد الموارد اللازمة لتشغيل نظام إدارة الخدمة و الخدمات.

5) تحديد أسلوب العمل مع الأطراف الأخرى.

6) تحديد التكنولوجيا المستخدمة لدعم نظام إدارة الخدمة.

7) تحديد آليات قياس و تدقيق و إصدار تقارير و تحسين أداء نظام إدارة الخدمة.

8) تحديد الإلتزامات و المعايير و السياسات و المتطلبات التنظيمية و القانونية و المالية و الإدارية و غيرها.

متطلبات إدارة أهداف الخدمة

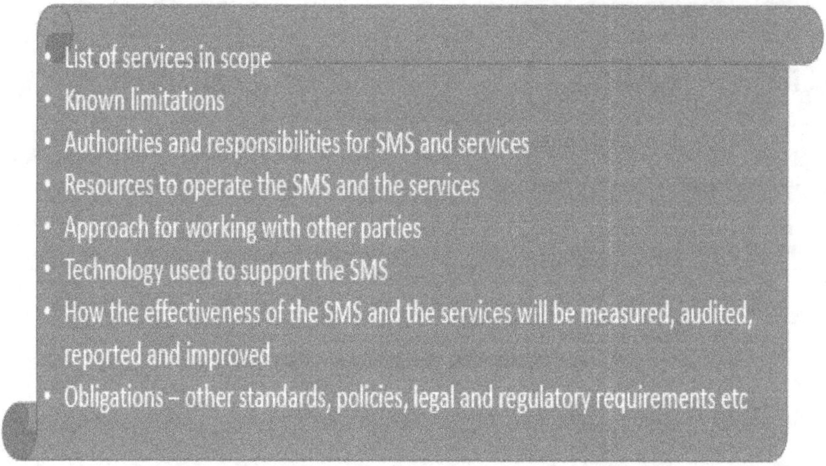

Lynda Cooper-BCS Spring School- March 9th2022

الشكل رقم (21) البند 6-3 من مواصفات الأيزو 20000

إطار عمل إدارة خدمات تكنولوجيا المعلومات

الغرض و الهدف

الغرض من إطار العمل هو تقديم خارطة طريق تطبيق أفضل الممارسات لتخطيط وتنفيذ ومراقبة وتحسين الإدارة الشاملة لجميع خدمات تكنولوجيا المعلومات عبر المؤسسة.

يجب أن تتماشى جهود تطوير نظام إدارة الخدمة مع الإطار ودعمًا لهذا الغرض يقدم دليل إطار العمل ما يلي:-

- تحديد أفضل الممارسات التي تقود إلى تنفيذ الإطار.
- تحديد الهيكل العام لإطار العمل ليشمل النطاقات والعمليات التي تغطي دورة حياة إدارة خدمات تكنولوجيا المعلومات بأكملها.
- تقديم لمحة عامة عن العمليات من حيث الغرض والنطاق والفوائد والمعجم والأدوار والمسؤوليات.
- تحديد إطار الضوابط المطلوبة لتلبية الامتثال للمعايير المتفق عليها.
- تحديد الواجهات الموصى بها بين النطاقات والعمليات.
- التوصية بمجموعة من المعالم لتنفيذ العملية وتحسينات الخدمة.

<u>**الهدف من إطار العمل**</u>

- تحقيق مواءمة إدارة خدمات تكنولوجيا المعلومات بنجاح مع سياسة المؤسسة وذلك بالتشجيع على مساهمات الأشخاص والعمليات والتكنولوجيا التي تؤدي إلى جهد مشترك لتخليق القيمة للخدمات و المؤسسة.
- تعزيز فعالية الأفكار الجديدة والكفاءات من خلال الأساليب والممارسات القياسية التي تقدم قيمة لشركاء المهمة.
- يساعد إطار العمل في التصميم الكفء والفعال لتكنولوجيا المعلومات و توظيف خدماتها لتحقيق القيمة.
- الاستخدام والامتثال ضمن هذا الإطار يوفر قوة الهيكل التأسيسي والنهج الذي يمكن أن تستخدمه إدارات المؤسسة لتقديم خدمات عالية الجودة للشركة.

<u>**نطاق إطار العمل**</u>

ينطبق نطاق إطار العمل على جميع منتجات وخدمات إدارة تكنولوجيا المعلومات التي تقدمها للمؤسسة وعمليات نظام إدارة الخدمة التي توفر و تدعم تلك الخدمات.

<u>**فوائد إطار إدارة نظام الخدمة والنتائج المتوقعة**</u>

- توفير إطار موثق موحد وقابل للتطبيق وقابل للتطوير لأفضل الممارسات الموصى بها.
- تحديد الأدوار والمسؤوليات لنظام إدارة الخدمة و اعتماد خصائص إدارة الخدمة القياسي لتوفير مستويات أعلى من جودة الخدمة وتوافرها وتحسين التوافق بين مزودى الخدمة ومناطق الإستخدام وتحسين إدارة التغييرات لضمان أمان وقدرة إدارة تكنولوجيا.

39

- تمكين اتخاذ قرارات أفضل على جميع المستويات من خلال تحديد العلاقات وعناصر المعلومات المتبادلة بين جميع العمليات طوال دورة حياة إدارة الخدمة.
- قياس الخدمات بشفافية ويمكن تتبعها من خلال الآليات اللازمة.
- سجل التكاليف المرتبطة بدورة حياة الخدمة بأكملها.
- استقرار الامتثال والتدقيق من خلال عمليات التدقيق الداخلى.
- فهم أفضل لأهمية خدمات تكنولوجيا المعلومات والقيمة المستمدة من كل خدمة سواء من مقدم الخدمات أو من منظور الزميل المستفيد شريك المهمة.
- دعم قدرة تكنولوجيا المعلومات على قياس الأداء الداخلي وبالتالي تحسينه في تقديم الخدمات.
- تحسين رضا شركاء المهمة من خلال نهج أكثر احترافًا وفعالية لتقديم الخدمات والدعم.
- تبادل آمن للمعلومات والبيانات.
- تعزيز القدرة على النضج وزيادة الأداء بناءً على المعلومات والمعرفة المرتدة في العمليات والخدمات.
- تحقيق فعالية التكلفة والكفاءة و تحديد فرص التحسين للتطوير أو الإزالة.

عوامل النجاح الحاسمة لاعتماد الإطار

يعتمد الاعتماد الناجح للإطار على عوامل النجاح الحاسمة التالية-:

تشكيل رأى توجيهي

إنشاء منتدى على موقع المؤسسة يتيح للعاملين تقديم المقترحات و الملاحظات بشأن تعزيز إطار العمل والحفاظ عليه.

إنشاء رؤية

يتم تحديد الفجوة بوضوح و السعى إلى سد أى فجوات بين استخدام أطر العملية الحالية والإطار الموحد المستقبلي .

توصيل الرؤية

إنشاء خطة تدريب واتصالات موجهة لاعتماد إطار العمل.

تحقيق مكاسب قصيرة المدى

تحديد المشكلات المتعلقة بكيفية تقديم الخدمات حاليًا والتخفيف منها وتسجيل تقارير عنها.

إنشاء مؤشرات الأداء الرئيسية (KPIs)

مؤشرات الأداء الرئيسية مطلوبة لقياس كل عامل حرج.

الإلتزام بمؤشرات الأداء الرئيسية

مطلوب أن تتماشى مؤشرات الأداء الرئيسية مع أهداف وخطط المؤسسة.

إنشاء خطة التدريب

- إعداد متطلبات التدريب لجميع مستويات العمليات.
- تحديد مستويات التدريب المطلوبة.
- تحديد المخططات الزمنية للتدريب.

تحديد استراتيجية المخاطر

- تحديد معايير قياس و رصد و تحليل المخاطر.
- تحديد عمليات تقييم المخاطر.
- تعريف سجل المخاطر.
- تحديد أنشطة تخفيف المخاطر.
- ممارسة التحسين المستمر للخدمة (CSI).

إدارة الأداء والجودة و المخاطر

يحتوي إطار العمل على تعليمات إدارة الأداء و أسلوب إدارة مخاطر الخدمة بالإضافة إلى إرشادات تقييم أداء إدارة خدمة تكنولوجيا المعلومات وتدعم المؤسسة هذا التوجه في السعي إلى تقديم الخدمات الأساسية وتنفيذ تحسين جودة الخدمة.

القيادة و إدارة خدمات تكنولوجيا المعلومات

خطة القيادة و دعمها لتكنولوجيا المعلومات

توفر القيادة العليا التوجيه والدعم والمتطلبات اللازمة لخطة إدارة خدمات تكنولوجيا المعلومات من خلال أطر متكاملة وقابلة للتشغيل للحفاظ على قوة المؤسسة ومكانتها و تعزيز قوة نظم صنع القرار مع تحسين القيمة .

تتضمن الخطة الاستراتيجية لإدارة خدمات تكنولوجيا المعلومات خريطة الطريق لمشروع تطوير نظام إدارة الخدمات الذى يعتبر الأساس لنهج واسع لتحقيق هدف إنشاء و دعم بيئة المعلومات العامة للمؤسسة.

المفاهيم الأساسية لخطة إدارة تكنولوجيا المعلومات

- أهمية البيانات والمعلومات والمعرفة باعتبارها أصول إستراتيجية.
- البنية التحتية القابلة للتشغيل التوافقى المتكامل على مستوى المؤسسة
- العمليات المتزامنة وسريعة الإستجابة.
- الهوية و الأمن السيبراني.
- أمثل توظيف للاستثمارات فى مجالات العمل.
- المرونة وقابلية التشغيل التوافقى لنظم التكنولوجيا والأمن السيبراني.

الأهداف

- تنفيذ عمليات تكنولوجيا المعلومات القائمة على المعايير الشاملة.
- جمع وترتيب وتوزيع المعرفة بإدارة الخدمة في جميع أنحاء المؤسسة.
- مراقبة وتحسين العمليات والخدمات باستخدام مقاييس محددة ونهج ثابت.
- قيادة عمليات نظام إدارة الخدمة الشائعة المشتركة (مثل أدوات إصدار التذاكر، و طلبات CMDB قواعد بيانات الكونفجيوريشن).

تخطيط عمليات تكنولوجيا المعلومات

خطوات تصميم العمليات وبيئة المعلومات

- البنية التحتية والأساسية الموحدة المشتركة لتكنولوجيا المعلومات وخدمات الدعم الفنى تستخدم نهجًا مركزيًا عبر جميع المؤسسات داخل المؤسسة بشكل كامل متكامل قابل للتشغيل التوافقى الآمن بين جميع الأنظمة.
- خدمات البرمجيات و التطبيقات اللازمة لتلبية جميع الإدارات.
- هندسة تصميم العمليات المتكاملة الآمنة لتحقيق التفوق الكامل في النطاق وتحسين فعالية المهمة وزيادة الأمن وتحقيق كفاءات تكنولوجيا المعلومات.

تحديد النطاق والأهداف

- تحديد وتوثيق أهداف العمل و(المشكلات) التي يجب حلها ونطاق العمليات.
- الحصول على الموافقة اللازمة لتوفير المتطلبات وفقا للخطة المعتمدة.
- تحديد مدى أهمية وتأثير وأولوية العمليات وفقا للخطط الإستراتيجية للمؤسسة وتكنولوجيا المعلومات والسياسات ذات الصلة.
- النظر في مواءمة الجدول الزمني للعمليات مع إدارة المؤسسة و نظام تطوير تكامل القدرات.
- إنشاء خريطة طريق التنفيذ.

التحقق من صحة البيئة التكنولوجية الحالية

- جمع وثائق العمليات الحالية
- تحديد الأدوار والمسؤوليات الحالية
- توثيق بيئة العمليات.
- تحديد المشكلات لتحقيق مكاسب سريعة.
- تحديد الأدوات الداعمة.
- توثيق تحليلات الفجوات.
- دراسة استخدام أدوات المعايير مثل ITIL وCOBIT و ISO 20000 للمساعدة في تحليل الفجوات.

تعريف تطوير العمليات

- توثيق تعريفات العمليات.
- تحديد مدخلات ومخرجات العمليات.
- تحديد عوامل النجاح الحاسمة ومؤشرات الأداء الرئيسية.

تحديد الأدوار والمسؤوليات

- التعرف على المهارات والمستوى المعرفي.
- إنشاء جداول مصفوفة **RACI** لتوزيع و تحديد الأدوار.
- تطوير العلاقات متعددة الوظائف.

تحرير وثائق تدفق العمل التفصيلي لكل نشاط

- توثيق الإجراءات التفصيلية لكل نشاط.
- إنشاء خطة الاتصالات.

بناء دليل العمليات

- توثيق بيئة العمليات "المستقبلية".
- إنشاء مخطط سير العمل.
- دمج أنشطة التحكم في العمليات المشتركة.
- تحديد المدخلات والمخرجات على مستوى تفصيلي.
- دمج المعلومات الرقابية.
- تحديد المقاييس المناسبة.
- توثيق متطلبات الأدوات بما في ذلك أدوات التواصل مع واجهات العمليات الأخرى.

تحديد وتوثيق خطة الاتصالات ونقل المعرفة ومتطلبات التدريب

- تطوير خطة الاتصالات.
- تطوير البرنامج التدريبي.
- تقديم التدريب على العمليات والأدوات.

تحديد وتنفيذ المكاسب السريعة

- خلال عملية تحليل تحسين العمليات يجب الموازنة بين الحاجة إلى أساس أقوى للعمليات والحاجة إلى الحصول على قيمة فورية أكبر بعد تنفيذ العمليات.
- تُعرف نتيجة هذا التحليل باسم المكاسب السريعة.

خصائص المكاسب السريعة المشتركة

- انخفاض مستوى الجهد مقارنة بالعمليات الأخرى مع الاستمرار في إضافة قيمة في فترة زمنية قصيرة نسبيًا.
- مهمة لجهود تحسين العمليات الشاملة.
- تخفف القضايا التنظيمية.

لجان التنسيق للمكاسب السريعة

- يساعد التركيز الفوري على المكاسب السريعة على تشكيل لجان و إشراك أعضاء رئيسيين من إدارات المؤسسة المختلفة لتحسين العمليات.
- يجب أن تكون المشاركة معترف بها و مقبولة من قبل الآخرين وتخلق زخمًا لإجراء تحسينات إضافية قد تتطلب المزيد من الوقت والالتزام.
- البدء في بناء رعاية التنسيق و التعاون على جميع مستويات المؤسسة من خلال إظهار الفوائد الحقيقية لتشكيل اللجان التي تضيف قيمة حقيقية.

وضع اللمسات النهائية على دليل العمليات

- استخدم قالب دليل العمليات المناسب لإنتاج الدليل ونشره.
- يتم إنشاء المحتوى طوال عمليات التصميم.
- نشر دليل العمليات والإبلاغ عن وجوده ورابطه على موقع المؤسسة.
- دمج التحكم في الإصدار لكل قواعد المؤسسة.

إدارة أهداف و أداء تكنولوجيا المعلومات

تعريف و أهداف

- إدارة أداء تكنولوجيا المعلومات هي استخدام معلومات مراقبة الأداء الفعلى من خلال مقاييس أداء محددة.
- تعمل المعلومات التي يتم الحصول عليها من المقاييس على تعزيز قدرة المؤسسة على قياس نتائج الأداء.
- يمكن مقارنة الأداء الفعلي والنتائج المتوقعة المحددة في الخطط الإستراتيجية و أهداف المؤسسة من الناحية الكمية والنوعية.
- تمكن نتائج تحليل إدارة الأداء القيادة من توجيه صياغة وتنفيذ الخطط التصحيحية لإجراء التعديلات وضمان تحقيق المؤسسة لمستويات الأداء المحددة مسبقاً.
- يجب تصميم مقاييس الأداء بحيث ترصد و تعرض بدقة تنفيذ الأهداف ذات الصلة و القابلة للقياس.
- يعد إنشاء خط أساس للتقييم أمرًا بالغ الأهمية لإدارة الأداء.
- تعد إدارة الأداء وسيلة للتحكم في الأضرار وإدارة الأزمات التي تؤثر على الخطط التنظيمية والأهداف والغايات ورضا العملاء والإنتاجية والنفقات والثقة في مزود خدمة تكنولوجيا المعلومات.

أهداف التقييم

- تلبية المتطلبات.
- تلبية التوافق مع أهداف و غايات العمل أو المهمة.
- تحسين فعالية العملية وكفاءتها مما يؤدي إلى تحسين العملية وكفاءتها.

- يوصى بتقييم أداء قدرة العملية سنويا.
- يتم تعريف تقييم قدرة العملية بشكل أكبر في هذا الدليل.

نهج إدارة الأداء

- يعتمد نهج تنفيذ إدارة الأداء على توافق تكنولوجيا المعلومات مع أهداف ومهمة المؤسسة.
- يجب أن تتماشى التحسينات التي يتم تحقيقها من خلال إدارة الأداء مع التحسينات الإدارية الأخرى داخل المؤسسة.
- تتطلب إدارة الأداء التزامًا إداريًا مستدامًا وتعاونًا على جميع المستويات داخل المؤسسة.
- تحتاج المؤسسة إلى التأكد من توفر الموارد:
  - يجب تخصيص عدد كافي من المحللين الإداريين والفنيين لإدارة الأداء مع التدريب والمهارات المناسبة.
  - شراء وتنفيذ وتصميم و تفعيل أدوات تكنولوجيا إدارة الأداء لالتقاط البيانات وتحليلها وتخزين المعلومات للأغراض التاريخية.

متطلبات نهج إدارة الأداء التنظيمية

- الخطط الإستراتيجية وبيان المهمة.
- تحديد الأهداف الإستراتيجية المرتبطة بالمجموعة الوظيفية المسؤولة عن تحقيق الأهداف.
- إجراءات محددة مخططة لتحقيق الأهداف.
- خطط الأداء التي تحدد عمليات تكنولوجيا المعلومات المرتبطة بأهداف المؤسسة.
- تقارير الأداء التي تفيد الإدارة بسلامة عمليات تكنولوجيا المعلومات وارتباطها بقرارات التحسينات المستقبلية.

تقييم الأداء الفني وغير الفني

الشكل رقم (22) يبين قوائم الجوانب الفنية و غير الفنية فى تقييم الأداء. وفقا لإستراتيجية وخطط تكنولوجيا المعلومات يتم تطوير اتفاقيات مستوى الخدمة (SLAs) ومقاييس الأداء المناسبة لتحقيق قياس أداء تكنولوجيا المعلومات.

إدارة الأداء غير الفني لتكنولوجيا المعلومات	إدارة الأداء الفني لتكنولوجيا المعلومات
• الخطط الاستراتيجية التنظيمية	• تسهيلات الاستخدام
• اتفاقيات مستوى الخدمة	• الزيارات على صفحة ويب
• اتفاقيات مستوى التشغيل	• أحجام الخدمة
• الاتفاقيات الداعمة	• التسهيلات البيئية
• مقاييس مكتب الخدمة	• عتبات النبه النحبة
• تم الانتهاء من مشاريع تكنولوجيا المعلومات	• تسهيلات اختراق الشبكة
• تحقيق خطة التحسين	• بيانات مراقبة الشبكة
• رضا العملاء	• مراقبة حقوق الوصول

الشكل رقم (22) يبين قوائم الجوانب الفنية و غير الفنية فى تقييم الأداء.
DESMF EDITION III Signed June2016.

تطوير المقاييس المناسبة والتدابير الداعمة

- هناك فرق بين المقاييس والقياسات.
- القياس هو إشارة إلى حجم أو كمية أو مقدار أو بُعد أو سمة معينة لمنتج أو خدمة أو عملية.
- المقياس هو قياس لدرجة وجود أي سمة فى نظام أو خدمة أو منتج أو عملية.
- على سبيل المثال يكون عدد الأخطاء في النظام بمثابة قياس في حين أن عدد الأخطاء لكل ساعة شخص سيكون مقياسًا.

إرشادات للمقاييس و القياسات:

- ➤ إن حقيقة عدم استخدام القياس كمقياس لا تعني أنه ينبغي إنفاق الموارد للحد من جمعه بل تعني أنه لا ينبغي بعد الآن التلاعب بالبيانات وتحرير التقارير عنها.
- ➤ يجب مراجعة المقاييس التي سيتم جمعها وفقًا لجدول زمني منتظم.
- ➤ يجب أن يكون هناك سبب وقرار لكل مقياس يتم جمعه.
- ➤ إذا لم يعد هناك قرارات يتم اتخاذها فلا تنفق الموارد في جمع وتحليل المقياس.
- ➤ يجب أن تظهر المقاييس تغيرا في النسب المئوية وليس مجرد تغيير في العدد, أي أن النسبة المئوية للحوادث المصنفة بشكل غير صحيح أكثر فعالية من عدد الحوادث المصنفة بشكل غير صحيح.
- ➤ تقوم المؤسسة بدمج أنشطة ومهام المراقبة وإعداد التقارير في كل عملية محددة.

المقاييس

الشكل رقم(23) يبين مثال للقياس و الأبعاد و التصنيف.

- تتعدد المقاييس من مقياس واحد أو أكثر مقترنًا بحساب رياضي وعرض تقديمي قياسي (تنسيق) للمخرجات.
- ترتبط المقاييس ببعدين البعد الزمني وبُعد التصنيف الوظيفي.
- تستخدم المقاييس في التقييم الكمي والدوري للعملية التي سيتم قياسها.
- يجب أن ترتبط المقاييس بأهداف تعتمد على أهداف عمل محددة.
- ترتبط المقاييس بإجراءات تحديد المقاييس المطلوبة وإجراءات تفسير نتائج المقاييس.

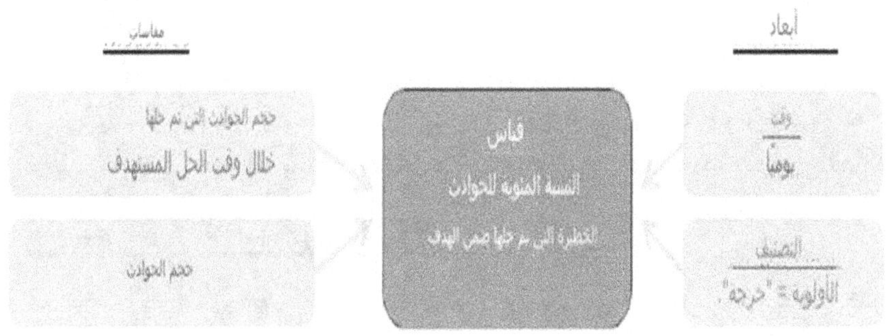

الشكل رقم(23) يبين مثال للقياس و الأبعاد و التصنيف.
DESMF EDITION III Signed June2016.

تقييمات قدرة العملية

- يتم تقييم العملية ضمن سياق التحسين كوسيلة لتوصيف قدرة العمليات المختارة.
- تُستخدم تقييمات العمليات أيضًا لتحديد نقاط القوة والضعف ولقياس مدى تحقيق الممارسات الحالية لنتائج العملية والغرض منها.
- تتمثل ميزة إجراء تقييمات العملية في تحليل الممارسات الحالية ومخرجات نقاط التحليل الرباعى القوة والضعف والفرص والتهديدات (SWOT) التي تقدم توصيات للتحسين تدخل في عملية خطة التحسين.
- تقييم قدرة العملية هو نشاط يمكن إجراؤه إما كجزء من مبادرة تحسين العملية أو كجزء من نهج تحديد القدرات.

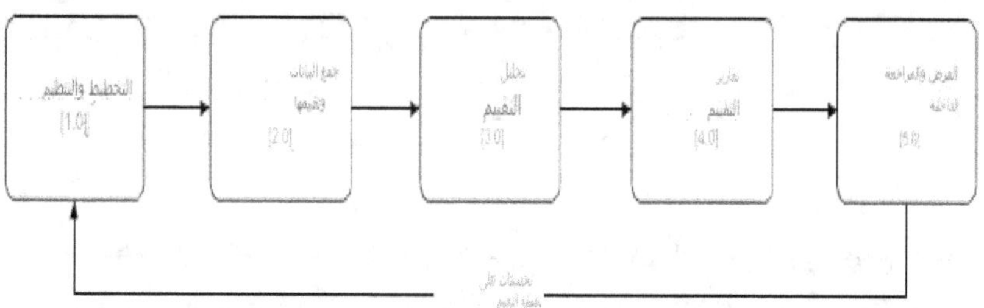

الشكل رقم (24) يبين مراحل تقييم القدرات.
DESMF EDITION III Signed June2016.

أنشطة تقييم قدرات العملية

تتضمن عملية التقييم كما فى الشكل (24) الأدوار والأنشطة والمهام اللازمة لإجراء تقييمات العملية باستخدام طريقة **PCAT** خطوة بخطوة. تنقسم دورة حياة التقييم إلى 5 أنشطة ولكل نشاط مهام يجب أن يؤديها فريق تقييم العملية.

أداة تقييم قدرة العملية (PCAT)

- تم تصميم **PCAT** كأداة ضمن نموذج مرجعى لإجراء تقييمات قدرة العملية. يعتبر أداة سهلة قابلة لإعادة الاستخدام لتسجيل التعليقات والأدلة والتقييمات والتأكد من تحقيق مستوى القدرة.

- يتم استخدام الأداة أثناء أنشطة التقييمات المستقلة وبعد الإجماع على التعليقات والأدلة والتقييمات المجمعة النهائية.

- يتم توفير إرشادات لتحديد التقييمات ومستويات القدرة في دليل.

- يمكن تكييف الأداة مع أي نموذج مرجعي للعملية.

- الغرض من النموذج المرجعي للعملية هو تحديد مجموعة من العمليات التي يمكن أن تدعم الأهداف الأساسية للمؤسسة.

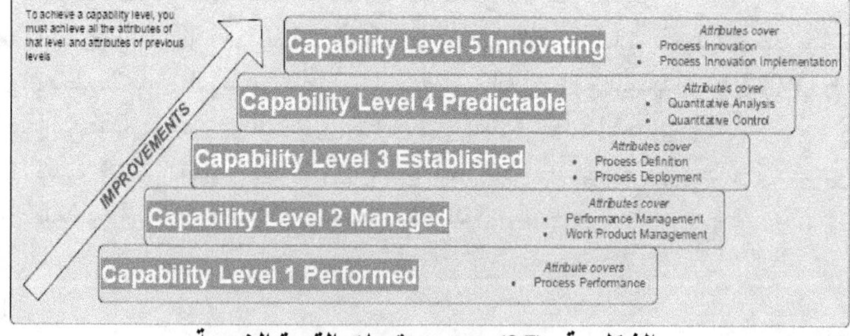

الشكل رقم (25) يبين مستويات القدرة الخمسة.
DESMF EDITION III Signed June2016.

مستويات القدرة

يتم تقييم مستويات القدرة وفقا للشكل رقم (25) الذى يبين مقياس التقييم بإطارلتقييم العمليات يتكون من 5 مستويات تبدأ جميع تقييمات قدرة العملية بالمستوى الأول التنفيذ إلى المستوى الخامس الابتكارو يتم إجراءها لتحديد مستوى تحقق الغرض من العملية.

مستويات التحسين:-

لتحقيق مستوى القدرة، يجب عليك تحقيق جميع سمات هذا المستوى وسمات المستويات السابقة.

مستوى القدرة 1 أداء :- بدء تنفيذ و أداء العملية.

مستوى القدرة 2 إدارة:- تعريف العملية ونشر العملية.

مستوى القدرة 3 إنشاء:- إدارة الأداء- إدارة منتجات العمل.

مستوى القدرة 4 ما يمكن التنبؤ به:- تحليل كمي وتحكم الكمي.

مستوى القدرة 5 الابتكار:- عملية الابتكار و تنفيذ عملية الابتكار.

أهداف الجودة والأداء والتقييمات

مبادئ جودة الخدمة

- ➤ إن مبدأ جودة الخدمة "إذا لم تتمكن من قياسها فلن تتمكن من إدارتها" ينطبق على تقديم خدمات عالية الجودة إلى العميل.

- ➤ يساعد مجال الممارسة أصحاب المصلحة على تحديد وجمع وتحليل المقاييس المناسبة التي تمكن عملية تحسين الخدمة المستمر.

- ➤ يتم تعريف جودة الخدمة على أنها مقياس لمدى توافق الخدمة المقدمة مع توقعات العملاء.

- ➤ تعمل إدارة جودة الخدمة والأداء على تعزيز نهج المؤسسة للتحكم في قياس جودة الخدمة.

- ➤ يتضمن ذلك تقييم وتوجيه ومراقبة أساليب وتقنيات ونتائج قياس جودة الخدمة إلى جانب التوصية بالإجراءات التصحيحية.

- ➤ هناك أسلوب فعال لإدارة الجودة يتضمن أنشطة التقييم والقياسات التى تدعم متطلبات العملاء وأصحاب المصلحة وتشمل تحديد فجوات القياس وخطة عمل لسد تلك الفجوات لدعم اتخاذ القرار.

تعد إدارة جودة الخدمة أداة قيمة لمجال ممارسة التحسين المستمر للخدمة (CSI) ويتضمن اعتماد أسلوب العملية الذي يحدد ويدير العديد من العمليات المترابطة والمتفاعلة لإدارة جودة المنتج والخدمة.

أسلوب عملية إدارة الجودة

- مراقبة وفهم وتلبية متطلبات العملاء.
- تأسيس وحدة الهدف والاتجاه.
- إشراك أصحاب المصلحة في مجال الاستحواذ والهندسة والتشغيل.
- معالجة تكامل العملياتوالفعالية في دعم خدمات تكنولوجيا المعلومات.
- التحسين المستمر للعمليات والخدمات على أساس القياس الموضوعي.
- المنهج الواقعي في اتخاذ القرار بناء على تحليل البيانات والمعلومات.
- علاقات الموردين تؤدى إلى الترابط والحاجة المشتركة لخلق القيمة.

إدارة جودة الخدمة

- تعتمد إدارة جودة الخدمة على نهج من أربع مراحل يتيح رؤية متسقة للمهام ومنظور الأعمال لأداء خدمات تكنولوجيا المعلومات مع الآليات المعمول بها لإرشاد إدارة الخدمة ودعم قرارات الاستثمار في تكنولوجيا المعلومات المستقبلية.

مراحل إدارة جودة الخدمة

- الشكل رقم (26) يبين مراحل إدارة جودة الخدمة و هويعتبر مثال لدورة ديمنج على وجه التحديد لمعالجة جودة خدمة تكنولوجيا المعلومات.

	Plan	Do	Check	Act
Activities	➢ Plan Quality Scope and Objectives ➢ Develop Service Quality Plan (SQP) approach and framework ➢ Communicate Scope and Objectives of SQP	➢ Establish Quality Performance Metrics ➢ Plan Process Capability Assessments	➢ Assess Process Capability ➢ Collect and Report Quality Performance Metrics ➢ Review Quality Performance Metrics	➢ Improve service quality ➢ Improve management capability ➢ Plan process capability improvement ➢ Track improvement performance
Outcomes	➢ Service Quality Plan ➢ Service Quality Purpose, Scope, Roles, and Objectives	➢ IT Performance Management Guide ➢ Process Capability Assessment Plan	➢ Performance Management and Metrics Evaluation ➢ Process Capability Assessment Report	➢ Performance Management Improvement ➢ Process Capability Improvement

الشكل رقم (26) يبين مراحل إدارة جودة الخدمة.
DESMF EDITION III Signed June2016.

تخطيط: إعداد نهج الجودة.

الأنشطة:

- خطة نطاق الجودة و الأهداف.
- وضع نهج و إطار عمل خطة جودة الخدمة.
- نشر و توصيل نطاق و أهداف الخطة للعاملين و أصحاب المصالح.

<u>النتائج:</u>
- ➢ خطة جودة الخدمة.
- ➢ تحديد غرض و أهداف ونطاق عمل و أدوار جودة الخدمة.

تنفيذ: إنشاء وتنفيذ نهج الجودة.

أنشطة:
- تحديد مقاييس أداء الجودة.
- تقييم قدرات عملية التخطيط.
- <u>النتائج:</u>
- ➢ دليل إدارة أداء تكنولوجيا المعلومات.
- ➢ خطة تقييم قدرة العملية.

تحقق: المراقبة و التقارير.

أنشطة:
- تقييم قدرة العملية.
- جمع مقاييس أداء الجودة وإصدار تقرير بها.
- مراجعة مقاييس أداء الجودة.

<u>النتائج:</u>
- تقييم المقاييس و إدارة الأداء.
- تقرير تقييم قدرة العملية.

تحسين: تصحيح جودة الخدمة والتحسين المستمر لها.

أنشطة:
- تحسين جودة الخدمة.
- تحسين قدرة الإدارة.
- تخطيط عملية تحسين القدرة.
- تتبع أداء التحسين.

<u>النتائج:</u>
- تحسين إدارة الأداء.
- تحسين قدرة العملية.

الفصل السادس: دعم نظام إدارة الخدمة

متطلبات البند السابع من معيار الأيزو 20000

- إدارة التغيرات التنظيمية.
- إدارة القوى العاملة و الموهبة.
- إدارة المعرفة و الوعى و التواصل.
- إدارة الوثائق والمعلومات الموثقة و التحكم فى المعلومات.

إدارة التغيرات التنظيمية OCM

الغرض

- إن الغرض من ممارسة إدارة التغيير المؤسسي هو ضمان تنفيذ التغييرات في المنظمة بسلاسة ونجاح، وتحقيق فوائد دائمة من خلال إدارة الجوانب الإنسانية للتغييرات.
- تهدف إدارة التغيير المؤسسي إلى بناء بيئة قائمة على القيم في جميع أنحاء المنظمة وتمكين التغييرات التنظيمية الناجحة بالنطاق المطلوب.
- يجب على جميع أصحاب المصلحة تبني طرق عمل جديدة وفقًا لرؤية المنظمة واحتياجاتها.

التغيير و التحول و التطور

التغيير

هو طريقة مختلفة لتنفيذ المهام ولكن بطريقة أكثر كفاءة وإنتاجية. يستخدم التغيير التأثير الخارجي لتعديل الإجراءات.

التحول

هو طريقة مختلفة للعمل وهو ينطوي على تغييرات في المعتقدات والقيم والرغبات و ينتج عن التحول تغيير في الهيكل التنظيمي وبالتالي في السلوك الشخصي والإدارى.
يعتمد التحول على التعلم من الأخطاء السابقة.

التطور

هو حالة من التحسين المستمر من خلال التحول والتغيير.
يعتمد التطور على التعديلات المستمرة في القيم والمعتقدات والسلوك، مع استخدام ردود الفعل الداخلية والخارجية.

التغيير التنظيمى القائم على القيم

- القيم مبادئ وأفكار ومعتقدات راسخة يستخدمها الناس عند إظهار السلوك.
- القيم تشكل أساسًا مهمًا لاتخاذ القرار وأي تغييرات محتملة.

"

- إذا كانت ثقافة المنظمة مدعومة بالقيم الشخصية، فإنها تشجع الناس على بذل قصارى جهدهم والتزامهم في العمل.
- إذا كانت القيم الشخصية والتنظيمية متوافقة فسيتم النظر إلى أي مقاومة للتغيير كمصدر معلومات وموارد إضافية للتحسين ولن تكون هناك حاجة لإدارة المقاومة.

<u>الثقافة التنظيمية</u>

مجموعة من القيم التي يتقاسمها مجموعة من الأشخاص بما في ذلك الأفكار والمعتقدات والممارسات والتوقعات حول كيفية تصرف الناس.

نطاق ممارسة إدارة التغيير التنظيمي

- تصميم وتنفيذ وتحسين نهج تكيفي بشكل مستمر لبيئة تطوير في المنظمة.
- تخطيط وتحسين مناهج وطرق التغيير التنظيمي.
- جدولة وتنسيق جميع التغييرات الجارية طوال دورة الحياة بالكامل.
- توصيل خطط التغيير والتقدم إلى أصحاب المصلحة المعنيين.
- تقييم نجاح التغيير بما في ذلك المخرجات والنتائج والكفاءة والمخاطر والتكاليف.

عوامل نجاح PSF ممارسة OCM

- إنشاء والحفاظ على ثقافة تمكين التغيير في جميع أنحاء المنظمة.
- إنشاء والحفاظ على نهج شامل والتحسين المستمر لإدارة التغيير التنظيمي
- ضمان تحقيق التغييرات التنظيمية بطريقة فعالة مما يؤدي إلى رضا أصحاب المصلحة وتلبية متطلبات الامتثال للمعايير.

عمليات ممارسة إدارة التغيير التنظيمي

- إدارة دورة حياة التغيير التنظيمي.
- إدارة البيئة التكيفية للتغيير.

إدارة دورة حياة التغيير التنظيمي

تتضمن هذه العملية عدد من الأنشطة كما في الشكل (27) وتحول المدخلات إلى مخرجات.

<u>المدخلات</u>

- ⮚ طلب التغيير.
- ⮚ رؤية المنظمة واستراتيجيتها.
- ⮚ المبادئ التوجيهية والقيود المالية.
- ⮚ معلومات المخاطر.
- ⮚ السياسات والمتطلبات التنظيمية.

المخرجات

- هيكل تنظيمي جديد سلوك جديد في النظام أدوار جديدة.
- قدرات جديدة.
- أوصاف الأدوار.
- مواد إرشادية.
- تقارير مراجعة التغيير.
- الدروس المستفادة.

أنشطة دورة حياة التغيير التنظيمي

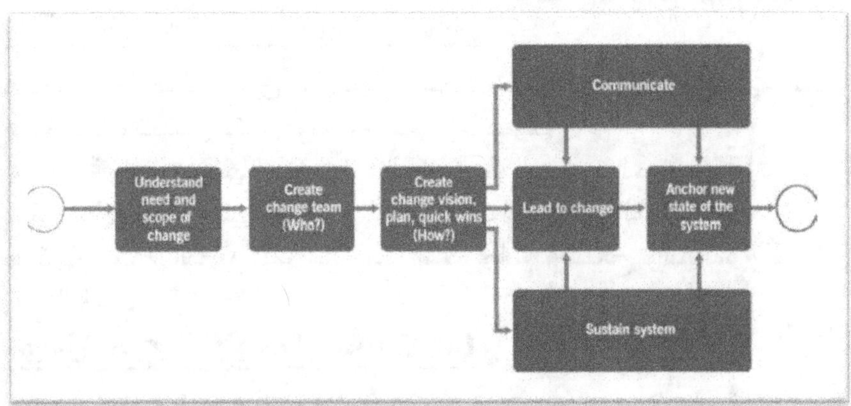

الشكل رقم (27) يبين مسار عمل أنشطة التغيير التنظيمي.
ITIL4 Practices-AXELOS Copyright-2020.

الأنشطة

- فهم الحاجة والنطاق لإنشاء فريق التغيي.
- إنشاء رؤية التغيير، الخطة، المكاسب السريعة.
- التواصل بشأن التغيير.
- قيادة التغييرو تمكين التشغيل.
- ترسيخ حالة جديدة للنظام.
- استدامة النظام.

إدارة البيئة المتكيفة والمتوافقة مع التغيير

في المنظمات المتوافقة مع التغيير لا يُعد التغيير حدثًا قسريًا بل هو جزء من ثقافة المنظمة.

تتضمن هذه العملية كما في الشكل رقم (28) عددا من الأنشطة تحول المدخلات إلى مخرجات.

المدخلات

- تقييم قيم الأفراد والمنظمة.

◄ تقارير تنفيذ التغييرات التنظيمية.
◄ نتائج التحسين السابقة فى السياسات والمتطلبات التنظيمية و المبادئ التوجيهية والقيود المالية و استطلاعات رأي الموظفين.
◄ مقترحات التحسين من ممارسات إدارة العلاقات والقوى العاملة والمواهب.
◄ سجلات التدريبات الأخيرة وتقارير ونتائج تطوير القدرات.
◄ معلومات تقييم المخاطر.

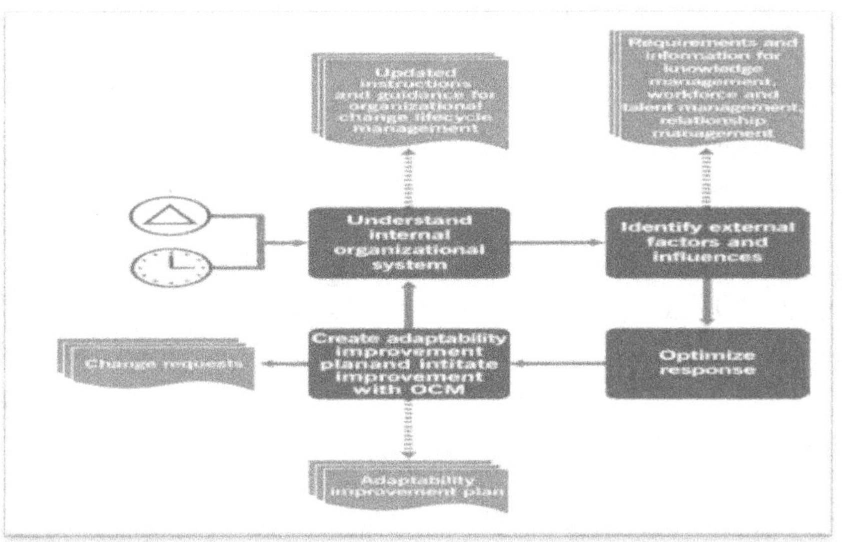

الشكل رقم (28) يبين مسار عمل إدارة البيئة المتوافقة مع التغيير.
ITIL4 Practices-AXELOS Copyright-2020.

<u>المخرجات</u>

◄ خطة تحسين القدرة على التكيف.
◄ طلبات التغيير.
◄ تحديث التعليمات والإرشادات لإدارة دورة حياة التغيير التنظيمي.
◄ المتطلبات والمعلومات لإدارة المعرفة وإدارة القوى العاملة والمواهب وإدارة العلاقات.

<u>الأنشطة</u>

• فهم النظام التنظيمي الداخلي.
• تحديد العوامل والتأثيرات الخارجية.
• تحسين الاستجابة.
• إنشاء خطة تحسين القدرة على التكيف وبدء التحسين داخل OCM إدارة التغيير التنظيمى.

إدارة القوى العاملة و الموهبة

الغرض

- ضمان حصول المنظمة على الأشخاص المناسبين ذوي المهارات والمعرفة المناسبة في الأدوار الصحيحة لدعم أهدافها التجارية.
- تغطي هذه الممارسة مجموعة واسعة من الأنشطة التي تركز على التعامل بنجاح مع موظفي المنظمة ومواردها البشرية.
- تتضمن اهتمامات هذه الممارسة التخطيط والتكليف والتوجيه والتعلم والتطوير وقياس الأداء وتخطيط الترقيات.

السرعة التنظيمية

السرعة والفعالية والكفاءة التي تعمل بها المنظمة تؤثر على وقت الوصول إلى الأهداف الإنتاجية والجودة والسلامة وضبط التكاليف وتقليل المخاطر.

الكفاءات

هي مزيج من المعرفة والمهارات والقدرات والمواقف التي يمكن ملاحظتها وقياسها والتي تساهم في تعزيز أداء الموظف وتؤدي في النهاية إلى النجاح التنظيمي.

المهارات:

- تطوير الكفاءة أو البراعة في التفكير أو التواصل اللفظي أو العمل الجسدي.
- القدرة على أداء الأنشطة البدنية أو العقلية المتعلقة بالمهنة أو التجارة.

المعرفة :

فهم الحقائق أو المعلومات التي يكتسبها الشخص من خلال الخبرة أو التعليم و الفهم النظري أو العملي للموضوع.

الموقف:

مجموعة من المشاعر والمعتقدات والسلوكيات تجاه شيء أو حدث معين.

نطاق عمل إدارة القوى العاملة والمواهب

- التخطيط التنظيمي الشامل للمهارات والثقافة والكفاءات وعوامل أخرى.
- إدارة وتحسين هوية المنظمة وصورتها.
- إدارة القوى العاملة في المنظمة.
- إدارة مواهب المنظمة.
- إدارة وتحسين المسارات الوظيفية للموظفين وفقا لخبراتهم.
- ضمان الرقابة المستمرة على أدوار الأشخاص وسلوكياتهم وخبراتهم.

عوامل نجاح ممارسات إدارة القوى العاملة والمواهب PSF

- ضمان المواءمة المستمرة لنهج إدارة القوى العاملة والمواهب مع استراتيجية عمل المنظمة.
- التأكد من أن الأشخاص المتحمسين وذوى الكفاءة يساهمون بشكل فعال في تحقيق أهداف المنظمة.
- التأكد من أن العمليات الإدارية لهذه الممارسة تدعم بشكل فعال استراتيجية المنظمة وأهدافها.

عمليات ممارسة إدارة القوى العاملة و المواهب

- التخطيط التنظيمي.
- إدارة المسار الوظيفى للموظفين.
- إدارة المواهب.

عملية التخطيط التنظيمي

تركز هذه العملية على تحديد وتنفيذ نهج واستراتيجية على مستوى المنظمة فيما يتعلق بممارسة إدارة القوى العاملة والمواهب، وصيانتها المستمرة بما يتماشى مع تطور المنظمة واتجاهها المتغير.

تتضمن هذه العملية عددا من الأنشطة كما فى الشكل (29) وتحول المدخلات إلى مخرجات.

المدخلات

- مبادئ المنظمة وسياساتها ورؤيتها.
- استراتيجية عمل المنظمة.
- محافظ خدمات المنظمة.
- العوامل الخارجية بما في ذلك المخاطر والفرص.
- تقارير أداء القوى العاملة وإدارة المواهب.

المخرجات

- تقارير تحليل سلسلة القيمة الاستراتيجية والخدمية.
- استراتيجية إدارة القوى العاملة والمواهب في المنظمة بما في ذلك القيم التنظيمية والبنية الإدارية والثقافة.
- إرشادات إدارة القوى العاملة والمواهب.
- التغييرات التنظيمية ومبادرات التحسين.
- تقارير أداء إدارة القوى العاملة والمواهب.

الأنشطة

- التحليل الاستراتيجي.
- تحليل سلسلة قيمة الخدمة.
- التصميم التنظيمي.
- بدء ومراقبة التغييرات التنظيمية.
- مراقبة ومراجعة المنظمة.

التحليل الاستراتيجي

- يقوم القادة التنفيذيون لتكنولوجيا المعلومات والموارد البشرية بتحليل استراتيجية المنظمة والاتفاق على المتطلبات الوظيفية لإدارة تكنولوجيا المعلومات والأهداف المرتبطة بها.

- يجب أن يتضمن التقرير الناتج المبادئ والأهداف والمتطلبات الخاصة بممارسة إدارة القوى العاملة والمواهب في إدارة تكنولوجيا المعلومات.

تحليل سلسلة قيمة الخدمة

- يقوم مديرتكنولوجيا المعلومات ومديرالموارد البشرية وقادة الفرق التنظيمية الرئيسية بتحليل سلسلة القيمة وتدفقات القيمة الرئيسية والحلول التنظيمية الداعمة للمنظمة.

- بناءً على هذا التحليل يتم تحديد التوصيات الخاصة بالشكل التنظيمي لتكنولوجيا المعلومات.

- يجب أن يتضمن التقرير الناتج المتطلبات والتوصيات الخاصة بقوة العمل في إدارة تكنولوجيا المعلومات وإدارة المواهب لضمان التوافق والدعم الفعال لسلسلة القيمة.

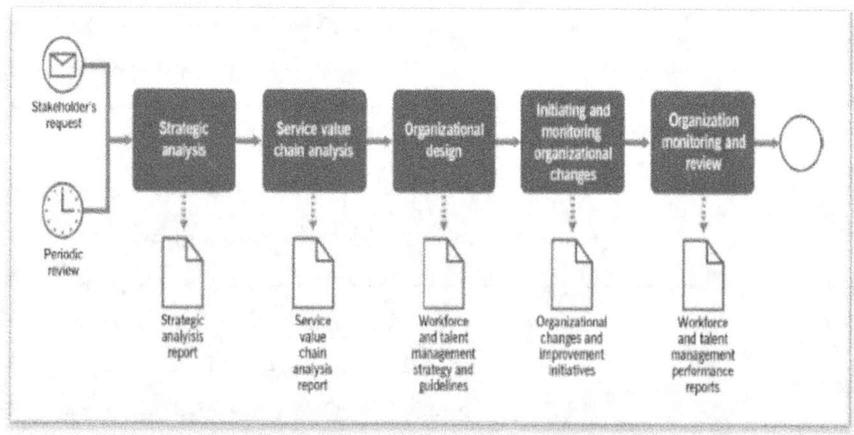

الشكل رقم (29) يبين مسار عمل عملية التخطيط التنظيمى.
ITIL4 Practices-AXELOS Copyright-2020.

التصميم التنظيمي

- يخطط مديرتكنولوجيا المعلومات وشركاء الأعمال في مجال الموارد البشرية لتصميم الهيكل التنظيمى لتكنولوجيا المعلومات.
- يتم وضع استراتيجية ونهج إدارة القوى العاملة والمواهب في مجال تكنولوجيا المعلومات وتوثيق المبادئ التوجيهية الداعمة.
- يتضمن برنامج التغييرات الناتج تغييرات تنظيمية ومبادرات تحسين ونماذج مسار ترقى الموظف ودورات اتصال للقيم والمبادئ وعوامل التنافس ومبررات الإختيار و عوامل أخرى ذات صلة.

بدء التغييرات التنظيمية ومراقبتها

- يتم التخطيط للتغييرات التنظيمية المعتمدة والمبادرات الأخرى وتنفيذها من خلال ممارسات أخرى (إدارة التغيير التنظيمي، وإدارة المشروعات، وإدارة الموردين، وإدارة العلاقات، وممارسات تمكين التغيير وغيرها).
- يقوم مديرو الموارد البشرية وتكنولوجيا المعلومات في السلطة المعنية ببدء هذه المبادرات والموافقة عليها والإشراف عليها ورعايتها.
- يتم إصدارتقاريرعن التقدم وإجراء التعديلات عند الحاجة.

مراقبة ومراجعة المنظمة

يقوم قادة تكنولوجيا المعلومات والموارد البشرية وغيرهم من القادة التنفيذيين ذوي الصلة بتحليل القوى العاملة في تكنولوجيا المعلومات وإدارة المواهب، وعند الحاجة يتم اتخاذ إجراءات تصحيحية.

عملية إدارة المسار الوظيفى للموظفين

- تركز هذه العملية على مسار ترقى الموظفين من البداية إلى النهاية عبر المؤسسة بدءًا من نشر الطلب على القوى العاملة حتى إنهاء الخدمة.
- تصف العملية الأنشطة التي تهدف إلى ضمان نجاح توصيف جميع مسارات الموظفين وفقا لإرتباطها باحتياجات المؤسسة وضمان تحقيق تجربة إيجابية للموظفين.

تتضمن هذه العملية عددا من الأنشطة كما فى الشكل رقم (30) وتحول المدخلات إلى مخرجات.

المدخلات

- مبادئ المنظمة وسياساتها ورؤيتها.
- إستراتيجية المنظمة وإرشاداتها لإدارة القوى العاملة والمواهب.
- العوامل البيئية.
- الطلب الجديد على القوى العاملة.
- التغيرات في القوى العاملة.

المخرجات

- سجلات المسار الوظيفى للموظف.
- تقارير الاستثناءات.
- تقارير مراجعة المسار الوظيفى للموظف.

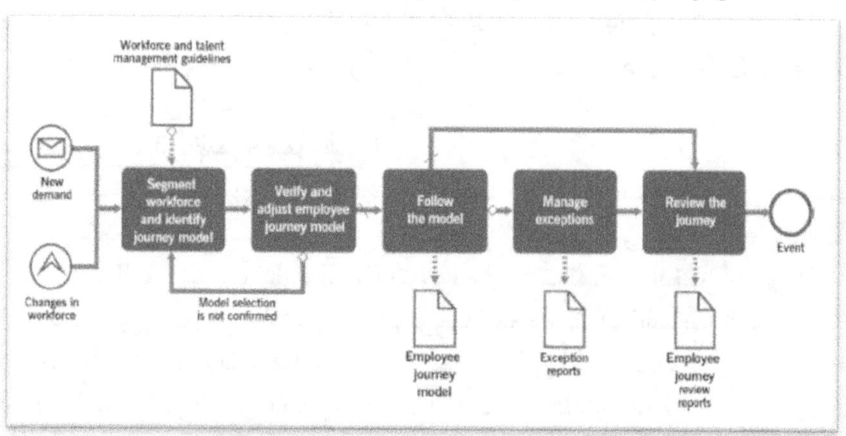

الشكل رقم (30) يبين مسار عملية إدارة المسار الوظيفى.
ITIL4 Practices-AXELOS Copyright-2020.

الأنشطة

- تقسيم القوى العاملة وتحديد نموذج مسار وظيفى لموظف.
- التحقق من نموذج مسار الموظف وتعديله.
- متابعة النموذج.
- إدارة الاستثناءات.
- مراجعة المسار الوظيفى.

تقسيم القوى العاملة وتحديد نموذج مسار وظيفى لموظف

عند طلب موظف جديد أو تغيير في مسار الموظف الحالي، يحدد مدير تكنولوجيا المعلومات و مدير الموارد البشرية نوع المنصب للموظف ونموذج وصف المسار الوظيفى للموظف المعني.

التحقق من نموذج مسار الموظف وتعديله

يقوم مدير تكنولوجيا المعلومات و مدير الموارد البشرية بمراجعة النموذج المحدد والتأكد من ملاءمته للموقف.

يمكن تعديل المسار الفردي بناءً على النموذج المحدد ليتناسب مع التفاصيل.

متابعة النموذج

يتابع مدير الموارد البشرية ومدير تكنولوجيا المعلومات النموذج المحدد مع إجراء التعديلات المتفق عليها.

تعديلات النموذج

- متطلبات الدور/الوظيفة.
- ملف تعريف الكفاءة.
- إجراءات نقاط الاتصال الرئيسية في كل خطوة من مسار التوظيف.
- التطوير المهني وخيارات المهنة.
- توصيات أخرى ذات صلة.

إدارة الاستثناءات

إذا حدث استثناء أثناء مسار عمل الموظف، فإن مديري الموارد البشرية وتكنولوجيا المعلومات يتعاملون معه بما يتماشى مع قيم المنظمة وثقافتها وممارساتها المعمول بها وعندما يكون ذلك معقولاً فمن الممكن التجاوز عن الإجراءات لأنها تتبع القيم والمبادئ وتتيح إرساء القيمة لأصحاب المصلحة. يتم توثيق الاستثناءات بعد مراجعتها للدراسة المستقبلية والدروس المستفادة.

مراجعة المسار الوظيفي

في حالة وجود استثناءات كبيرة، أو بشكل منتظم، يقوم مديرو الموارد البشرية وتكنولوجيا المعلومات بمراجعة نماذج مسار الموظف لتأكيدها أو تحديثها بناءً على الملاحظات المجمعة والمتطلبات التي تمت مراجعتها وسجلات مسار الموظف والفرص الجديدة.

عملية إدارة المواهب

تركز هذه العملية على ضمان امتلاك المنظمة للكفاءة الكافية لتلبية الاحتياجات. تتضمن هذه العملية عددا من الأنشطة كما فى الشكل رقم (31) وتحول المدخلات إلى مخرجات.

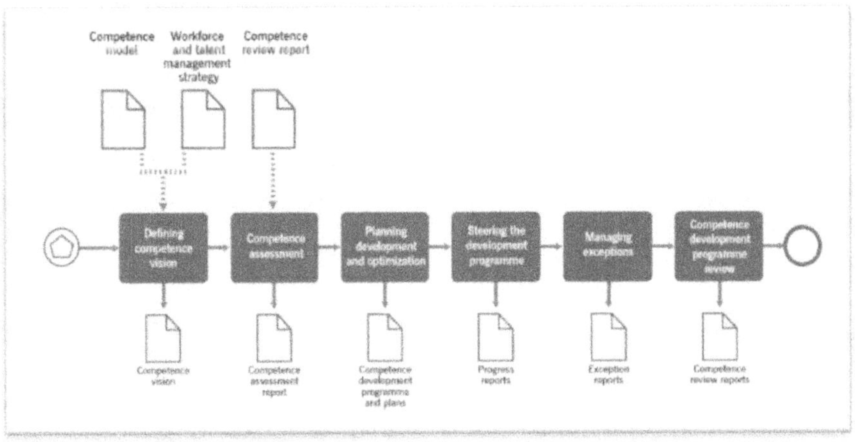

الشكل رقم (31) يبين مسار عمل إدارة المواهب.
ITIL4 Practices-AXELOS Copyright-2020.

61

المدخلات

- استراتيجية إدارة القوى العاملة والمواهب في المنظمة، بما في ذلك القيم التنظيمية والبنية الإدارية والثقافية.
- إرشادات إدارة القوى العاملة والمواهب.
- التغييرات التنظيمية ومبادرات التحسين.
- عوامل بيئة العمل.
- نماذج كفاءة الصناعة وأفضل الممارسات.

المخرجات

- رؤية الكفاءة.
- تقرير تقييم الكفاءة.
- برنامج وخطط تطوير الكفاءة، بما في ذلك خطط التعلم والتطوير.
- تقارير التقدم.
- تقارير الاستثناءات.
- تقارير مراجعة الكفاءة.

الأنشطة

- تحديد رؤية الكفاءة.
- تقييم الكفاءة.
- تخطيط التطوير والتحسين.
- توجيه برنامج التطوير.
- إدارة الاستثناءات.
- مراجعة برنامج تطوير الكفاءة.

تحديد رؤية الكفاءة

يقوم مديرو الموارد البشرية ومديرو الإدارات بتحديد رؤية المنظمة لتقارير و احتياجات الكفاءات الرئيسية والداعمة.

يمكن أن يستند ذلك إلى نماذج الكفاءة الصناعية ولكن يجب التعامل معها دائمًا كمصدر تكميلي للتوصيات.

المصدر الرئيسي هو رؤية المنظمة واستراتيجيتها.

تقييم الكفاءة

- يقوم مديرو الموارد البشرية ومديرو الإدارات بتقييم الكفاءات الحالية لموظفي المنظمة وتحديد الفجوات والمخاطر والفرص.
- يمكن أن يقتصر التقييم في حالة وجود موارد محدودة على الموظفين والكفاءات الرئيسية فقط ويوصى باتباع نهج شامل لاحق.

تخطيط التطوير والتحسين

- يخطط مديرو الموارد البشرية ومديرو الإدارات لبرنامج تطوير الكفاءة للمنظمة بناءً على تقييم الكفاءة.
- يجب دمج البرنامج في نماذج المسار الوظيفى للموظف ودعم نهج المنظمة في التطوير المهني.

توجيه برنامج التطوير

- يشرف مديرو الموارد البشرية على تنفيذ برنامج التطوير ويوجهونه، بما في ذلك التدريب والتطوير، والاستشارات الداخلية والخارجية، والتوجيه والتدريب، والتقييم الدوري، والتناوب، والمبادرات الأخرى المتفق عليها.
- يجب الاحتفاظ بالسجلات، وجمع الملاحظات ومعالجتها، لتكون بمثابة مدخلات لمراجعة وتحديث رؤية الكفاءة.

إدارة الاستثناءات

- إذا حدث استثناء أثناء تنفيذ برنامج التطوير فإن مديري الموارد البشرية و مديرى الإدارات يتعاملون معه بما يتماشى مع قيم المنظمة وثقافتها والممارسات المعمول بها.
- في حالة وجود سبب معقول تكون التجاوزات عن الإجراءات ممكنة طالما أنها تتبع القيم والمبادئ وتمكن القيمة لأصحاب المصلحة.
- يتم توثيق الاستثناءات ومراجعتها للدراسة المستقبلية والدروس المستفادة.

مراجعة برنامج تطوير الكفاءات

يقوم مديرو الموارد البشرية ومديرو الإدارات بمراجعة برنامج تطوير الكفاءات والرؤية لتأكيدها أو تحديثها بناءً على الملاحظات المجمعة والمتطلبات التي تمت مراجعتها وسجلات مسار الموظف والفرص الجديدة.

إدارة المعرفة

الغرض و الأهداف

- الغرض من ممارسة إدارة المعرفة هو الحفاظ على وتحسين الاستخدام الفعال والناجح والمريح للمعلومات والمعرفة في جميع أنحاء المنظمة.
- توفر ممارسة إدارة المعرفة نهجًا منظمًا لتحديد وبناء وإعادة استخدام ومشاركة المعرفة (أي المعلومات والمهارات والممارسات والحلول والمشاكل) في أشكال مختلفة.

نطاق عمل ممارسة إدارة المعرفة

- إنشاء بيئة على مستوى المنظمة لتبادل المعلومات والمعرفة بشكل فعال، بما في ذلك الثقافة والتقنيات والإجراءات والأدوات والمهارات.
- فهم الأصول المعرفية وتقديم توصيات لإدارتها واستخدامها بشكل فعال.

- رصد وتحسين فعالية استخدام المعرفة في جميع أنحاء المنظمة.
- اكتشاف وتوفير المعلومات عند الطلب حينما لا تتوفر المعرفة بسهولة.

عوامل نجاح ممارسة إدارة المعرفة PSF

- إنشاء والحفاظ على المعرفة القيمة ونقلها واستخدامها عبر المؤسسة.
- استخدام المعلومات بشكل فعال لتمكين اتخاذ القرار عبر المؤسسة.

عمليات أنشطة إدارة المعرفة

- إنشاء وصيانة بيئة إدارة المعرفة.
- اكتشاف المعلومات عند الطلب.
- إدارة أصول المعرفة.

عملية إنشاء وصيانة بيئة إدارة المعرفة

تضمن العملية كما في الشكل رقم (32) وجود وتحسين البيئة حيث يفهم جميع أصحاب المصلحة طبيعة المعرفة ويكونوا على استعداد لإنشائها واستخدامها.

أهداف العملية

- تغيير الأنماط القديمة لاستخدام المعرفة.
- البناء والتحسين المستمر للثقافة التنظيمية التي تمكن من استخدام المعرفة.
- تمكين بيئة التعلم داخل المنظمة.
- التحسين المستمر لممارسة إدارة المعرفة بشكل عام.
- تحديد الأصول المعرفية داخل المنظمة.
- التعرف على طريقة إنشاء ونقل المعرفة وإدارة الأصول المعرفية (الضمنية والصريحة والمنظمة وغير المنظمة).

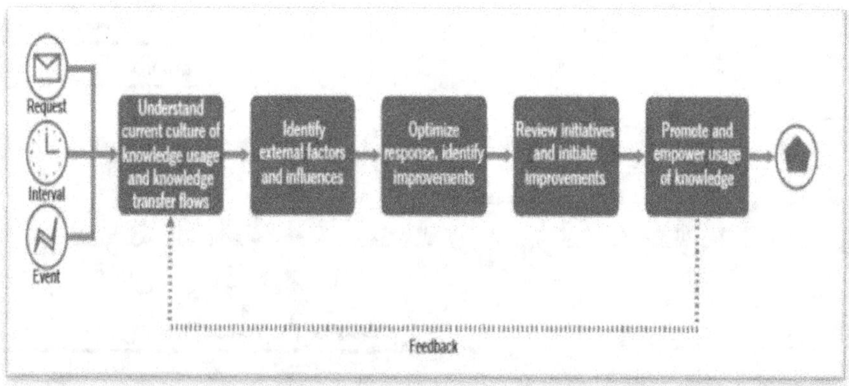

الشكل رقم (32) يبين مسار إنشاء و صيانة بيئة إدارة المعرفة.
ITIL4 Practices-AXELOS Copyright-2020.

المدخلات

- تقييم رضا أصحاب المصلحة في إدارة المعرفة.
- نتائج التحسين السابقة السياسات والمتطلبات التنظيمية المبادئ التوجيهية و القيود المالية.
- مقترحات التحسينات من العلاقة وممارسات إدارة القوى العاملة والمواهب والتغيير التنظيمي والممارسات الأخرى.
- معلومات المخاطر.

المخرجات

- نهج إدارة المعرفة.
- نطاق أصول إدارة المعرفة.
- خطة تحسين ممارسات إدارة المعرفة.
- القوالب والتعليمات والإرشادات لإدارة دورة حياة إدارة المعرفة.
- التوصيات والنهج لبناء وصيانة نظام المعرفة.
- المبادئ التوجيهية لجودة البيانات والمعلومات.
- طلبات التغيير.
- مواد للتدريب على إدارة المعرفة وتمكين بيئة التعلم.
- المتطلبات والمعلومات لإدارة التغيير التنظيمي، وإدارة القوى العاملة والمواهب، وإدارة العلاقات.

الأنشطة

- فهم الثقافة الحالية لاستخدام المعرفة وتبادل المعرفة.
- مراجعة المتطلبات الخارجية والداخلية وعوامل التأثير.
- تحسين الاستجابة وتحديد التحسينات.
- تعزيز وتمكين استخدام ممارسات إدارة المعرفة في جميع أنحاء المنظمة.
- مراجعة تطبيق ممارسة إدارة المعرفة وبدء التحسينات.

عملية اكتشاف المعلومات عند الطلب

تتضمن السيناريوهات كما فى الشكل (33) التي يتم فيها استخدام هذه العملية:

- تحليل الأعمال غير القياسية للتحقق من صحتها.
- تقييم دور التكنولوجيا الناشئة أو ممارسة الأعمال التجارية.
- تقييم التأثيرات الخارجية الأخرى، مثل اللوائح الجديدة.
- الطلبات المعقدة والنادرة والتى لم يتم توحيدها أو تشغيلها تلقائيًا.

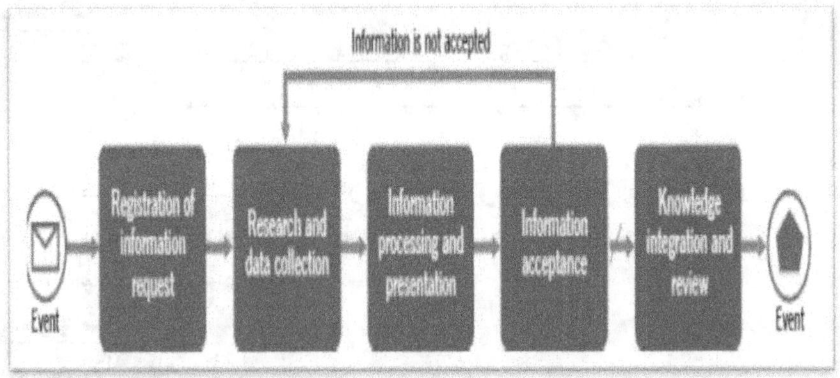

الشكل رقم (33) يبين عملية اكتشاف المعلومات عند الطلب.
ITIL4 Practices-AXELOS Copyright-2020.

مدخلات

- طلب معلومات.
- الوصول إلى مصادر المعلومات الداخلية والخارجية.
- سياسات أمن المعلومات.
- المبادئ التوجيهية والقيود المالية.
- السياسات والمتطلبات التنظيمية.

مخرجات

- مجموعة من المعلومات بالتنسيق المطلوب.
- تحديث مخازن المعرفة الداخلية.
- تقارير استخدام المعلومات.

الأنشطة

- تسجيل طلب المعلومات.
- البحث وجمع البيانات.
- معالجة المعلومات وعرضها.
- قبول المعلومات.
- تكامل المعرفة ومراجعتها.

عملية إدارة أصول المعرفة

- تركز العملية كما في الشكل (34) على إدارة أصول المعرفة طوال دورة حياتها والتكامل الفعال لأصول المعرفة في بيئة ممارسة إدارة المعرفة.
- تمثل الأصول المعرفية بيانات ومعلومات جماعية وفردية، منظمة وغير منظمة، ضمنية وصريحة.
- تشمل الأمثلة سجلات الحوادث، والتعليمات البرمجية المصدرية للتطبيقات، واتفاقيات مستوى الخدمة، والوثائق الفنية.

- يتم تحديد نطاق ومستوى مواصفات الأصول المعرفية كجزء من عملية "إنشاء وصيانة بيئة إدارة المعرفة" جنبًا إلى جنب مع إدارة البنية وإدارة أمن المعلومات وإدارة تكوين الخدمة والممارسات الأخرى.

<u>المدخلات</u>

- أصول المعلومات التي تستخدمها المنظمة.
- سياسات أمن المعلومات.
- المبادئ التوجيهية لجودة البيانات والمعلومات.
- معلومات عن الأخطاء في نظام المعرفة.
- ردود فعل أصحاب المصلحة وبيانات الرضا.

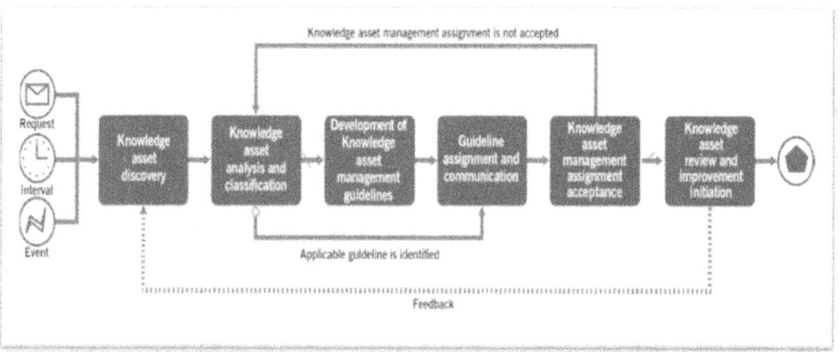

الشكل رقم (34) يبين مسار عملية إدارة الأصول المعرفية.
ITIL4 Practices-AXELOS Copyright-2020.

<u>المخرجات</u>

- الأصول المعرفية الجديدة والمحدثة.
- المبادئ التوجيهية لإدارة أصول المعرفة.
- مهام إدارة أصول المعرفة.
- تقارير إدارة أصول المعرفة.

<u>الأنشطة</u>

- اكتشاف أصول المعرفة.
- تحليل الأصول المعرفية وتصنيفها.
- تطوير المبادئ التوجيهية لإدارة الأصول المعرفية.
- مهمة التوجيه والتواصل.
- قبول مهمة إدارة أصول المعرفة.
- مراجعة الأصول المعرفية وبدء التحسين.

إدارة الوثائق و المستندات
المقدمة والغرض

الغرض من هذا الإجراء هو التأكد من أن جميع المعلومات الموثقة والمعرفة التنظيمية ذات الصلة التي تشكل جزءًا لا يتجزأ من نظام إدارة تكنولوجيا المعلومات تتم إدارتها بإجراءات خاضعة للرقابة وأن جميع المعلومات الموثقة تتم مراجعتها والموافقة عليها من قبل الموظفين المعتمدين قبل إصدارها. (المصدر:- 2015:9001 ISO).

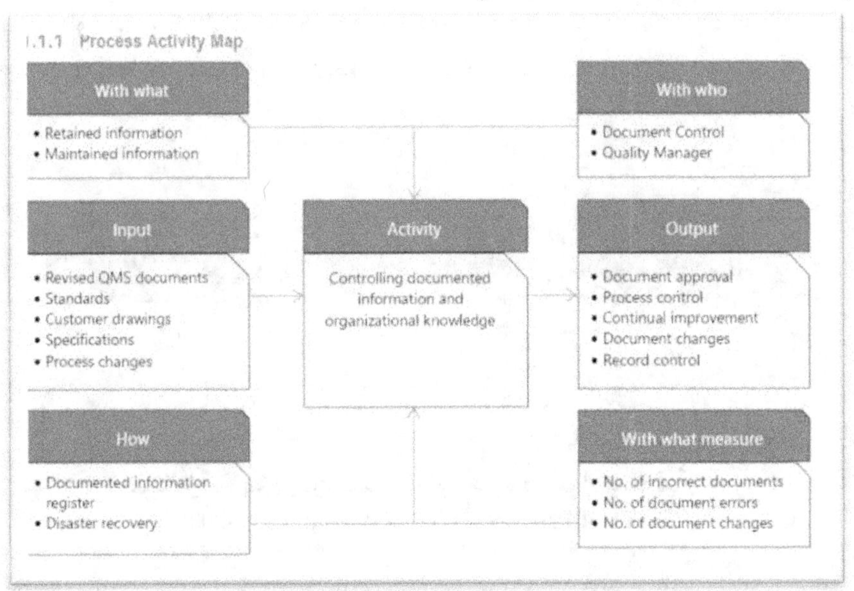

الشكل رقم (35) يبين خريطة أنشطة التحكم فى الوثائق.
ISO 9001:2015

نطاق عمل إدارة الوثائق

يتم الاحتفاظ بالمعلومات الموثقة لتقديم دليل على المطابقة للمتطلبات المحددة بموجب معايير ISO ومتطلبات العملاء والتشغيل الفعال لنظام الإدارة فى المؤسسة, ينطبق هذا الإجراء على جميع وثائق نظام الإدارة ويجب أن يتبعه جميع الموظفين عند الاقتضاء.

تستخدم المؤسسة نماذج وقوالب قياسية يمكن الوصول إليها عبر نظام كمبيوتر إدارة الوثائق على شبكة نظم معلومات المؤسسة.

ضوابط إدارة الوثائق

يحدد هذا الإجراء الموثق الضوابط الخاصة بما يلي:
1. الموافقة على كفاية و صحة المستندات قبل إصدارها.

68

2. مراجعة وتنقيح المستندات حسب الضرورة وإعادة الموافقة عليها.
3. التأكد من تحديد التغييرات وحالة المراجعة الحالية للوثائق.
4. التأكد من توفر الإصدارات ذات الصلة من المستندات المعمول بها في نطاقات الاستخدام.
5. التأكد من أن الوثائق تظل مقروءة ويمكن التعرف عليها بسهولة.
6. التأكد من تحديد الوثائق ذات المصدر الخارجي ومراقبة توزيعها.
7. منع الاستخدام غير المقصود للوثائق القديمة.
8. التأكد من تحديد الوثائق ذات المنشأ الخارجي ومراقبة توزيعها.

متطلبات و إجراءات إدارة الوثائق

- تضمن الإدارة العليا أنه عند إنشاء معلومات موثقة يتم تحديدها ووصفها بشكل مناسب (مثل العنوان والتاريخ والمؤلف والرقم المرجعي)
- تكون الوثائق و المستندات متاحة بتنسيق مناسب (مثل اللغة وإصدار البرنامج والرسومات وما إلى ذلك).
- تحفظ الوثائق على الوسائط المناسبة (مثل الملفات الورقية والالكترونية).
- تتم مراجعة جميع المعلومات الموثقة والموافقة عليها للتأكد من ملاءمتها وكفايتها.
- يتم استخدام نظام إدارة المستندات الإلكتروني الذي يتم نسخه احتياطيًا وتحديثه حسب الحاجة وفقا لمخططات و إجراءات محددة.
- يتم الاحتفاظ بالمعلومات الموثقة لضمان توفر الإصدارات السارية فقط للمستخدمين.
- يتم إنشاء السجلات من مخرجات العمليات والاحتفاظ بها من قبل الأقسام المسؤولة عن إنشائها.
- بالنسبة للسجلات الإلكترونية يتم وضع إجراءات النسخ الاحتياطي ويكون الموظفون مسؤولين عن النسخ الاحتياطي لبياناتهم.
- يتم إنشاء الملفات التشاركية الإلكترونية للموظفين بمستويات و مسئوليات و صلاحيات محددة لضمان السيطرة على المعلومات و البيانات و سهولة تتبعها و رصد التعديلات و التنقيحات وفقا لقواعد و سياسات محددة.

إنشاء وتحديث ومراقبة المعلومات الموثقة

تطبق إدارة تكنولوجيا المعلومات المعايير المعتمدة على جميع أنواع "المعلومات الموثقة" الضرورية التى ينبغى التحكم فيها رسميا لتحقيق فعالية إدارة الوثائق.

<u>أمثلة من معايير التحكم في الوثائق</u>

- تحديد و تصنيف تداول المراسلات داخليًا أو خارجيًا و صادر و وارد.
- وثائق مطابقة العمليات والمنتجات بصيغة تقارير محددة.
- وثائق تقارير نسبة تحقيق المخرجات المخططة.
- وثائق توفر تبادل المعرفة بين المستويات الإدارية.

مجالات إدارة الوثائق

- ➢ نطاق نظام إدارة الخدمة.
- ➢ سياسة وأهداف إدارة الخدمة.
- ➢ خطة إدارة الخدمة.
- ➢ السياسات والخطط.
- ➢ توثيق عمليات نظام إدارة الخدمة.
- ➢ كتالوج الخدمة.
- ➢ اتفاقيات مستوى الخدمة مع العملاء.
- ➢ العقود مع الموردين الخارجيين / الاتفاقيات مع الموردين الداخليين.
- ➢ الإجراءات والسجلات.
- ➢ مستندات نظام إدارة الخدمة الأخرى كما تحددها المنظمة.

تصنيف الوثائق و السجلات

- الإجراءات و السياسات و التعليمات.
- مراسلات الإدارة العليا الصادر و الوارد.
- التقارير و الرسومات الفنية.
- نتائج التدقيق و استبيانات ردود الفعل.
- المواصفات و الكاتلوجات و العروض التقديمية.
- شهادات التدريب و التقدير.
- العقود و محاضر الإجتماعات.

قائمة مستندات نظام إدارة الخدمة SMS

- ➢ سياسة إدارة الخدمة.
- ➢ خطة إدارة الخدمة.
- ➢ إجراء التحكم في المستندات والسجلات.
- ➢ إجراء التدقيق الداخلي.
- ➢ عملية التحسين المستمر للخدمة.
- ➢ الإجراءات التصحيحية والوقائية.
- ➢ تقييم المخاطر ومعالجتها.
- ➢ كتالوج الخدمة.

- عملية إدارة مستوى الخدمة.
- تصميم وانتقال الخدمات الجديدة أو المتغيرة.
- عملية إدارة استمرارية الخدمة وتوافرها.
- عملية إعداد الميزانية والمحاسبة للخدمات.
- عملية إدارة السعة.
- عملية إدارة أمن المعلومات.
- سياسة إدارة أمن المعلومات.
- عملية إدارة العلاقات التجارية.
- عملية إدارة الموردين.
- عملية إدارة الحوادث وطلبات الخدمة.
- عملية إدارة المشكلات.
- عملية إدارة التكوين.
- عملية إدارة التغيير.
- عملية إدارة الإصدار والنشر.
- تخطيط الإصدار والنشر.
- خطة استمرارية الخدمة.
- خطة التوافر.
- خطة السعة.
- سياسة إدارة التغيير.
- برنامج التدقيق الداخلي السنوي.

سجلات نظام إدارة استمرارية الخدمة

- الإجراءات التصحيحية والوقائية.
- تقارير التدقيق الداخلي.
- محاضر مراجعة الإدارة.
- اختبارات وتقارير نتائج خطة استمرارية الخدمة.
- شكاوى العملاء.
- تقارير قياس التوفر.
- تقارير أداء الموردين.
- تقارير الحوادث.
- طلبات الخدمة.
- الأخطاء المعروفة وسجلات المشكلات.
- طلبات التغيير.
- اتفاقيات مستوى الخدمة.
- العقود/الاتفاقيات.

- المتطلبات القانونية والتنظيمية.
- وثائق أخرى متعلقة بنظام إدارة استمرارية الخدمة.

قائمة الوثائق المطلوبة للتدقيق

- سجل توثيق نظام إدارة الخدمة.
- إجراءات التحكم في المعلومات الموثقة.
- تقييم المهارات والاحتياجات التدريبية.
- نموذج محاضر الاجتماعات.
- استبيان تنمية المهارات.
- تحليل استجابة مسح تنمية المهارات.
- عرض تقديمي عن الأيزو 20000.

الفصل السابع: إدارة محفظة الخدمات

قائمة متطلبات هذا البند في معيار الأيزو

- كتالوج إدارة الخدمة.
- إدارة الأصول.
- إدارة التكوين.

المستندات المطلوبة لإجراءات التدقيق

عملية إدارة كتالوج الخدمة.

- مخطط عملية إدارة كتالوج الخدمة.
- كتالوج الخدمة.

عملية إدارة الأصول.

- مخطط عملية إدارة الأصول.
- سياسة إدارة الأصول.
- إجراء إدارة الأصول.
- عرض تقديمي لإدارة الأصول.

عملية إدارة التكوين.

- مخطط عملية إدارة التكوين.
- سياسة إدارة التكوين.
- إجراء إدارة التكوين.
- عرض تقديمي لإدارة التكوين.

عملية إدارة المحافظ

تعريف المحفظة

مجموعة من الأصول التي تختار المنظمة استثمار مواردها فيها من أجل الحصول على أفضل عائد.

الغرض و الأهداف

- الغرض من ممارسة إدارة المحافظ هو التأكد من أن المنظمة لديها المزيج الصحيح من البرامج والمشروعات والمنتجات والخدمات لتنفيذ استراتيجية المنظمة في حدود التمويل والموارد.
- إدارة المحافظ هي مجموعة منسقة من القرارات الإستراتيجية التي تعمل معًا لتحقيق التوازن الأكثر فعالية بين التغيير التنظيمي والبيزنس المعتاد.

أنواع المحافظ

تشمل إدارة المحافظ عدداً من المحافظ المختلفة التالية:

محفظة المنتجات / الخدمات

المجموعة الكاملة من المنتجات والخدمات التي تديرها المنظمة التي تمثل التزامات المنظمة واستثماراتها عبر جميع عملائها ومساحات السوق.

تمثل أيضًا الالتزامات التعاقدية الحالية وتطوير المنتجات والخدمات الجديدة وخطط التحسين المستمرة.

محفظة البرامج والمشروعات

- تستخدم لإدارة وتنسيق المشروعات مما يضمن تحقيق الأهداف ضمن قيود الوقت والتكلفة ووفقًا لمواصفاتها.
- تضمن محفظة المشروعات أيضًا عدم تكرار المشروعات وبقائها ضمن النطاق المتفق عليه وأن الموارد متاحة لكل مشروع.
- يتم استخدام المحفظة لإدارة المشروعات الفردية و البرامج واسعة النطاق.
- تدعم مجموعة منتجات وخدمات المنظمة والتحسينات على ممارسات المنظمة ونظام قيمة الخدمة (SVS).
- يتم استخدامها محفظة لإدارة وتنسيق المشروعات التي تم ترخيصها.

محفظة العملاء

- يتم الحفاظ على محفظة العملاء من خلال ممارسة إدارة العلاقات في المنظمة والتي توفر مدخلات مهمة لممارسة إدارة المحفظة.
- تعكس محفظة العملاء التزام المنظمة بخدمة مجموعات معينة من مستهلكي الخدمات ومساحات السوق.
- تؤثر على هيكل ومحتوى محفظة المنتجات والخدمات ومحفظة المشروع.
- يتم استخدام محفظة العملاء للتأكد من أن العلاقة بين نتائج الأعمال والعملاء والخدمات مفهومة جيدًا.

أنشطة إدارة المحافظ

- تطوير وتطبيق إطار منهجي.
- تحديد المنتجات والخدمات وربطها بتحقيق النتائج المتفق عليها.
- تقييم وتحديد أولويات مقترحات المنتجات أو المشروعات الواردة.
- تنفيذ عملية تقييم الاستثمار الاستراتيجي واتخاذ القرار بناءً على فهم القيمة والتكاليف والمخاطر وقيود الموارد والترابط والتأثير على الأنشطة التجارية الحالية.
- تحليل ومتابعة الاستثمارات و مراقبة أداء المحافظ بشكل عام.

- مراجعة المحافظ من حيث التقدم والنتائج والتكاليف والمخاطر والفوائد والمساهمة الاستراتيجية.

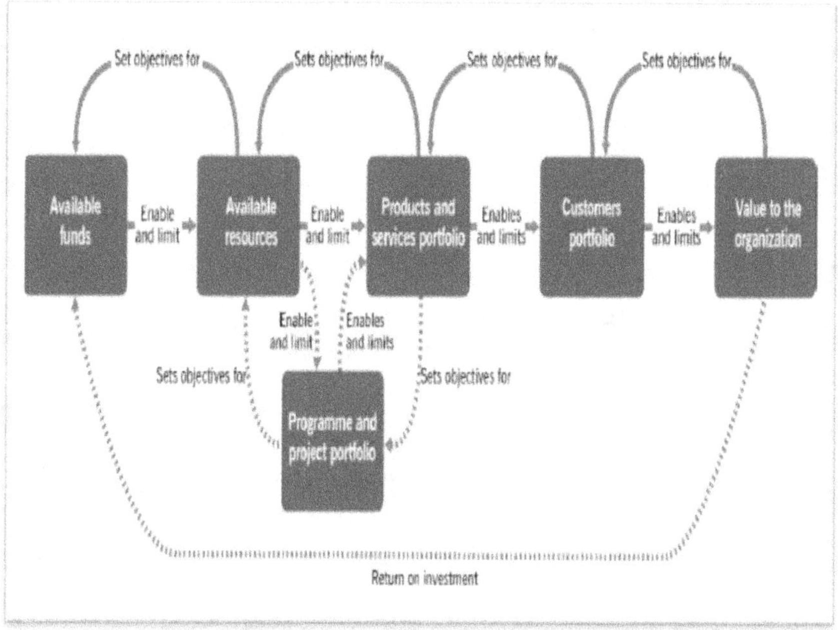

الشكل رقم (36) يبين مسار عمل إدارة المحافظ و العائد على الإستثمارات.
ITIL4 Practices-AXELOS Copyright-2020.

<u>**عوامل نجاح ممارسة إدارة المحافظ PSF**</u>

- ضمان اتخاذ قرارات استثمارية سليمة للبرامج والمشروعات والمنتجات والخدمات ضمن قيود موارد المنظمة.
- ضمان المراقبة المستمرة والمراجعة والتحسين لحافظات المنظمة.

<u>**عمليات إدارة المحافظ**</u>

- إدارة نهج المنظمة تجاه المحافظ.
- إدارة دورات حياة المحافظ.

<u>**إدارة نهج المنظمة تجاه المحافظ**</u>

تركز هذه العملية على تحديد نهج مشترك على مستوى المنظمة والموافقة عليه وتعزيزه للمحافظ الاستثمارية بين مختلف أصحاب المصلحة.

تتضمن هذه العملية كما فى الشكل رقم (37)عددا من الأنشطة تحول المدخلات إلى مخرجات.

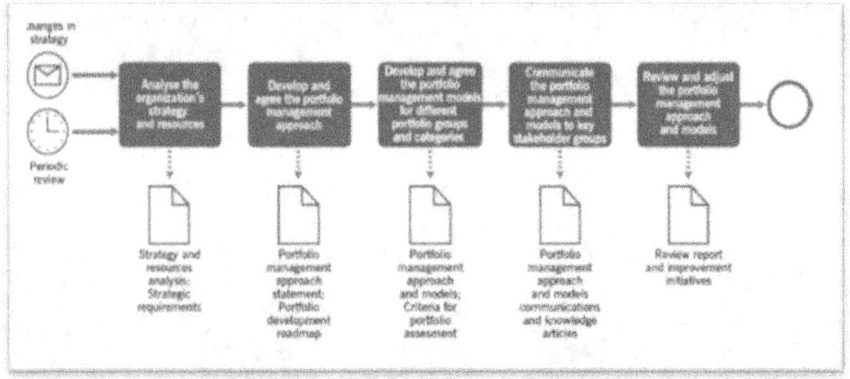

الشكل رقم (37) يبين مسار عمل نهج إدارة المحافظ.
ITIL4 Practices-AXELOS Copyright-2020.

المدخلات

- الاستراتيجية التنظيمية.
- تحليل الموارد الرئيسية للمنظمة.
- معلومات عن أموال المنظمة وحالتها المالية.
- الميزانية التنظيمية.
- معلومات عن الخدمات والمنتجات.
- تقييم موقف المنظمة في السوق والمقارنة المعيارية.
- معلومات أصحاب المصلحة.
- تقييم مخاطر الخدمات والأسواق.
- التقارير والاقتراحات من مراجعات المحفظة.

المخرجات

- بيان نهج إدارة المحفظة.
- معايير تقييم المحفظة.
- نماذج المحفظة.
- نهج إدارة المحفظة والنماذج والاتصالات والمعرفة.
- مبادرات التحسين.
- خارطة طريق تطوير المحفظة.

الأنشطة

- تحليل استراتيجية المنظمة ومواردها.
- تطوير نهج إدارة المحفظة والموافقة عليه.
- تطوير نماذج إدارة المحفظة للمجموعات المختلفة والموافقة عليها.
- توصيل نهج ونماذج إدارة المحفظة إلى أصحاب المصلحة الرئيسيين.
- مراجعة وتعديل نهج ونماذج إدارة المحفظة.

تحليل استراتيجية المنظمة ومواردها

- يقوم قادة المنظمة بدعم من مستشارين خارجيين بتحليل نهج إدارة المحافظ الحالية للمنظمة و كيفية دعمها للاستراتيجية.
- يتم تحليل الموارد الرئيسية التي تمتلكها المنظمة في جميع الأبعاد الأربعة لإدارة الخدمة.
- يتم تحديد الإستراتيجية العامة للمنظمة ذات الصلة بمحفظة المنتجات والخدمات ومحفظة العملاء.
- تتم مناقشة التحليل الناتج وخرائط الطريق داخل المنظمة للتحقق من زيادة الوعي وصحة النتائج.
- يتم تنفيذ هذا النشاط مع التركيز على تحديد نهج ونماذج إدارة المحفظة.

تطوير والموافقة على نهج إدارة المحافظ الاستثمارية

- يقوم قادة المنظمة ومديروها بدعم من مستشارين خارجيين بتطوير والاتفاق على مجموعات المحفظة الرئيسية التي ستديرها المنظمة، بالإضافة إلى الفئات الرئيسية التي سيتم تصنيف عناصر المحفظة فيها.
- يمكن تقسيم خدمات المنظمة إلى ثلاث فئات استراتيجية بناءً على تأثيرها:
  - إدارة الأعمال التي تركز على الحفاظ على عمليات الخدمة.
  - تنمية الأعمال التجارية التي تهدف إلى تنمية نطاق خدمات المنظمة.
  - تحويل الأعمال الداعمة للتحركات إلى مساحات سوقية جديدة.
- يجب على المنظمات اختيار فئات للمحافظ التي ستساعدها على التوافق مع استراتيجيتها وتحقيق أهدافها.
- التصنيف هو مجرد أداة للمساعدة في ترجمة الأهداف إلى مبادئ واضحة لإدارة المحفظة ومعايير أداء عناصر المحفظة.
- يجب على الفرق النظر في اللوائح الحالية، الداخلية والخارجية، والتشريعات المطبقة على بنود المحفظة.

تطوير نماذج إدارة المحافظ

- تقسم المحافظ إلى مجموعات وفئات لكل مجموعة وفئة محفظة محددة.
- يتم تطوير نموذج المحفظة والموافقة عليه.
- يتم تعريف نموذج المحفظة بعدة خصائص وفقا للموارد المتاحة للمحفظة.
- و الميزانية واستراتيجية الاستثمار، وقبول المخاطر و مجموعة متفق عليها من معايير الأولويات.
- يحدد النموذج أيضًا خيارات الاستجابة لمراجعة عناصر المحفظة.
- ينبغي وصف الجوانب الإدارية لكل نموذج في الأبعاد الأربعة.

إعلان نهج ونماذج إدارة المحفظة

- يتم إعلان النهج والنماذج المتفق عليها إلى مجموعات أصحاب المصلحة الرئيسيين ومناقشتها عبر المنظمة.
- اعتمادًا على مستوى المشاركة، قد يتخذ التواصل شكل إجتماع رسمي، أو مناقشات ومراجعات لحافظات الأعمال، أو مقالات معرفية، وما إلى ذلك.

مراجعة وضبط نهج ونماذج إدارة المحافظ الاستثمارية

- يقوم قادة ومديرو المنظمة بمراقبة ومراجعة اعتماد وفعالية نهج ونماذج المحفظة المتفق عليها .
- تتم المراجعة بناءً على الأحداث و التغييرات الإستراتيجية و تقارير المقارنة المعيارية و تقلب العملاء و نمو أو انكماش الأعمال غير المتوقع و تعارض الموارد و التغييرات في اللوائح والتشريعات المعمول بها.

إدارة دورات حياة المحافظ

تركز هذه العملية على إدارة محافظ المؤسسة بناءً على النهج المتفق عليه. ويشمل ذلك تقييم المبادرات ومراقبة المحافظ وعناصر المحفظة ومراجعة المبادرات وإعادة تحديد أولوياتها.

تتضمن هذه العملية كما فى الشكل رقم (38)عددا من الأنشطة تحول المدخلات إلى مخرجات.

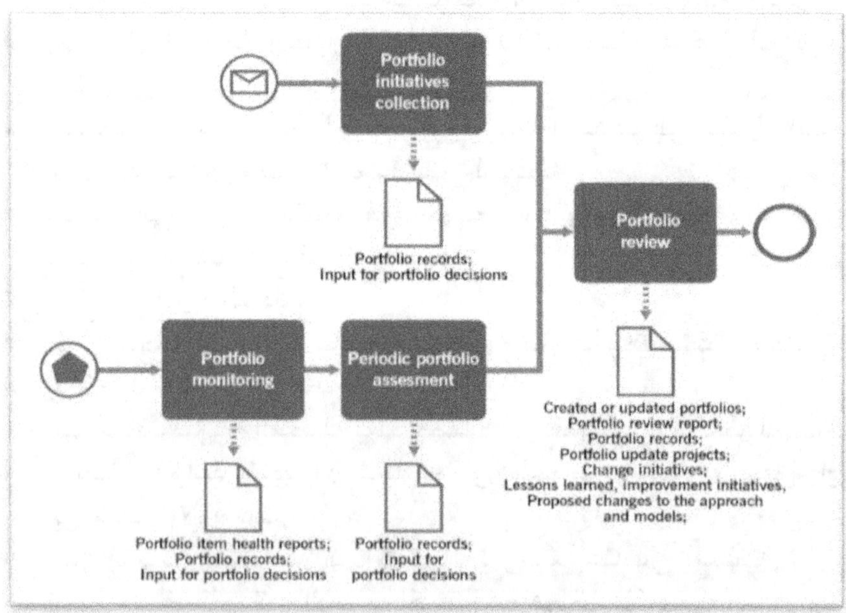

الشكل رقم (38) يبين مسار عمل إدارة دورة حياة المحافظ.
ITIL4 Practices-AXELOS Copyright-2020.

المدخلات

- نهج ونماذج إدارة المحفظة الاستثمارية للمنظمة.
- تحليل مفصل للموارد الرئيسية للمنظمة بما في ذلك موارد الاستثمار.
- تحليل متطلبات أصحاب المصلحة.
- محافظ المنتجات والخدمات الحالية للمنظمة.
- الميزانية حسب مجموعات وفئات المحفظة.
- نهج ونماذج إدارة المحفظة الاستثمارية الاتصالات والمعرفة.
- خارطة طريق تطوير المحفظة الاستثمارية.
- بيانات تحقيق القيمة ومراقبة الأداء للمحافظ الاستثمارية.
- تقرير مراجعة المحفظة الاستثمارية.

المخرجات

- إنشاء أو تحديث المحافظ الاستثمارية.
- تحديث مشاريع المحفظة الاستثمارية.
- تغيير المبادرات (الميزانية والموارد وما إلى ذلك)
- الدروس المستفادة ومبادرات التحسين.
- سجلات المحفظة الاستثمارية.
- تقرير مراجعة المحفظة الاستثمارية.

الأنشطة

- مجموعة مبادرات المحفظة.
- مراقبة المحفظة.
- تقييم المحفظة بشكل دوري.
- مراجعة المحفظة.

مجموعة مبادرات المحفظة

- إن السماح لمجموعة متنوعة من أصحاب المصلحة بتقديم مبادرات المحفظة يمكن أن يدعم خلق القيمة المشتركة ولكن يجب تحديد سلطة تقديم مبادرة المحفظة من خلال نموذج المحفظة المعني.
- ينبغي أن تكون بيانات التقديم والجداول الزمنية محددة بشكل جيد.
- يجب مراجعة التقديمات للتأكد من اكتمالها قبل قبولها.
- تمر مبادرات المحفظة المجمعة بتقييم أولي وتكون بمثابة مدخلات لمراجعات المحفظة.
- يجب أيضًا إجراء تغيير في نفس النشاط عند إنشاء محفظة من الصفر أو توثيق المحفظة الفعلية الحالية.
- يجب التعامل مع كل عنصر من عناصر المحفظة كمبادرة ويجب اتباع نفس قواعد التقديم لضمان الاتساق.

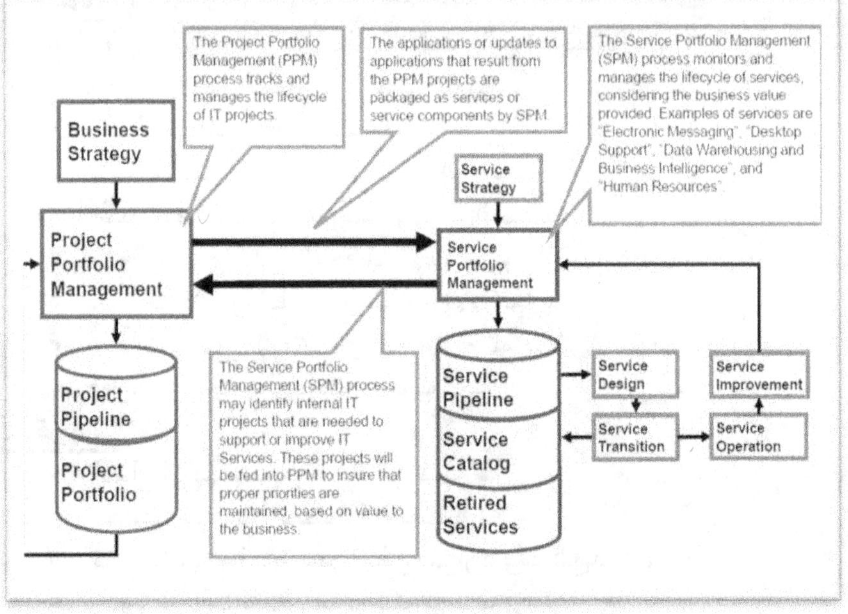

الشكل رقم (39) يبين علاقة كتالوج الخدمة و محفظة الخدمات.
EMC Professional Services-Mary Lou Alter.

مراقبة المحفظة

- يقوم مدير المحفظة وأعضاء الفريق المسؤولون عن المحافظ بمراقبة المحافظ وعناصر المحفظة لتتبع تحقيق القيمة.
- يتم الإبلاغ عن نتائج مراقبة المحفظة إلى مالك المحفظة وأصحاب المصلحة.
- يجب على الفريق قياس الأداء مقارنة بمعايير تحقيق القيمة المخطط لها في البداية.
- يجب استخدام المعايير المستخدمة لتقييم المحفظة لعناصر المحفظة لتقييم أداء العناصر والتحقق من تحقيق القيمة.
- يجب على الفريق الإبلاغ عن الاستثناءات الواضحة ومراقبة الاتجاهات في أداء المحفظة.
- يجب على المراقبة الشاملة لأداء المحفظة تحديد حجم تحقيق القيمة.
- تتضمن مؤشرات تحقيق القيمة التكاليف والمخاطر التي تمت إزالتها وإدخالها والنتائج المدعومة والمتأثرة.

<u>**التقييم الدوري للمحفظة**</u>

- يتلقى مدير المحفظة وفريق المحفظة، وفقًا للنموذج، البيانات من إدارة المراقبة والأحداث، وإدارة مستوى الخدمة، وممارسات الإدارة المالية للخدمة.

- يقوم المالك بتحليل البيانات المدمجة لتقييم أداء المحفظة وصياغة التغييرات المحتملة على المحافظ وعناصر المحفظة.

- تعد تقارير المحفظة والاقتراحات الناتجة لتحسين المحفظة بمثابة مدخلات لمراجعات المحفظة.

<u>**مراجعة المحفظة**</u>

- يقوم مدير المحفظة بإجراء مراجعات للمحفظة حيث تتم الموافقة على المبادرات الجديدة وإعادة ترتيب أولويات عناصر المحفظة الحالية.

- غالبًا ما تقتصر المؤسسات الكبيرة مثل الهيئات الحكومية على دورات الاستثمار على المستوى التنفيذي والتي يتم تقييمها سنويًا.

- يتيح النهج الأكثر مرونة للمؤسسات الاستفادة من فرص الاستثمار عند ظهورها.

- يمكن مراجعة محفظة Agile وإعادة ترتيب أولوياتها بانتظام للاستفادة من الفرص الجديدة أو التكيف مع احتياجات العمل المتغيرة.

- يتم تحديد مستويات السلطة لمراجعة المحفظة من خلال نهج المحفظة ونموذج المحفظة ذات الصلة.

<u>**قرارات مراجعة المحفظة**</u>

- الموافقة على المبادرات الجديدة.
- استثمار الأموال أو تجريدها.
- تحديد أولويات وإعادة ترتيب أولويات عناصر المحفظة الموجودة.
- الشروع في تغييرات على النهج والنماذج.
- تعمل تقارير مراجعة المحفظة كمدخل في إدارة نهج المنظمة في عملية المحافظ.

<u>**إدارة كتالوج الخدمة**</u>

<u>**الغرض و الأهداف**</u>

الغرض من إدارة كتالوج الخدمة هو توفير مصدر واحد للمعلومات المتسقة حول جميع الخدمات وعروض الخدمات والتأكد من إتاحتها للجمهور ذوي الصلة من العملاء و المستخدمين بأنواعهم.

نطاق عمل ممارسة إدارة كتالوج الخدمة

تحديد هيكل وصف الخدمة المناسب لكتالوج الخدمة ليكون منظمًا بشكل جيد ويلبي احتياجات أصحاب المصلحة، بما في ذلك السمات والعلاقات الإلزامية المتفق عليها.

تسجيل معلومات الخدمة وتحديثها باستمراروضمان جودة البيانات في كتالوج الخدمة.

تحديد وجهات النظر المختلفة المخصصة لكتالوج الخدمة للمجموعات ذات الصلة من أصحاب المصلحة.

تنفيذ وجهات النظر والتغييرات على هيكل كتالوج الخدمة.

نشر كتالوج الخدمة وإدارة وجهات النظر المختلفة لمختلف أصحاب المصلحة.

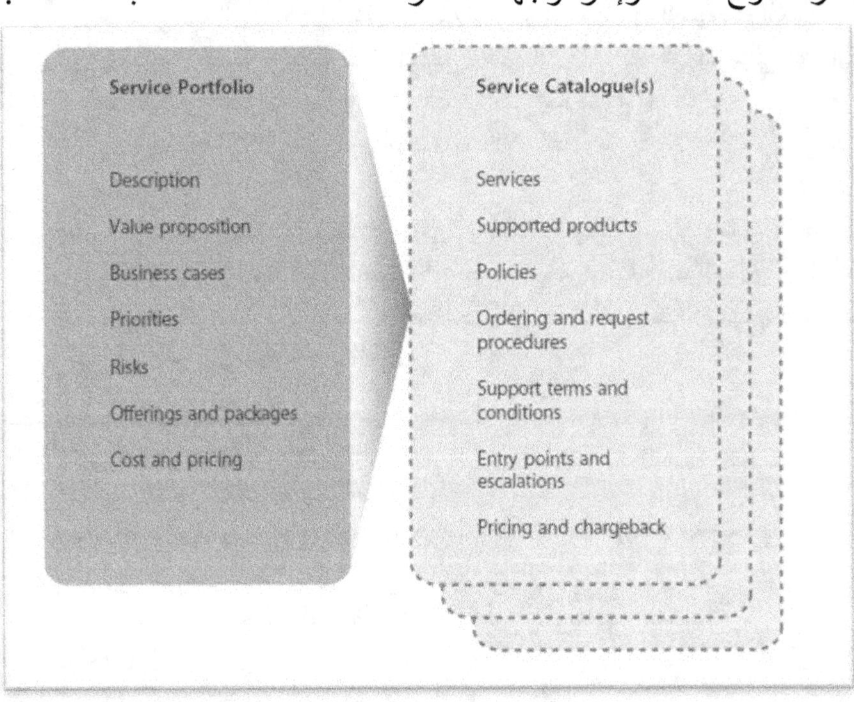

الشكل رقم (40) يوضح محفظة الخدمة و ما تحتويه من كتالوجات الخدمات.
TSO@Blackwell and other Accredited Agents

عروض إدارة كتالوج الخدمة
طرق عرض مخصصة:
يجب أن تكون مرنة فيما يتعلق بتفاصيل الخدمة والسمات التي تقدمها.

عروض المستخدم

توفر معلومات عن عروض الخدمة التي يمكن طلبها وعن تفاصيل التزويد.

عروض العملاء

توفير بيانات مستوى الخدمة والبيانات المالية وأداء الخدمة.

عروض زملاء تكنولوجيا المعلومات

توفير المعلومات الفنية والأمنية والعملية لاستخدامها في تقديم الخدمة.

كتالوج الطلب

عرض لكتالوج الخدمة يوفر تفاصيل حول طلبات الخدمات الحالية والجديدة التي يتم إتاحتها للمستخدم.

عوامل نجاح ممارسة إدارة كتالوج الخدمة PSF

التأكد أن هيكل ونطاق كتالوجات خدمات المنظمة يلبي المتطلبات التنظيمية. التأكد من أن المعلومات الموجودة في كتالوجات الخدمة تلبي احتياجات أصحاب المصلحة الحالية والمتوقعة.

عمليات أنشطة إدارة كتالوج الخدمة

- تحديد وصيانة بيانات وطرق عرض كتالوج الخدمة القياسية.
- الحفاظ على عروض كتالوج الخدمة المحدثة للجمهور المستهدف.

عملية تحديد وصيانة بيانات كتالوج الخدمة وطرق عرض كتالوج الخدمة القياسية

تركز هذه العملية على تحديد هيكل كتالوج الخدمة والبيانات وطرق العرض القياسية والموافقة عليها والحفاظ عليها وفقًا لمتطلبات أصحاب المصلحة. تتضمن عددا من الأنشطة كما فى الشكل (41) وتحول المدخلات إلى مخرجات.

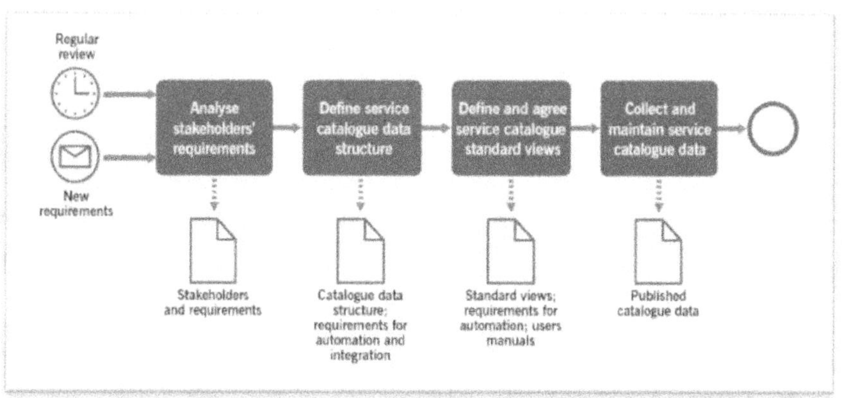

الشكل رقم (41) يبين مسار عملية تحديد بيانات كتالوج الخدمة.
ITIL4 Practices-AXELOS Copyright-2020.

<u>المدخلات</u>

- بنية المنظمة.
- استراتيجية المنظمة.
- محفظة خدمات المنظمة.
- متطلبات العملاء والمستخدمين.
- العقود والاتفاقيات مع العملاء والموردين.
- مصادر البيانات الخارجية حسب الاقتضاء.
- ردود الفعل على كتالوج الخدمة.
- سجل التحسين المستمر.

<u>المخرجات</u>

- قائمة بمجموعات أصحاب المصلحة في كتالوج الخدمة الرئيسية.
- متطلبات أصحاب المصلحة المتفق عليها.
- هيكل بيانات كتالوج الخدمة.
- طرق عرض كتالوج الخدمة القياسية وأدلة المستخدم.
- نموذج لبيانات الخدمة الجديدة.
- متطلبات أدوات إدارة الكتالوج.
- متطلبات تكامل البيانات.
- طلبات التغييرات.
- نشر بيانات الكتالوج.

<u>الأنشطة</u>

- تحليل متطلبات أصحاب المصلحة لكتالوج الخدمة.
- تحديد بنية بيانات كتالوج الخدمة.
- تحديد العروض القياسية لكتالوج الخدمة والموافقة عليها لمجموعات أصحاب المصلحة الرئيسيين.
- جمع والحفاظ على بيانات كتالوج الخدمة.

<u>عملية توفير والحفاظ على عروض كتالوج الخدمة المحدثة للجمهور المستهدف المتفق عليه</u>

- تركز هذه العملية على عمليات كتالوج الخدمة.
- تضمن تلبية الطلبات المقدمة من مستخدمي الكتالوج لعرض الكتالوج المتفق عليه بسرعة وبشكل صحيح.
- هذه العملية مؤتمتة بالكامل أو إلى حد كبير.
- يتم الاتفاق على قنوات الطلب وقواعد الوصول والبيانات المقدمة وتصورها كجزء من تصميم كتالوج الخدمة وأتمتته.
- تتضمن العملية أنشطة يدوية بسبب طلبات غير عادية أو أتمتة غير مكتملة.

تتضمن هذه العملية عددا من الأنشطة كما فى الشكل رقم (42) وتحول المدخلات التالية إلى مخرجات.

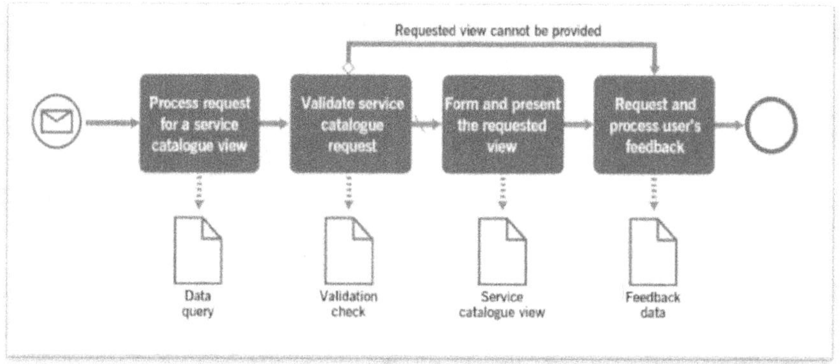

الشكل رقم (42) يبين مسار عمليات تحديث كتالوج الخدمة.
ITIL4 Practices-AXELOS Copyright-2020.

<u>المدخلات</u>
- بيانات كتالوج الخدمة.
- تعليقات المستخدمين والعملاء، بما في ذلك الثناء والشكاوى.
- طلبات مستخدمي الكتالوج لعرض الكتالوج.
- قواعد الوصول والضوابط.
- البيانات الخارجية ذات الصلة.

<u>المخرجات</u>
- طرق عرض كتالوج الخدمة.
- بيانات ردود فعل العملاء.
- استعلامات البيانات الخارجية.

<u>الأنشطة</u>
- معالجة طلب لعرض كتالوج الخدمة.
- التحقق من صحة طلب كتالوج الخدمة.
- تشكيل وتقديم العرض المطلوب.
- طلب ومعالجة تعليقات المستخدمين.

<u>ممارسة إدارة الأصول</u>

<u>الغرض</u>

الغرض من ممارسة إدارة أصول تكنولوجيا المعلومات هو التخطيط و إدارة دورة الحياة الكاملة لجميع أصول تكنولوجيا المعلومات لمساعدة المؤسسة على تحقيق ما يلى:
- تعظيم القيمة.

- التحكم في التكاليف.
- إدارة المخاطر.
- دعم اتخاذ القرار بشأن الشراء وإعادة الاستخدام و نهاية خدمة و التكهين.
- تلبية المتطلبات التنظيمية والتعاقدية.

أنواع أصول تكنولوجيا المعلومات

الأجهزة

- أجهزة المستخدم النهائي، مثل أجهزة الكمبيوتر الشخصية والأجهزة اللوحية والهواتف الذكية وبطاقات SIM.
- معدات الشبكات والاتصالات، مثل أجهزة التوجيه والمفاتيح وموازنات التحميل وأنظمة مؤتمرات الفيديو والصوت عبر بروتوكول الإنترنت.
- أجهزة مركز البيانات، مثل الخوادم وأنظمة التخزين والنسخ الاحتياطي وإمدادات الطاقة غير المنقطعة.
- الأجهزة الطرفية المهمة، مثل الطابعات الشخصية والشاشات والماسحات الضوئية وأنظمة الطباعة متعددة الوظائف.
- تشمل أجهزة التكنولوجيا التشغيلية (OT) فى العمليات الصناعية.

البرامج

- البرامج التى تعمل على الأجهزة والآلات الافتراضية في جميع البيئات (التطوير/التكامل والاختبار والإعداد والتشغيل المباشر/الإنتاج والتدريب).
- أنظمة التشغيل.
- البرامج الوسيطة، مثل خوادم الويب وشهادات SSL وبرمجيات خدمة المؤسسة وخدمات الوصول إلى قواعد البيانات.
- التطبيقات الشخصية وتطبيقات الخادم.
- عندما يطلب موردو البرامج مراجعة استخدام الترخيص لعدد محدد من الأصول ظهرت ضرورة دمج إدارة أصول البرمجيات والأجهزة و إدارة التكوين \الكونفجيوريشن للتأكد من أن جميع التراخيص صحيحة.

الخدمات السحابية

تحل محل الأجهزة وبعض البرامج (اعتمادًا على نموذج الخدمة).

- البنية الأساسية كخدمة.
- المنصة كخدمة.
- البرامج كخدمة.

دورة حياة أصول تكنولوجيا المعلومات

- المراحل المختلفة في حياة أحد أصول تكنولوجيا المعلومات من التخطيط إلى التخلص منها.
- تتكون دورة الحياة من مراحل يتم تمثيلها بالحالات والانتقالات المسموح بها للحالات استنادًا إلى نوع أصل تكنولوجيا المعلومات.

مراحل أصول تكنولوجيا المعلومات

- تخطيط أصول تكنولوجيا المعلومات وإعداد الميزانية لها.
- الاستحواذ على أصول تكنولوجيا المعلومات.
- تخصيص أصول تكنولوجيا المعلومات (تثبيت، نقل، إضافة، تغيير).
- تحسين استخدام أصول تكنولوجيا المعلومات.
- إيقاف تشغيل أصول تكنولوجيا المعلومات.
- التخلص من أصول تكنولوجيا المعلومات.

نطاق عمل ممارسة إدارة أصول تكنولوجيا المعلومات

- إدارة بيانات موثقة حول ما تمتلكه المنظمة حتى تتمكن من إدارته.
- وسائل التعامل المناسبة مع أصول تكنولوجيا المعلومات وفقًا للسياسات واللوائح مع مراعاة التكاليف والمخاطر المعمول بها.
- تكامل دورة حياة أصول تكنولوجيا المعلومات مع الممارسات الأخرى لتحقيق قدر أكبر من الكفاءة والفعالية من حيث التكلفة.

أنشطة إدارة الأصول

- تحديد وملء وصيانة سجل الأصول من حيث الهيكل.
- التحكم في دورة حياة الأصول بالتعاون مع الممارسات الأخرى.
- توفير البيانات والتقارير الحالية والتاريخية والدعم للممارسات الأخرى المتعلقة بأصول تكنولوجيا المعلومات.
- تدقيق الأصول.

عوامل نجاح ممارسة إدارة أصول تكنولوجيا المعلومات PSFs

- ضمان حصول المنظمة على معلومات ذات صلة بأصول تكنولوجيا المعلومات الخاصة بها طوال دورة حياتها.
- ضمان مراقبة استخدام أصول تكنولوجيا المعلومات وتحسينها بشكل مستمر.

عمليات أنشطة إدارة أصول تكنولوجيا المعلومات

- إدارة نهج مشترك لإدارة أصول تكنولوجيا المعلومات.
- إدارة دورة حياة أصول وسجلات تكنولوجيا المعلومات.
- التحقق من أصول تكنولوجيا المعلومات ومراجعتها وتحليلها.

عملية إدارة نهج مشترك لإدارة أصول تكنولوجيا المعلومات

تتضمن هذه العملية عددا من الأنشطة كما فى الشكل رقم (43) وتحول المدخلات التالية إلى مخرجات.

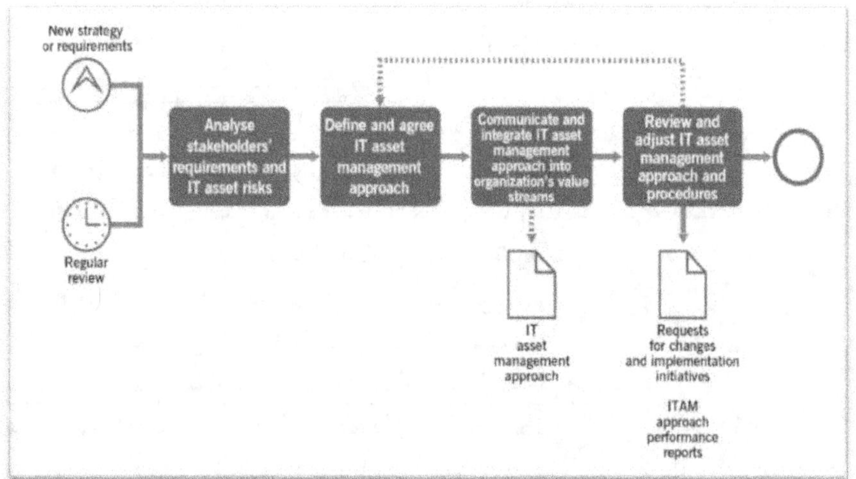

الشكل رقم (43) يبين مسار عملية إدارة نهج مشترك أصول تكنولوجيا المعلومات.
ITIL4 Practices-AXELOS Copyright-2020.

المدخلات
- استراتيجية وخطط تكنولوجيا المعلومات
- قائمة بخدمات تكنولوجيا المعلومات ذات الأولوية.
- سجلات المخاطر.
- اتجاهات الصناعة والموردين.
- سياسات المنظمة ومتطلبات الامتثال الخارجية.
- ميزات جاهزة لإدارة أصول تكنولوجيا المعلومات وأداة إدارة خدمات تكنولوجيا المعلومات.
- معايير إدارة أصول تكنولوجيا المعلومات الدولية وأفضل الممارسات.
- بيانات أصول تكنولوجيا المعلومات الحالية.

المخرجات
- نهج إدارة أصول تكنولوجيا المعلومات.
- سجل أصول تكنولوجيا المعلومات.
- مواد اتصالات إدارة أصول تكنولوجيا المعلومات وإدارة المعرفة.
- طلبات التغييرات ومبادرات التنفيذ.
- تقارير أداء نهج إدارة أصول تكنولوجيا المعلومات.

الأنشطة

- تحليل متطلبات أصحاب المصلحة ومخاطر أصول تكنولوجيا المعلومات
- تحديد نهج إدارة أصول تكنولوجيا المعلومات والموافقة عليه.
- التواصل ودمج نهج إدارة أصول تكنولوجيا المعلومات في تدفقات القيمة.
- مراجعة وتعديل نهج وإجراءات إدارة أصول تكنولوجيا المعلومات.

عملية إدارة دورة حياة أصول وسجلات تكنولوجيا المعلومات

تتضمن هذه العملية عددا من الأنشطة كما فى الشكل رقم (44) وتحول المدخلات التالية إلى مخرجات.

المدخلات

- نهج إدارة أصول تكنولوجيا المعلومات، ونطاقها، وضوابطها، وإجراءاتها، ونماذج دورة حياتها.
- سجل أصول تكنولوجيا المعلومات.
- سجلات المخاطر.
- اتجاهات الصناعة والموردين.
- تقارير مراقبة أصول تكنولوجيا المعلومات.
- أداة إدارة أصول تكنولوجيا المعلومات وخدمات تكنولوجيا المعلومات.

المخرجات

- تحديث سجل أصول تكنولوجيا المعلومات.
- مبادرات تحسين استخدام أصول تكنولوجيا المعلومات.
- تقارير الاستثناءات.
- تقارير دورة حياة أصول تكنولوجيا المعلومات.

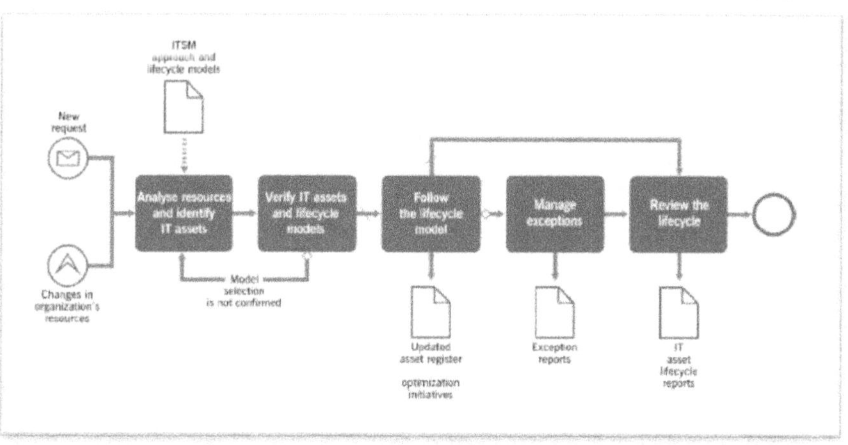

الشكل رقم (44) يبين مسار عملية إدارة دورة حياة الأصول و السجلات.
ITIL4 Practices-AXELOS Copyright-2020.

الأنشطة

- تحليل الموارد وتحديد أصول تكنولوجيا المعلومات.
- التحقق من أصول تكنولوجيا المعلومات ونماذج دورة الحياة.
- اتباع نموذج دورة الحياة.
- إدارة الاستثناءات.
- مراجعة دورة الحياة.

عملية التحقق من أصول تكنولوجيا المعلومات ومراجعتها وتحليلها

تتضمن هذه العملية عددا من الأنشطة كما فى الشكل رقم (45) وتحول المدخلات التالية إلى مخرجات.

المدخلات

- نهج إدارة أصول تكنولوجيا المعلومات.
- سجل أصول تكنولوجيا المعلومات.
- تقارير من مراقبة أصول تكنولوجيا المعلومات.
- سجلات مخاطر أصول تكنولوجيا المعلومات.
- لوائح الامتثال الداخلية والخارجية.

المخرجات

- سجل أصول تكنولوجيا المعلومات المحدث.
- تقارير تدقيق أصول تكنولوجيا المعلومات.
- ملاحظات حول نهج أصول تكنولوجيا المعلومات.
- سجل مخاطر أصول تكنولوجيا المعلومات المحدث.
- طلب التغيير.

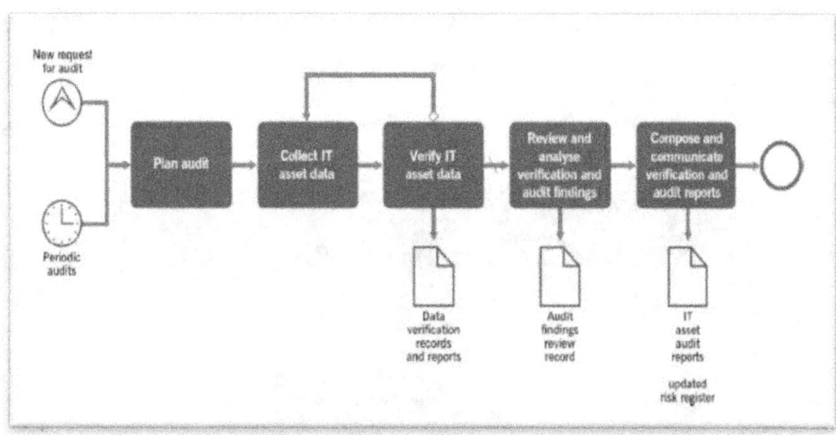

الشكل رقم (45) يبين مسار عملية التحقق من الأصول و مراجعتها.
ITIL4 Practices-AXELOS Copyright-2020.

<u>الأنشطة</u>
- تخطيط التدقيق.
- جمع بيانات أصول تكنولوجيا المعلومات.
- التحقق من بيانات أصول تكنولوجيا المعلومات.
- مراجعة وتحليل مخرجات التحقق والتدقيق.
- صياغة تقارير التحقق والتدقيق وتوصيلها.

ممارسة إدارة تكوين الخدمة

الغرض

الغرض من ممارسة إدارة تكوين الخدمة هو التأكد من توفر معلومات دقيقة وموثوقة حول تكوين الخدمات وعناصر التكوين التي تدعمها.
يتضمن ذلك معلومات حول كيفية تكوين عناصر التكوين والعلاقات بينها.

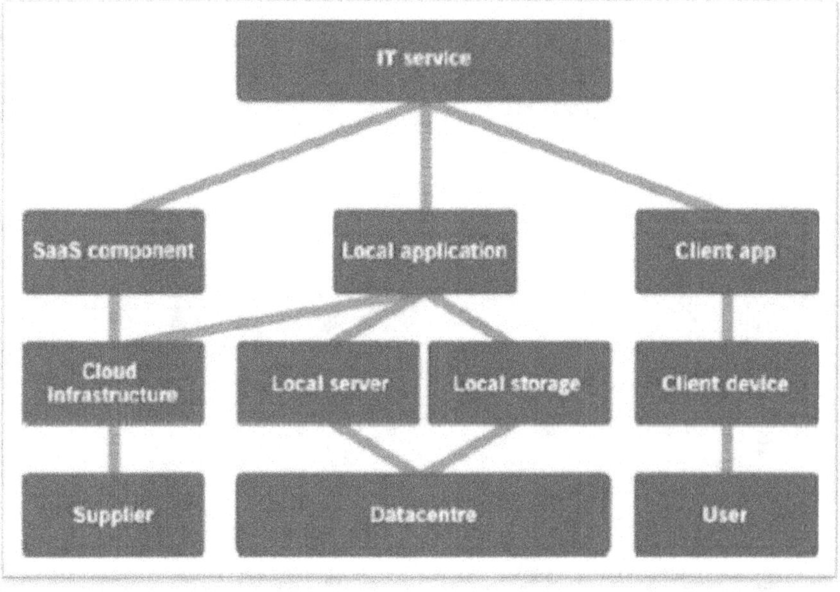

الشكل رقم (46) يبين مكونات تكوين مبسطة لخدمة تكنولوجيا المعلومات.
ITIL 4 FOUNDATION-MORWAN ELGASIM

<u>عنصر التكوين</u>
أي مكون يمكن توظيفه و إدارته من أجل تقديم خدمة تكنولوجيا المعلومات.
<u>نظام إدارة التكوين</u>
مجموعة من الأدوات والبيانات يتم استخدامها لدعم إدارة تكوين الخدمة.

عناصر التكوين

- المعدات و الأدوات و الأجهزة.
- البرمجيات و التطبيقات.
- الشبكات و ملحقاتها.
- البنائيات و التصميمات و مسارات العمل و الوثائق و المستندات.
- الموظفون و العاملين و غيرهم من البشر.
- الموردين و الخدمات.

قاعدة بيانات التكوين (CMDB).

قاعدة بيانات تُستخدم لتخزين سجلات التكوين طوال دورة حياتها كما تحافظ أيضًا على العلاقات بين سجلات التكوين.

تقوم إدارة تكوين الخدمة بإعدادها لحصروإدارة عناصر التكوين Cis.

يمكن تخزين معلومات التكوين ونشرها في قاعدة بيانات واحدة لإدارة التكوين (CMDB) للمؤسسة بأكملها.

يمكن توزيعها عبر عدة مصادر و الحفاظ على الروابط بين سجلات التكوين.

يمكن استخدام مخازن بيانات منفصلة لبيانات إدارة الأصول وتفاصيل التكوين، ومعلومات كتالوج الخدمة، وبيانات نماذج الخدمة عالية المستوى.

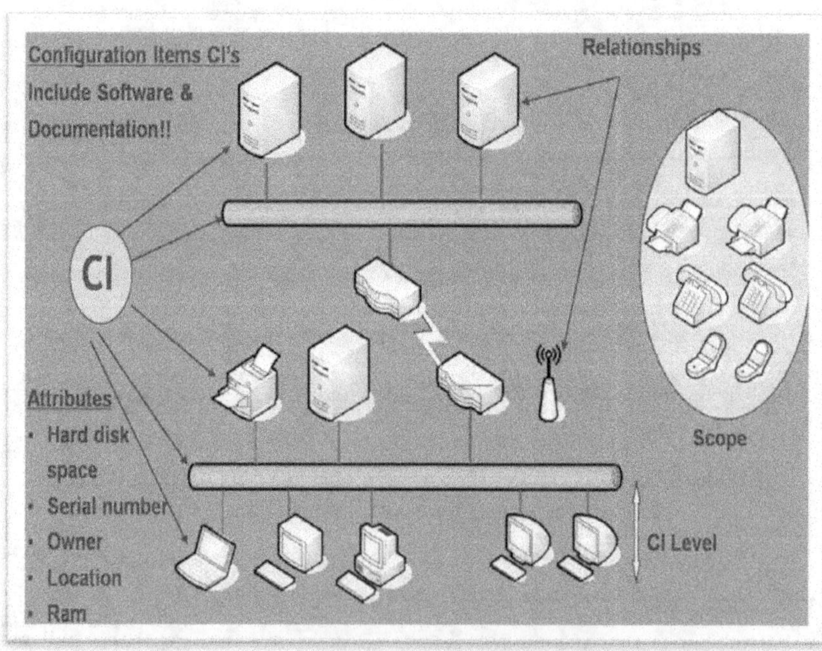

الشكل رقم (47) يبين نظام قاعدة بيانات إدارة التكوين.
ITIL V3 Foundation-The Art of Service Pty Ltd

<u>طرق استخدام نماذج تكوين الخدمة</u>
- تحليل الأثر.
- تحليل السبب والنتيجة.
- تحليل المخاطر.
- بنود التكلفة.
- تحليل التوافر والتخطيط.

<u>أنظمة إدارة التكوين وقواعد البيانات</u>

تتضمن ممارسة إدارة تكوين الخدمة قدرًا كبيرًا من البيانات من مصادر مختلفة وتعتمد على القدرة على جمع هذه البيانات ودمجها ومعالجتها وتقديمها بطريقة موثوقة وفعالة من حيث التكلفة.

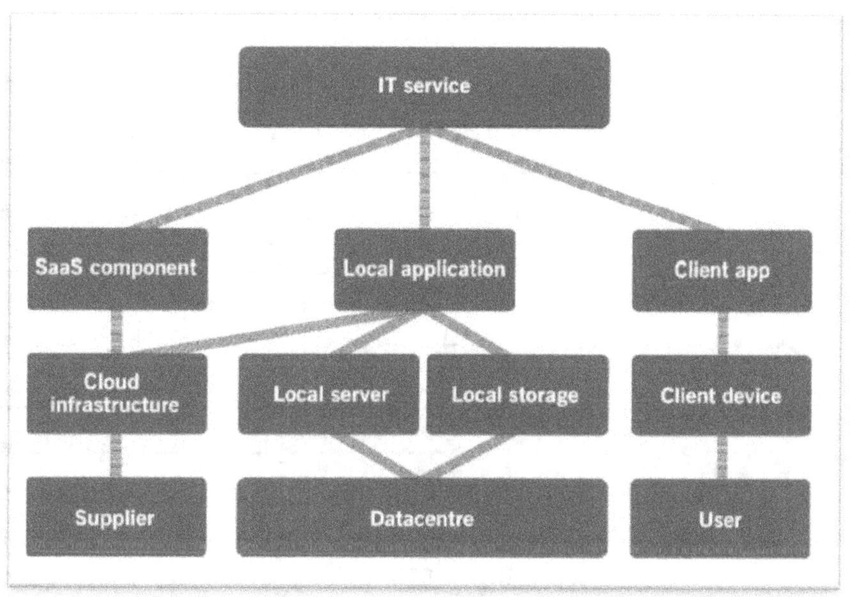

الشكل رقم (48) يبين نموذج عالى المستوى لإدارة عناصر تكوين الخدمة.
ITIL4 Practices-AXELOS Copyright-2020.

<u>نظام إدارة التكوين CMS</u>

مجموعة من الأدوات والبيانات والمعلومات المستخدمة لدعم ممارسة إدارة تكوين الخدمة.

<u>تكوين خط الأساس Baseline configuration</u>

تكوين المنتج أو الخدمة أو البنية الأساسية الذي تمت مراجعته رسميًا والموافقة عليه وهو بمثابة الأساس للأنشطة الإضافية مثل الاستخدام والتطوير والتخطيط.

التحقق Verification
نشاط يضمن أن خدمة تكنولوجيا المعلومات الجديدة أو المتغيرة أو العملية أو الخطة أو أي منتج آخر يتطابق مع مواصفات التصميم الخاصة به وأنه كامل ودقيق وموثوق.

المخزون Inventory
جمع البيانات وتنظيفها لإنشاء أو التحقق من بيانات قاعدة بيانات إدارة التغيير.

تدقيق قاعدة بيانات إدارة التكوين CMDB audit
فحص مخطط ومنظم وموثق لعناصر تكوين المنظمة بهدف تقييم صحة بيانات قاعدة بيانات إدارة التغيير في النطاق.

نطاق عمل ممارسة إدارة تكوين الخدمة

- يتم توفير بيانات تكوين موثوقة وصيانتها تتضمن تحديث بيانات التكوين لتعكس التغييرات المستمرة في الحالات والعلاقات الخاصة بعناصر التكوين.
- يتم توفير التقارير ذات الصلة والدقيقة لدعم عملية اتخاذ القرار.
- يتم دمج دورة حياة عناصر التكوين مع الممارسات الأخرى.

عوامل نجاح ممارسة إدارة تكوين الخدمة (PSF)

- التأكد من أن المنظمة لديها معلومات تكوين ذات صلة بمنتجاتها وخدماتها
- التأكد من أن تكاليف توفير معلومات التكوين يتم تحسينها بشكل مستمر.

عمليات أنشطة إدارة تكوين الخدمة

- إدارة نهج مشترك لإدارة تكوين الخدمة.
- تسجيل معلومات التكوين وإدارتها وتوفيرها.
- التحقق من بيانات التكوين.

عملية إدارة نهج مشترك لإدارة تكوين الخدمة

تتضمن هذه العملية عددا من الأنشطة كما فى الشكل رقم (49).

المدخلات

- البنية التنظيمية.
- متطلبات أصحاب المصلحة.
- الهيكل التنظيمي.
- محافظ المنظمة.
- بيانات المراقبة.
- سجلات الممارسة.

<u>**المخرجات**</u>

- نهج إدارة تكوين الخدمة.
- قاعدة بيانات إدارة التكوين.
- مواد إدارة الاتصالات والمعرفة.
- طلبات التغيير ومبادرات التنفيذ.
- نهج إدارة تكوين الخدمة وتقارير الأداء.

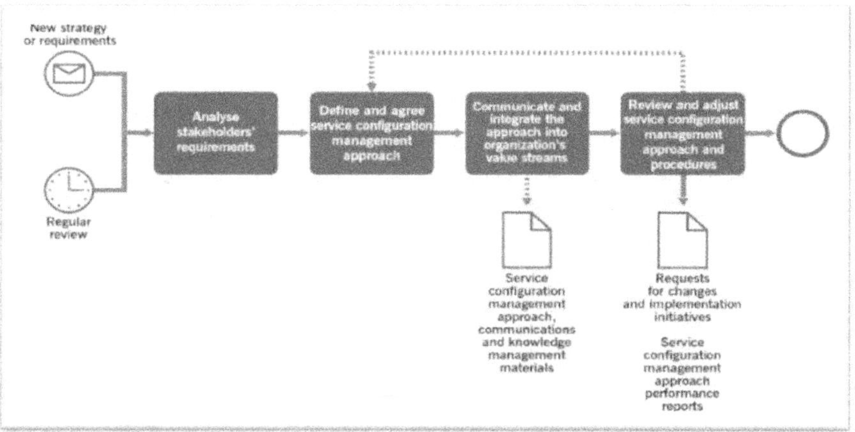

الشكل رقم (49) يبين مسار عملية إدارة نهج مشترك لإدارة التكوين.
ITIL4 Practices-AXELOS Copyright-2020.

<u>**الأنشطة**</u>

- تحليل متطلبات أصحاب المصلحة.
- تحديد وإقرار نهج إدارة تكوين الخدمة.
- التواصل ودمج نهج إدارة تكوين الخدمة في تدفقات القيمة.
- مراجعة وتعديل نهج وإجراءات إدارة تكوين الخدمة.

عملية تسجيل معلومات التكوين وإدارتها وتوفيرها

تركز هذه العملية على تحديث معلومات التكوين وصيانتها وتوفيرها.
تتضمن هذه العملية عددا من الأنشطة كما فى الشكل رقم (50) وتحول المدخلات التالية إلى مخرجات.

<u>**المدخلات**</u>

- نهج إدارة تكوين الخدمة.
- بيانات التكوين.
- طلبات الحصول على معلومات التكوين.
- سجلات إدارة الخدمة.

المخرجات

- تحديث معلومات قاعدة بيانات إدارة التكوين (CMDB).
- معلومات التكوين للأطراف المعنية.
- تقارير الاستثناءات.
- تقارير مراجعة نماذج عناصر التكوين.

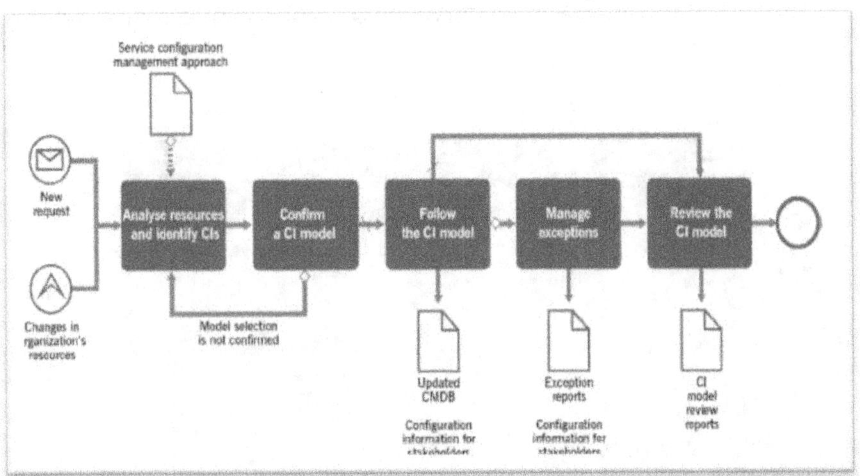

الشكل رقم (50) يبين مسار عملية تسجيل معلومات التكوين و إدارتها.
ITIL4 Practices-AXELOS Copyright-2020.

الأنشطة

- تحليل الموارد وتحديد عناصر التكوين.
- التحقق من نماذج عناصر التكوين.
- متابعة نماذج عناصر التكوين.
- إدارة الاستثناءات.
- مراجعة نماذج عناصر التكوين.

عملية التحقق من بيانات التكوين

تتضمن هذه العملية عددا من الأنشطة كما فى الشكل رقم (51) وتحول المدخلات التالية إلى مخرجات.

المدخلات

- نهج إدارة تكوين الخدمة.
- CMDB
- بيانات المخزون.
- تقارير الاستثناءات.
- تقارير التحقق السابقة من CMDB

المخرجات

- تحديث قاعدة بيانات إدارة التغيير.
- طلبات التغييرات.
- مبادرات التحسين.
- تقرير التحقق من قاعدة بيانات إدارة التكوين.

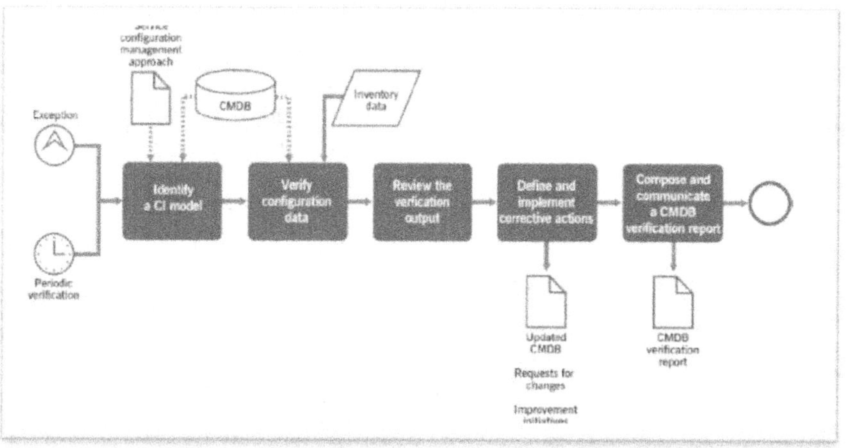

الشكل رقم (51) يبين مسار عملية التحقق من بيانات التكوين.
ITIL4 Practices-AXELOS Copyright-2020.

الأنشطة

- تحديد نموذج CI.
- التحقق من بيانات التكوين.
- مراجعة مخرجات التحقق.
- تحديد الإجراءات التصحيحية وتنفيذها.
- إنشاء تقرير التحقق من قاعدة بيانات إدارة التكوين ونشره.

الفصل الثامن: عمليات إدارة العلاقات و الإتفاقات

قائمة متطلبات هذا البند في معيار الأيزو

- عملية إدارة علاقات العمل.
- عملية إدارة مستوى الخدمة.
- عملية إدارة الموردين.

المستندات المطلوبة لإجراءات التدقيق

عملية إدارة علاقات العمل.

- سياسة إدارة علاقات العمل.
- خطة إدارة علاقات العمل.
- العرض التقديمي لإدارة علاقات العمل.

عملية إدارة الموردين

- سياسة إدارة الموردين.
- قاعدة بيانات الموردين والعقود.
- العرض التقديمي لإدارة الموردين.

عملية إدارة مستوى الخدمة.

- سياسة إدارة مستوى الخدمة.
- اتفاقية مستوى الخدمة.
- اتفاقية المستوى التشغيلي.
- إجراءات شكوى الخدمة.
- مسح رضا المستخدم.
- تقرير مسح رضا المستخدم.
- بطاقة خدمات تكنولوجيا المعلومات.
- العرض التقديمي لإدارة مستوى الخدمة.

عملية إدارة علاقات العمل.

- الغرض من ممارسة إدارة العلاقات هو إنشاء وتعزيز الروابط بين المنظمة وأصحاب المصلحة على المستويات الاستراتيجية والتكتيكية.
- يشمل ذلك تحديد وتحليل ورصد والتحسين المستمر للعلاقات مع أصحاب المصلحة وفيما بينهم.

نطاق ممارسة إدارة العلاقات

- تطوير نهج لإدارة العلاقات ودمج هذا النهج في ثقافة المنظمة.
- تحديد أصحاب المصلحة وإدارتهم.

- منع الصراعات وحلها.
- مراقبة والحفاظ على علاقات فعالة وصحية داخل المنظمة.
- مراقبة والحفاظ على علاقات فعالة وصحية بين المنظمة والأطراف الثالثة.

أهداف ممارسة إدارة العلاقات

- فهم احتياجات ودوافع أصحاب المصلحة.
- أن يكون رضا أصحاب المصلحة مرتفع.
- تحديد أولويات العملاء بالنسبة للمنتجات والخدمات الجديدة أو المتغيرة بما يتماشى مع نتائج الأعمال المرغوبة.
- يتم التعامل مع أي شكاوى وتصعيدات من أصحاب المصلحة بشكل جيد.
- يتم التوسط في متطلبات أصحاب المصلحة المتضاربة بشكل مناسب.

عوامل نجاح ممارسة إدارة العلاقات PSF

- إنشاء وتحسين مستمر لنهج فعال لممارسة إدارة العلاقات عبر المنظمة.
- ضمان علاقات فعالة وصحية داخل المنظمة.
- ضمان علاقات فعالة وصحية بين المنظمة وأصحاب المصلحة الخارجيين.

أنشطة إدارة علاقات الأعمال

- فهم مؤسسة العميل \المورد بما في ذلك العملاء وأصحاب المصلحة من أجل تطوير علاقة جيدة.
- فهم ومناقشة الأعمال والخطط والتغييرات في احتياجات العمل أو الخدمة مع المورد
- ضمان الإدارة الفعالة للعقد الرسمى أو اتفاق كتابى رسمي موثق مماثل.
- توفير مدخلات لعملية إدارة مستوى الخدمة بشأن التغييرات في النشاط التجاري والخدمات التي تتطلب تغييرات على اتفاقيات مستوى الخدمة.
- ضمان التعامل مع الشكاوى بشكل فعال.
- ضمان قياس رضا العملاء وإدارته وأن الفرد المتواصل هو المسؤول عن المدخلات المقدمة لخطة لتحسين الخدمة.

عمليات ممارسة إدارة العلاقات

تشكل أنشطة ممارسة إدارة العلاقات عمليتين رئيسيتين:

- إدارة نهج مشترك للعلاقات.
- إدارة مسارات علاقات الخدمة.

عملية إدارة نهج مشترك للعلاقات

ترتكز هذه العملية على تحديد وإقرار وتعزيز نهج مشترك على مستوى المنظمة للعلاقات بين مختلف أصحاب المصلحة.

تتضمن عددا من الأنشطة كما فى الشكل رقم (52) وتحول المدخلات إلى مخرجات.

<u>المدخلات</u>

- استراتيجية المنظمة.
- تقييم ثقافة المنظمة وأنماط سلوك العلاقات.
- معلومات أصحاب المصلحة.

<u>المخرجات</u>

- خرائط توزيع أصحاب المصلحة.
- تحليل الثقافة.
- المتطلبات الاستراتيجية.
- مبادئ العلاقات
- نماذج العلاقات.
- مواد التخطيط والتدريب والتوعية.
- تقرير مراجعة العلاقات.
- مبادرات التحسين.

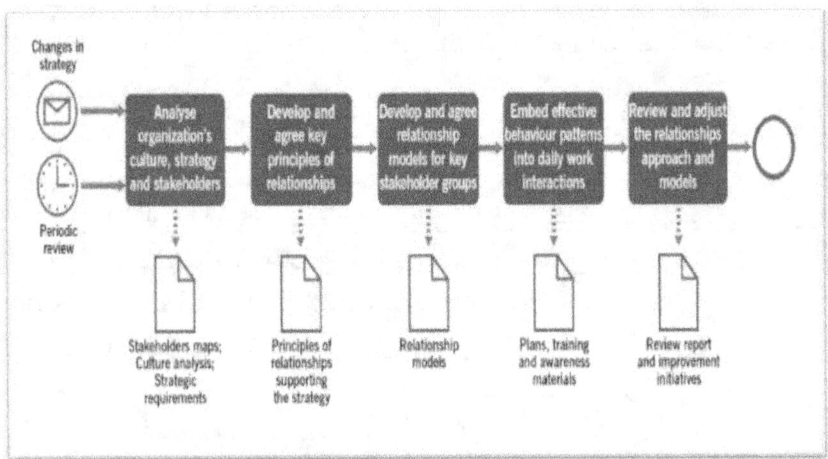

الشكل رقم (52) يبين مسار عملية إدارة العلاقات.
ITIL4 Practices-AXELOS Copyright-2020.

<u>الأنشطة</u>

- تحليل ثقافة المنظمة واستراتيجيتها وأصحاب المصلحة.
- تطوير المبادئ الأساسية للعلاقات والموافقة عليها.
- تطوير نماذج العلاقات للمجموعات الرئيسية لأصحاب المصلحة والموافقة عليها.

- تضمين أنماط السلوك الفعّالة في التفاعلات اليومية في العمل.
- مراجعة وتعديل نهج ونماذج العلاقة.

إدارة مسارات علاقات الخدمة

تركز هذه العملية كما فى الشكل رقم (53)على الإدارة الفعالة المستمرة للعلاقات مع أصحاب المصلحة بما يتماشى مع نماذج العلاقات المتفق عليها.

المدخلات

- مبادئ ونماذج العلاقات.
- مواد التدريب والتوعية.
- الأدوار والمسؤوليات.
- التواصل مع أصحاب المصلحة.

المخرجات

- الدروس المستفادة ومبادرات التحسين.
- سجلات العلاقات وفقًا للنموذج.

الأنشطة

- تحديد أصحاب المصلحة ونموذج العلاقة.
- التحقق من نموذج العلاقة وتعديله بما يتناسب مع الموقف.
- متابعة نموذج العلاقة.
- إدارة الاستثناءات.
- مراجعة العلاقة.

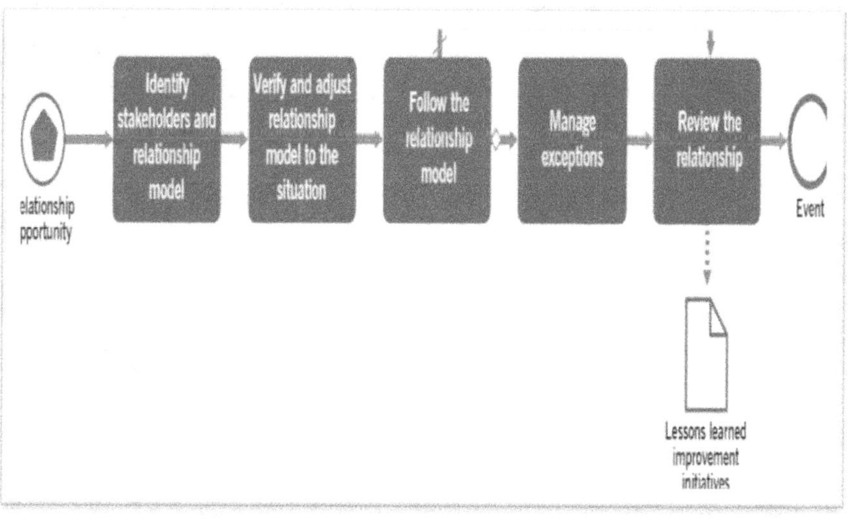

الشكل رقم (53) يبين مسار عملية إدارة مسارات علاقات الخدمة.
ITIL4 Practices-AXELOS Copyright-2020.

علاقة إدارة علاقات العمل بالعمليات الأخرى

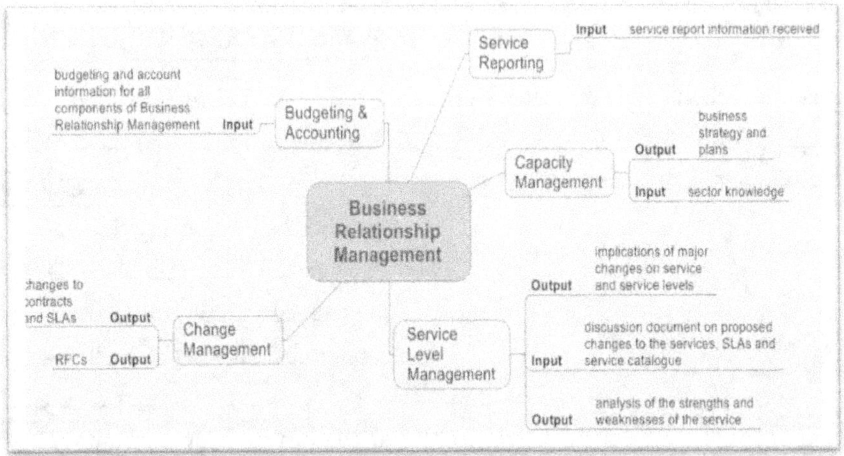

الشكل رقم (54) يبين علاقة إدارة علاقات العمل التجارية بالعمليات الأخرى.
ISO/IEC 20000 Foundation-Ivanka Menken

الشكل رقم (54) يبين علاقة إدارة علاقات العمل بالعمليات الأخرى كما يلى:

الميزانية و المحاسبة

مدخل معلومات الميزانية و المحاسبة لجميع مكونات إدارة علاقات العمل.

إدارة التغيير

مخرج التغيرات فى العقود و اتفاقيات مستوى الخدمة .

إدارة مستوى الخدمة

مدخل وثيقة مناقشة حول التغيرات المقترحة على الخدمات و اتفاقيات مستوى الخدمة و كتالوج الخدمة.

مخرج آثار التغييرات الكبيرة على مستويات الخدمة و تحليل نقاط الضعف و القوة فى الخدمة.

إدارة القدرة

مدخل استراتيجية الأعمال و الخطط.

تقارير الخدمة

تسليم معلومات تقرير الخدمات.

إدارة الموردين
الغرض و الأهداف
الغرض من ممارسة إدارة الموردين هو ضمان إدارة موردي المنظمة وأدائهم بشكل مناسب لدعم التوفير السلس للمنتجات والخدمات عالية الجودة.

يشمل هذا إنشاء علاقات أوثق وأكثر تعاونًا مع الموردين الرئيسيين لاكتشاف وتحقيق قيمة جديدة والحد من خطر الفشل.

توجهات ممارسة إدارة الموردين
• تقييم الموردين واختيارهم وإدراجهم في النظام، والحفاظ على معلوماتهم في أنظمة معلومات إدارة الموردين.

• التفاوض على العقود والتأكد من التزام الموردين بها، وتلبية جميع الالتزامات التعاقدية والمنتجات النهائية وإدارة العقود خلال دورة حياتها

• قياس أداء الموردين وتتبعه وإعداد التقارير عنه وتفعيل جوانب المكافأة أو العقوبة في العقد، وضمان حصول المنظمة على قيمة مقابل المال من العقود.

أنشطة ممارسة إدارة الموردين
• فرض سياسة إدارة الموردين

• إنشاء وصيانة معايير وإجراءات اختيار الموردين وتقييم الأداء

• إنشاء وصيانة استراتيجية التوريد ومعايير تصنيف الموردين وفقًا لاستراتيجية التوريد

• تحديد متطلبات التوريد ومعايير التقييم لاختيار الموردين

• إنشاء وصيانة شروط وأحكام العقد القياسية

• تقييم الموردين واختيارهم

• تطوير العقود والتفاوض عليها والموافقة عليها

• مراجعة العقود وتجديدها وإنهائها

• تدقيق التزام الموردين بالعقد

• قياس أداء الموردين وإعداد التقارير عنه

• إنشاء وصيانة واستخدام إجراءات ضم الموردين وإخراجهم

• إنشاء وصيانة معايير قياس أداء الموردين

• التعاون وحل النزاعات مع الموردين

• صيانة البيانات في أنظمة معلومات إدارة الموردين

• تصنيف الموردين وإدارة المخاطر

• تحديد وتتبع وإعداد التقارير عن تدابير التحسين المستمر المتعلقة بالمورد ممارسات الإدارة أو الموردين.

أنواع التوريد

تحديد المصادر والاستراتيجية والعلاقات مع الموردين بإختلاف أنواعهم كالتالى:

- الاستعانة بمصادر داخلية.
- الاستعانة بمصادر خارجية.
- مصدر واحد أو الشراكة.
- مصادر متعددة.

عوامل نجاح ممارسة إدارة الموردين PSF

- التأكد من أن استراتيجية التوريد والمبادئ التوجيهية تدعم بشكل فعال استراتيجية المنظمة.

- ضمان إدارة علاقات الخدمة مع جميع الموردين والشركاء بشكل فعال وبما يتماشى مع اللوائح الداخلية والخارجية.

- ضمان التكامل الفعال لخدمات الطرف الثالث في منتجات وخدمات المنظمة.

عمليات إدارة الموردين

تتكون أنشطة ممارسة إدارة الموردين من عمليتين رئيسيتين:

- إدارة نهج مشترك لإدارة الموردين.
- إدارة مسار وظيفة الموردين.

إدارة نهج مشترك لإدارة الموردين

تتضمن الممارسة عددا من الأنشطة كما فى الشكل رقم (55) وتحول المدخلات إلى مخرجات.

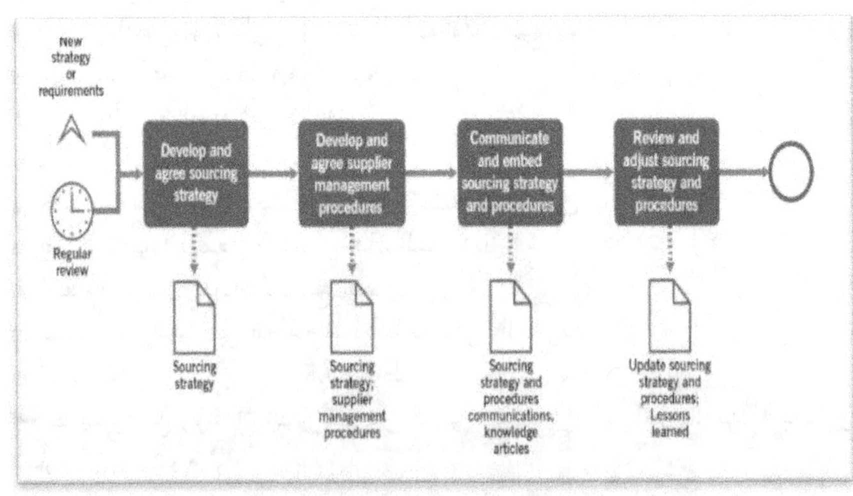

الشكل رقم (55) يبين مسار عملية إدارة نهج مشترك لإدارة الموردين.
ITIL4 Practices-AXELOS Copyright-2020.

<u>**المدخلات**</u>

- ➤ استراتيجية المنظمة.
- ➤ نوع علاقة الخدمة.
- ➤ الاعتبارات الميزانية/المالية والمعلومات ذات الصلة.
- ➤ المتطلبات القانونية والاعتبارات والمعلومات ذات الصلة.
- ➤ سياسة إدارة الموردين وعملية المنظمة.

<u>**المخرجات**</u>

- سياسة إدارة الموردين.
- سياسة التوريد.
- إجراءات البحث عن موردين جدد.
- معايير تقييم الموردين واختيارهم.
- إطار العمل التعاقدي.
- معايير الامتثال والتدقيق.
- إطار العمل التعاوني.
- مصفوفة اعتماد الموردين.

<u>**الأنشطة**</u>

- ➤ تطوير استراتيجية التوريد والموافقة عليها.
- ➤ تطوير إجراءات إدارة الموردين والموافقة عليها.
- ➤ التواصل ودمج استراتيجية التوريد والإجراءات.
- ➤ مراجعة وتعديل استراتيجية التوريد والإجراءات.

<u>**تطوير استراتيجية التوريد والموافقة عليها**</u>

- فئة الموردين وعلاقات الخدمة المعمول بها.
- معايير اختيار وتقييم الموردين.
- الامتثال للعقود واللوائح ومعايير التدقيق ودوريتها.
- آليات التعاقد والمكافأة والعقوبة.
- خيارات دمج/تفكك الخدمة.
- مبادئ توجيهية للتعاون و الإبلاغ والاتصال.
- معايير قياس الأداء.

<u>**تطوير إجراءات إدارة الموردين والموافقة عليها**</u>

- تحديد الموردين المتاحين.
- التواصل مع الموردين والتواصل بشأن الطلب.
- تقييم الموردين واختيارهم.
- التعاقد مع الموردين.
- ضم الموردين وإخراجهم.

- إدارة الاستهلاك ومراقبة أداء الموردين.
- تقييم الموردين ومراجعتهم.
- إدارة حوكمة الموردين والمخاطر والامتثال طوال مسار عمل المورد.

التواصل وتضمين استراتيجية التوريد والإجراءات

يجب إعداد ونشر الاتصالات الخارجية حول استراتيجية التوريد وإجراءات إدارة الموردين ونهج تكامل الخدمة والمبادئ والثقافة التنظيمية في القنوات المتفق عليها في الاستراتيجية.

يجب أيضًا صياغة ونشر التفاصيل الفنية للتكامل للموردين المحتملين يتضمن ذلك المعايير الفنية وطرق التكامل التي تستخدمها المنظمة.

مراجعة وتعديل استراتيجية التوريد والإجراءات

يراقب أصحاب المصلحة في إدارة الموردين ويراجعون تبني وامتثال وفعالية استراتيجية التوريد والإجراءات المتفق عليها.

إدارة مسار وظيفة الموردين

تتضمن عددا من الأنشطة كما فى الشكل رقم (56) وتحول المدخلات إلى مخرجات.

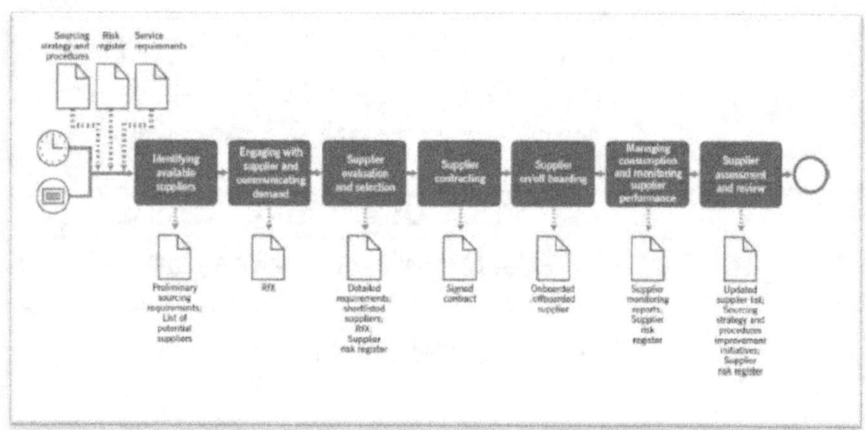

الشكل رقم (56) يبين إدارة مسار وظيفة الموردين.
ITIL4 Practices-AXELOS Copyright-2020.

المدخلات

- ➢ متطلبات العمل للتوريد.
- ➢ مواصفات الخدمة.
- ➢ متطلبات مستوى الخدمة.
- ➢ متطلبات استمرارية الخدمة.
- ➢ مقاييس وتقارير أداء الموردين.

- ➤ المتطلبات المالية/الميزانية.
- ➤ المتطلبات القانونية.
- ➤ تصنيف الموردين ومعايير اختيارهم.
- ➤ إطار العقد.
- ➤ معايير قياس أداء الموردين.
- ➤ مقاييس الأداء.
- ➤ منهجية القياس.
- ➤ منهجية إعداد التقارير.
- ➤ معايير الامتثال والتدقيق.
- ➤ متطلبات العقد الجديد أو التعديل.

المخرجات

- نماذج الطلبات بأنواعها.
- المورد المدرج في القائمة المختصرة.
- العقد الموقّع.
- مصفوفة اعتماد المورد المحدثة.
- معالجة نزاع المورد.
- مصفوفة اعتماد المورد المحدثة.
- كتالوج الخدمة المحدث.
- أعضاء فريق المورد المدرجين/المستبعدين.
- سجل المخاطر المحدث.
- منظمات الحوكمة.
- تقارير الأداء والالتزام والنزاعات وغيرها من التقارير المتعلقة بالموردين.
- النزاع المحلول.

الأنشطة

- تحديد الموردين المتاحين.
- التواصل مع الموردين والتواصل بشأن الطلب.
- تقييم الموردين واختيارهم.
- التعاقد مع الموردين.
- إضافة الموردين أو إلغاء التعاقد معهم.
- إدارة الاستهلاك ومراقبة أداء الموردين.
- تقييم الموردين ومراجعتهم.

علاقة إدارة الموردين بالعمليات الأخرى

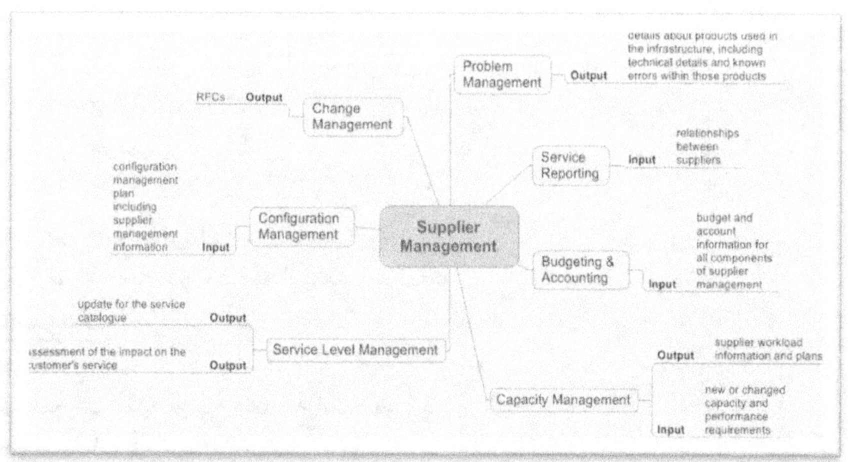

الشكل رقم (57) يبين علاقة إدارة الموردين بالعمليات الأخرى.
ISO/IEC 20000 Foundation-Ivanka Menken

إدارة التغيير
مخرجات طلبات تغيير.

إدارة التكوين
مدخل اخطة تتضمن معلومات الموردين.

إدارة مستوى الخدمة
مخرج تحديث كتالوج الخدمة و تقييم التأثير على خدمة العملاء.

إدارة القدرات
مخرج متطلبات القدرة و الأداء الجديدة أو المتغيرة.
مدخل معلومات و خطط عبء الموردين.

تقارير الخدمة
مدخل تقارير العلاقات بين الموردين.

إدارة المشكلات
مخرج تفاصيل حول المنتجات المستخدمة فى البنية التحتية بما فى ذلك التفاصيل الفنية و الأخطاء المعروفة فى تلك المنتجات.

الميزانية و المحاسبة
مدخل معلومات الميزانية عن جميع مكونات إدارة الموردين.

إدارة مستوى الخدمة
الغرض
الغرض من ممارسة إدارة مستوى الخدمة هو وضع أهداف واضحة قائمة على الأعمال لمستويات الخدمة، والتأكد من تقييم تقديم الخدمات ومراقبتها وإدارتها بشكل صحيح مقابل هذه الأهداف.

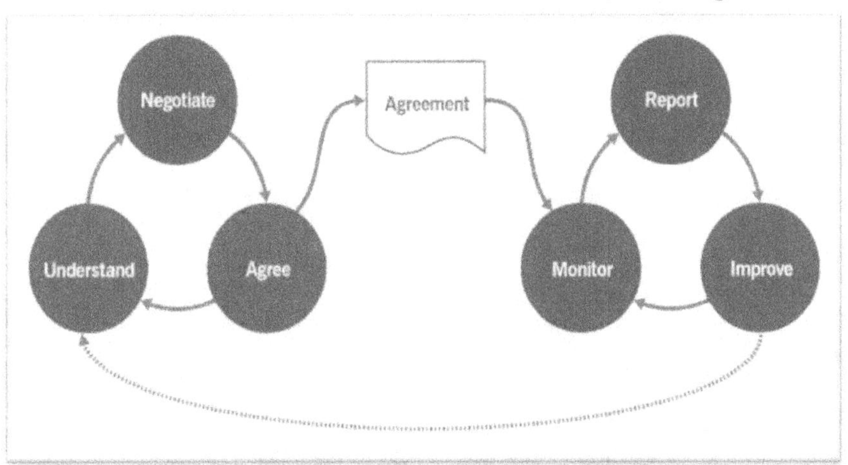

الشكل رقم (58) يبين أنشطة ممارسة إدارة مستوى الخدمة.
ITIL4 Practices-AXELOS Copyright-2020.

مصطلحات إدارة مستوى الخدمة
متطلبات مستوى الخدمة (SLR)
تسجيل تفصيلي لاحتياجات العميل، مما يشكل الأساس لمعايير التصميم للخدمة الجديدة أو المعدلة.

كتالوج الخدمة
دليل أو مجلد مدون به خدمات تكنولوجيا المعلومات المتاحة والمستويات الافتراضية والخيارات والأسعار وتحديد العمليات التجارية أو العملاء الذين يستخدمونها.

اتفاقية مستوى الخدمة (SLA)
اتفاقية بين مزود خدمة تكنولوجيا المعلومات والعميل. تصف اتفاقية مستوى الخدمة خدمة تكنولوجيا المعلومات، وتوثق أهداف مستوى الخدمة، وتحدد مسؤوليات موفر خدمة تكنولوجيا المعلومات والعميل.

اتفاقية المستوى التشغيلي (OLA)
اتفاقية داخلية مع وظيفة أخرى لنفس المنظمة والتي تدعم مزود خدمة تكنولوجيا المعلومات في تقديم الخدمات.

نموذج اتفاقية مستوى خدمة

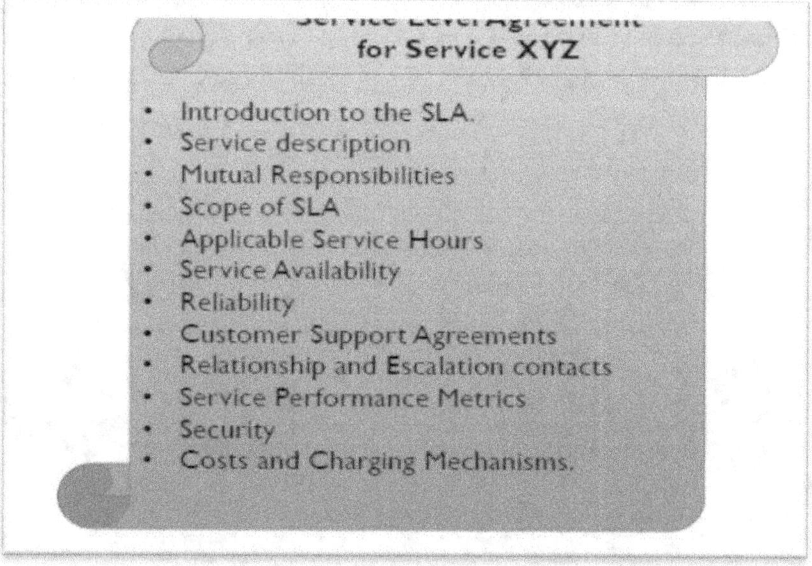

الشكل رقم(59) يبين نموذج اتفاقية مستوى الخدمة.
ITIL 4 FOUNDATION-MORWAN ELGASIM.

نطاق ممارسة إدارة مستوى الخدمة

● الاتصالات التكتيكية والتشغيلية مع العملاء فيما يتعلق بجودة الخدمة المتوقعة والمتفق عليها والفعلية فضلاً عن تجربة الخدمة الخاصة بهم.

● التفاوض على اتفاقيات مستوى الخدمة وإبرامها والحفاظ عليها مع العملاء

● فهم تصميم وهندسة الخدمات والتبعيات بين الخدمات وعناصر التكوين.

● المراجعة المستمرة لمستويات الخدمة المحققة مقارنة بمستويات الخدمة المتفق عليها والمتوقعة.

● بدء تحسينات الخدمة بما في ذلك تحسين الاتفاقيات والمراقبة و التقارير.

عوامل نجاح ممارسة إدارة مستوى الخدمة PSFs

● إنشاء رؤية مشتركة لمستويات الخدمة المستهدفة مع العملاء.

● الإشراف على كيفية تلبية المؤسسة لمستويات الخدمة المحددة بجمع وتحليل وتخزين وإعداد التقارير عن المقاييس ذات الصلة بالخدمات المحددة.

● إجراء مراجعات الخدمة لضمان استمرار مجموعة الخدمات الحالية في تلبية احتياجات المؤسسة وعملائها.

● رصد فرص التحسين وإعداد التقارير عنها و قياس الأداء مقارنة بمستويات الخدمة المحددة ورضا أصحاب المصلحة.

عمليات أنشطة إدارة مستوى الخدمة

- إدارة اتفاقيات مستوى الخدمة SLAs ودورة حياتها.
- الإشراف على مستويات الخدمة وجودة الخدمة.
- تتضمن إدارة مستوى الخدمة جمع وتحليل المعلومات من عدة مصادر:
  - إشراك العملاء.
  - ملاحظات العملاء.
  - المقاييس التشغيلية
  - مقاييس الأعمال.

إدارة اتفاقيات مستوى الخدمة SLAs

تتضمن هذه العملية عددا من الأنشطة كما فى الشكل رقم (60) وتحول المدخلات التالية إلى مخرجات.

المدخلات

- متطلبات العملاء.
- كتالوج الخدمة.
- مواصفات الخدمة.
- نماذج الخدمة ونماذج التكوين.
- الاتفاقيات مع الموردين والشركاء.
- آراء المستخدمين والعملاء.
- خطط التحسين والسجلات.
- المعلومات المالية.

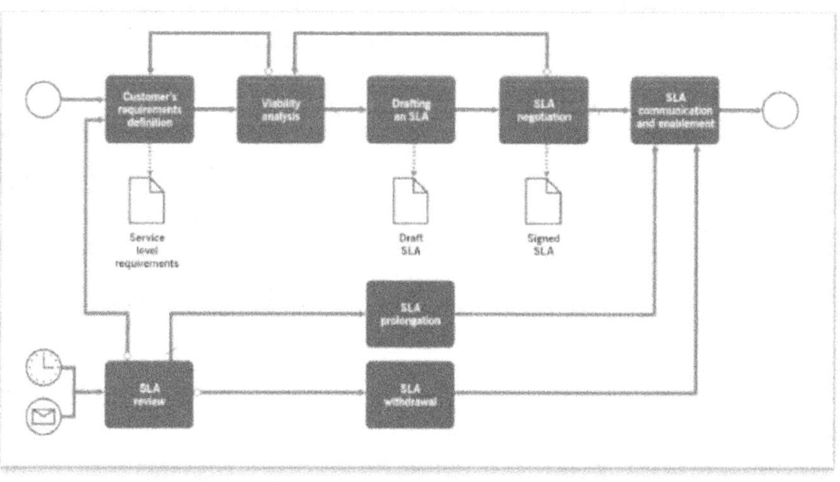

الشكل رقم (60) يبين مسار عملية إدارة إتفاقيات مستوى الخدمة.
ITIL4 Practices-AXELOS Copyright-2020.

111

المخرجات

- ➢ متطلبات مستوى الخدمة (موثقة).
- ➢ مسودات اتفاقيات مستوى الخدمة.
- ➢ اتفاقيات مستوى الخدمة الموقعة.
- ➢ اتصالات التوجيه.
- ➢ طلبات التغيير.
- ➢ اتفاقيات مستوى الخدمة الملغاة.

الأنشطة

- ➢ تحديد متطلبات العميل.
- ➢ تحليل الجدوى.
- ➢ صياغة اتفاقية مستوى الخدمة.
- ➢ التفاوض بشأن اتفاقية مستوى الخدمة.
- ➢ اتصالات اتفاقية مستوى الخدمة وتفعيلها.
- ➢ مراجعة اتفاقية مستوى الخدمة.
- ➢ تمديد اتفاقية مستوى الخدمة.
- ➢ سحب اتفاقية مستوى الخدمة.

عملية الإشراف على مستويات الخدمة وجودة الخدمة

- ◼ تركز هذه العملية على مراقبة ومراجعة مستويات الخدمة وجودة الخدمة. وليس على وثائق اتفاقيات مستوى الخدمة.
- ◼ يتم مراقبة جودة الخدمة وتقييمها.
- ◼ يحتاج مزود الخدمة إلى مراقبة وتحليل بيانات مستوى الخدمة المقاسة وردود الفعل من المستخدمين والعملاء لفهم جودة الخدمة بشكل أفضل.

تتضمن هذه العملية عددا من الأنشطة كما فى الشكل رقم (61) وتحول المدخلات التالية إلى مخرجات.

المدخلات

- ➢ بيانات أداء الخدمة.
- ➢ اتفاقية مستوى الخدمة.
- ➢ ملاحظات المستخدمين والعملاء، بما في ذلك الإطراءات والشكاوى.
- ➢ خطة تحسين الخدمة.

المخرجات

- ➢ لوحات معلومات وتقارير جودة الخدمة من مختلف الجهات المعنية.
- ➢ مبادرات تحسين الخدمة.

<u>الأنشطة</u>
- ⮞ استطلاعات رضا العملاء والمستخدمين.
- ⮞ مراقبة جودة الخدمة المستمرة.
- ⮞ مراجعة الخدمة.
- ⮞ إعداد تقارير جودة الخدمة.

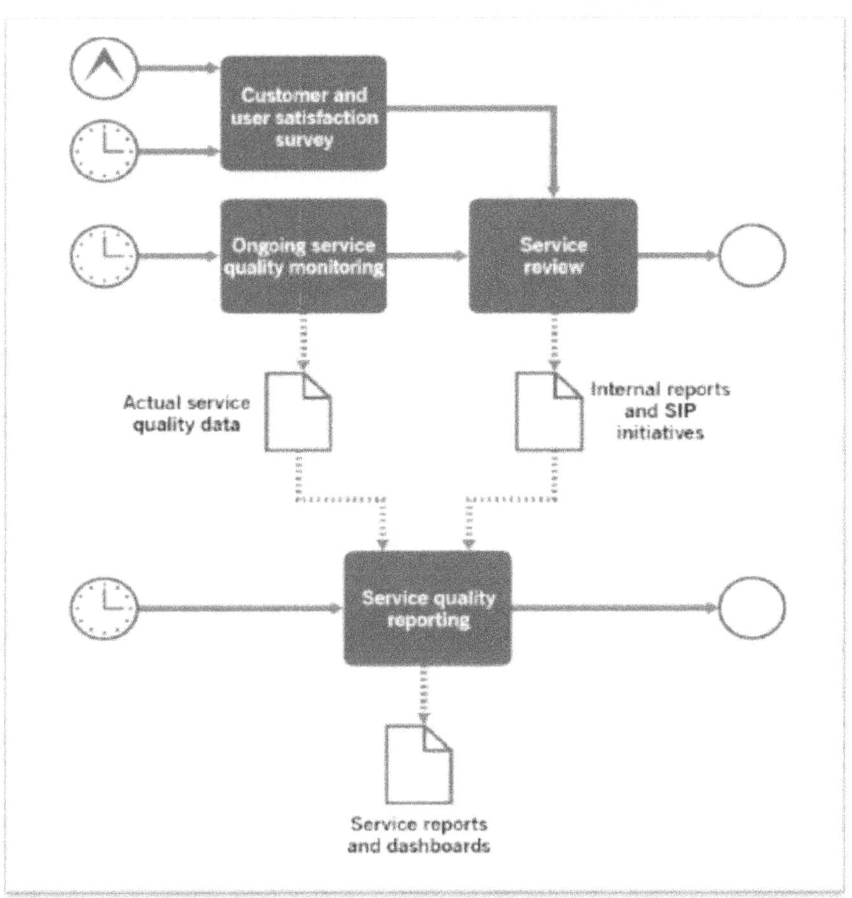

الشكل رقم (61) يبين مسار عملية الإشراف على مستويات الخدمة.
ITIL4 Practices-AXELOS Copyright-2020.

علاقة إدارة مستوى الخدمة بالعمليات الأخرى

الشكل رقم (62) يبين علاقة إدارة مستوى الخدمة بالعمليات الأخرى كما يلى:
<u>الميزانية والمحاسبة</u>
مدخل الميزانية المطلوبة لجميع مكونات اتفاقيات مستوى الخدمة.

113

إدارة القدرة

مدخل بيانات القدرة و الأداء وتقدم مخرج معلومات حمل التشغيل لزوم متطلبات مستوى الخدمة.

إدارة علاقات العمل

مدخل التغيرات التى طرأت على الخدمات و مستوياتها و نقط القوة و الضعف فى الخدمات.

مخرج تقارير مناقشات حول التغيرات المقترحة على الخدمات و اتفاقيات مستوى الخدمة و كتالوج الخدمة.

إدارة الموردين

مدخل تعديلات كتالوج الخدمة و تقييم الأثر على خدمة العملاء.

إدارة التغيير

مدخل طلبات التغييرو تقدم مخرج متطلبات إجراء تغييرات على اتفاقيات مستوى الخدمة و عقود أخرى.

إدارة توفر و استمرار الخدمة

مدخل مستندات الأثر على استمرار الخدمة قبل الإتفاق على متطلبات العميل و مستوى الخدمة لكل مجموعة عملاء و خدمات.

مخرج ما تحقق من مستويات الخدمات.

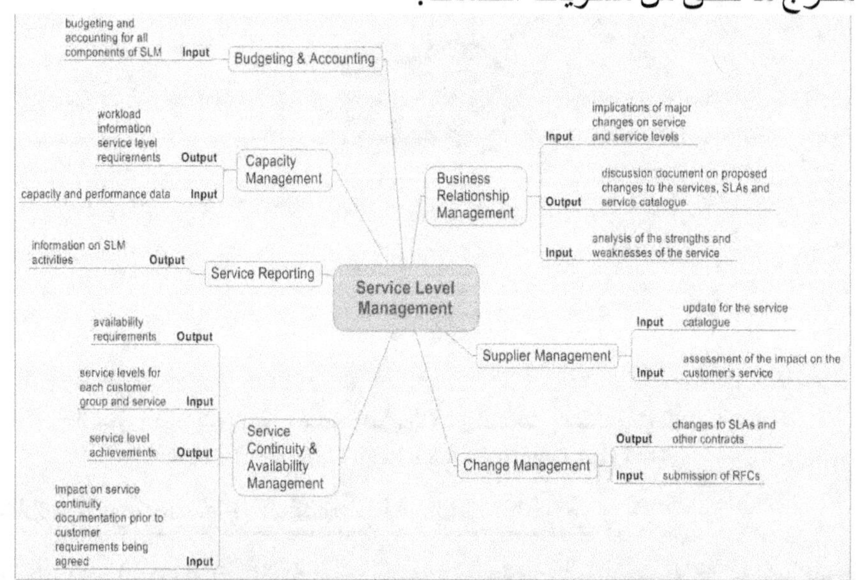

الشكل رقم (62) يبين علاقة إدارة مستوى الخدمة بالعمليات الأخرى.
ISO/IEC 20000 Foundation-Ivanka Menken

الفصل التاسع: عمليات العرض و الطلب

قائمة متطلبات هذا البند فى معيار الأيزو 20000

عملية الميزانية والمحاسبة للخدمات.

عملية إدارة القدرة.

المستندات المطلوبة لإجراءات التدقيق

عملية الميزانية و المحاسبة

سياسة إعداد الميزانية والمحاسبة.

نموذج تكلفة الخدمة.

عرض تقديمى لإعداد الميزانية والمحاسبة.

عملية إدارة القدرة

سياسة إدارة القدرات.

خطة إدارة القدرة.

عرض تقديمى لإدارة القدرات.

عملية الميزانية و المحاسبة (الإدارة المالية للخدمة).

الغرض

- الغرض من عملية الإدارة المالية للخدمة هو دعم استراتيجيات المنظمة وخططها لإدارة الخدمة من خلال ضمان استخدام الموارد المالية والاستثمارات للمنظمة بشكل فعال.

- تدعم ممارسة الإدارة المالية للخدمة اتخاذ القرار على العديد من مستويات المنظمة من خلال توفير معلومات مالية موثوقة.

- توفر الممارسة رؤية لأنشطة الميزانية والتكاليف والمحاسبة المتعلقة بالمنتجات والخدمات.

عناصر الإدارة المالية

- المحاسبة الإدارية.

- الميزانية.

- التحليل المالى و التمويل والتواصل بشكل فعال مع أصحاب المصلحة.

أهداف الإدارة المالية

- تساعد ممارسة الإدارة المالية للخدمة صناع القرار على فهم تكاليف المنتجات والخدمات الرقمية وتحسينها.

- دراسة و تحديد تكاليف الموارد المستخدمة لإنشاء وتقديم المنتجات والخدمات.

- دراسة و تحديد توزيع الموارد (وتكاليفها) بين المنتجات والخدمات.

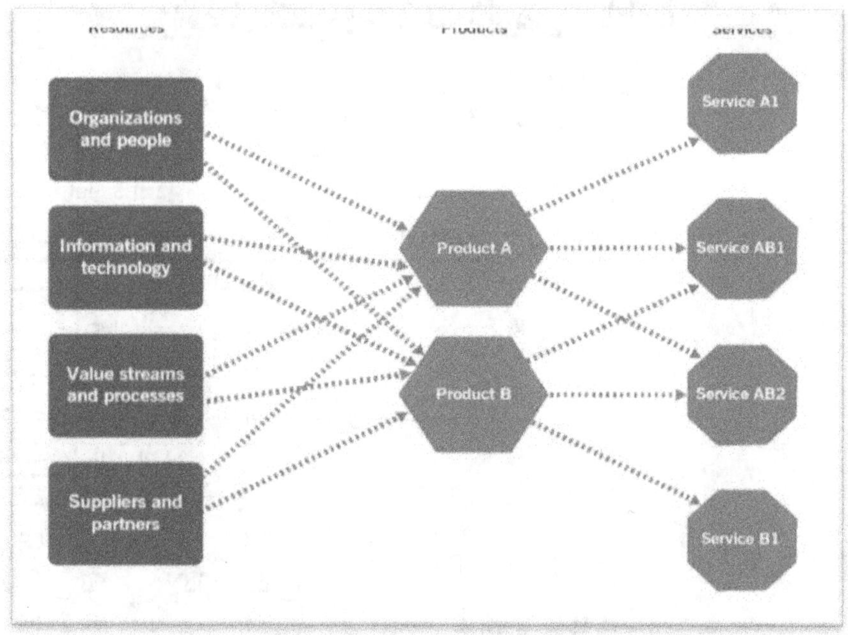

الشكل رقم (63) يبين تكاليف و الموارد و المنتجات و الخدمات.
ITIL4 Practices-AXELOS Copyright-2020.

<u>أهداف الإدارة المالية</u>
- تحسين تخطيط وشراء واستخدام الموارد.
- تحسين قرارات المحفظة.
- تخطيط وتحسين ومراقبة الميزانيات.
- تحسين الشحن.
- مواءمة الموارد والمنتجات والخدمات الرقمية وموارد تكنولوجيا المعلومات مع الاستراتيجية التنظيمية.

<u>عوامل نجاح ممارسة الإدارة المالية PSF</u>
- التأكد من أن الإدارة المالية للخدمة تدعم استراتيجية المنظمة الشاملة ومتطلبات أصحاب المصلحة.
- التأكد من توفر المعلومات الموثوقة حسب الحاجة لدعم عملية صنع القرار.

<u>نطاق ممارسة الإدارة المالية للخدمة</u>
- تحديد وإبلاغ نهج المنظمة للإدارة المالية للخدمة.
- تخطيط التكاليف المتعلقة بالمنتجات والخدمات والتمويل وإعلان و إفصاح و نشر والتحكم في الميزانيات.
- مراقبة التكاليف الفعلية وتمويل المنتجات والخدمات.
- تحليل البيانات المالية وتوفير المعلومات لاتخاذ القرار.

عمليات ممارسة الإدارة المالية للخدمة

- إدارة نهج المنظمة في الإدارة المالية للخدمة.
- التخطيط المالي.
- المحاسبة الإدارية.

إدارة نهج المنظمة في الإدارة المالية للخدمات

نموذج مزود خدمة تكنولوجيا المعلومات الداخلي ضمن المنظمة الأم

تركز هذه العملية على تحديد وإقرار وتوصيل نهج المنظمة في إدارة الشؤون المالية للخدمة وتضمين نهج تدفقات القيمة والممارسات الخاصة بالمنظمة. تتضمن هذه العملية عددا من الأنشطة كما فى الشكل رقم (64) وتحول المدخلات إلى مخرجات.

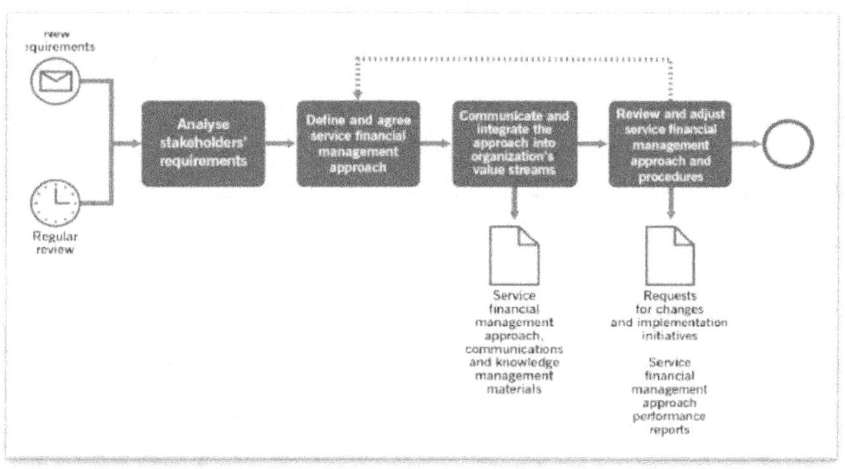

الشكل رقم (64) يبين مسار عمل نهج المنظمة فى الإدارة المالية للخدمات.
ITIL4 Practices-AXELOS Copyright-2020.

المدخلات

- الهياكل التنظيمية.
- متطلبات أصحاب المصلحة.
- الهيكل التنظيمي.
- محافظ المؤسسة.
- كتالوج خدمات المؤسسة.
- بيانات أصول تكنولوجيا المعلومات.
- بيانات تكوين الخدمة.
- العقود والاتفاقيات مع الموردين ومستهلكي الخدمة.
- سياسات وأساليب وبيانات الإدارة المالية والمحاسبية للمؤسسة.

<u>المخرجات</u>

- ➢ نهج إدارة الشؤون المالية للخدمة.
- ➢ نماذج التكلفة والميزانية.
- ➢ اتصالات إدارة الشؤون المالية للخدمة ومواد إدارة المعرفة.
- ➢ طلبات التغييرات ومبادرات التنفيذ.
- ➢ تقارير أداء نهج إدارة الشؤون المالية للخدمة.

<u>الأنشطة</u>

- ➢ تحليل متطلبات أصحاب المصلحة.
- ➢ تحديد وإقرار نهج إدارة الشؤون المالية للخدمة.
- ➢ التواصل ودمج نهج إدارة الشؤون المالية للخدمة في تدفقات القيمة للمنظمة.
- ➢ مراجعة وتعديل نهج وإجراءات إدارة الشؤون المالية للخدمة.

<u>تحليل متطلبات أصحاب المصلحة</u>

- يحدد فريق قيادة تكنولوجيا المعلومات أصحاب المصلحة المهتمين بمعلومات إدارة الخدمات المالية حول المنتجات والخدمات الرقمية.

- يجمع الفريق ويحلل متطلبات أصحاب المصلحة و يقرر القائد التنفيذي لمزود خدمة تكنولوجيا المعلومات (مثل مدير المعلومات أو مدير تكنولوجيا المعلومات) ما إذا كان ينبغي تطوير النهج بشكل أكبر.

- إذا قرروا المضي قدمًا يشكل القائد فريقًا لتطوير وتنفيذ النهج (أو تعديلات على النهج الحالي).

- يضم الفريق مديري المنتجات والخدمات والمهندسين المعماريين ومتخصصي الإدارة المالية.

- قد يتم إشراك مستشارين خارجيين لاستشارة الفريق.

<u>تحديد وإقرار نهج الإدارة المالية للخدمة</u>

يناقش فريق الإدارة المالية ويوافق على نهج إدارة تكوين الخدمات، بما في ذلك نماذج التكلفة ونماذج الميزانية والسياسات والإجراءات وهياكل البيانات والأدوار والمسؤوليات وما إلى ذلك.

يتم مناقشة النهج والموافقة عليه من قبل أصحاب المصلحة الرئيسيين، بما في ذلك خبراء الإدارة المالية وقادة المنظمة الأم.

<u>التواصل ودمج نهج الإدارة المالية للخدمات في تدفقات القيمة للمنظمة</u>

يتم إبلاغ نهج الإدارة المالية للخدمات المتفق عليه ومناقشته مع أصحاب المصلحة عبر مزود خدمة تكنولوجيا المعلومات.

يشمل هؤلاء عادةً الممارسين الذين سيشاركون في أنشطة إدارة الخدمات

المالية، والخبراء الفنيين المشاركين في أتمتة الممارسة، والفرق المهتمة أو المتأثرة الأخرى.

يتم تنفيذ نهج الإدارة المالية للخدمات بالتزامن مع إدارة أصول تكنولوجيا المعلومات، وإدارة تكوين الخدمة، وإدارة الموردين، وتمكين التغيير، وإدارة المشروعات، وإدارة التغيير التنظيمي، وإدارة القوى العاملة والمواهب، وإدارة البنية الأساسية والمنصات، وممارسات تطوير وإدارة البرمجيات، من بين أمور أخرى.

مراجعة وتعديل نهج وإجراءات الإدارة المالية للخدمات

- يراقب ويراجع مديرو الخدمات المالية ومدير خدمات تكنولوجيا المعلومات تبني وامتثال وفعالية نهج وإجراءات الإدارة المالية المتفق عليها.

- يتم ذلك على أساس الحدث (مثل الطلبات غير القياسية للمعلومات، والأخطاء المحددة، والمتطلبات الجديدة، وما إلى ذلك) أوعلى أساس الفاصل الزمني.

- بناءً على المراجعات يتم البدء في إجراء تغييرات في النهج و تنفيذه العملي.

- يتم استخدام النتائج كمدخلات للتحسين المستمر لممارسة الإدارة المالية

التخطيط المالي

تركز هذه العملية على تقدير تكاليف المنظمة وإيراداتها والموافقة على الميزانيات واعتمادها والتأكد من تنفيذ الميزانيات بشكل صحيح.

تتضمن هذه العملية عددا من الأنشطة كما فى الشكل (65) وتحول المدخلات إلى مخرجات.

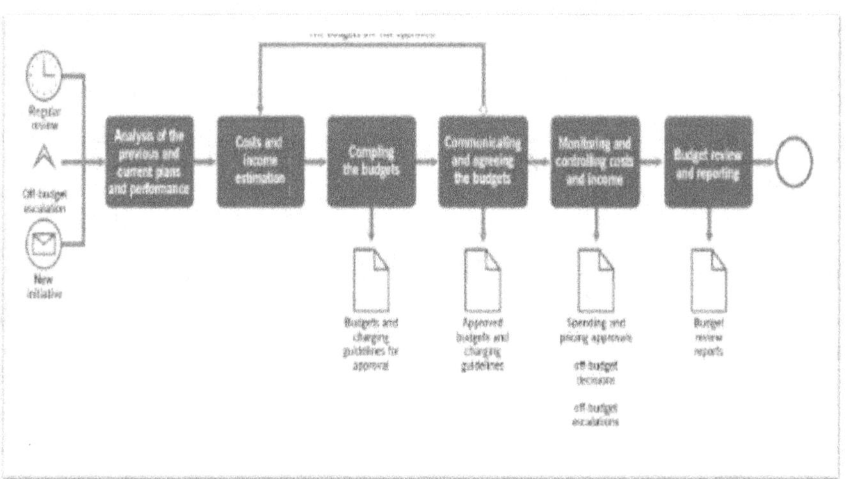

الشكل رقم (65) يبين مسار عمل التخطيط المالى.
ITIL4 Practices-AXELOS Copyright-2020.

<u>**المدخلات**</u>

نهج الإدارة المالية للخدمات.

الخطط والميزانيات والاتفاقيات والعقود السابقة والحالية.

بيانات الأداء المالية الأخرى ذات الصلة.

سجلات المعاملات المالية.

<u>**المخرجات**</u>

الميزانيات.

تقارير تنفيذ الميزانية الجارية والدورية.

تقييمات و موافقات قرارات الإنفاق.

تقارير مراجعة الميزانية.

<u>**الأنشطة**</u>

تحليل الخطط والأداء السابقة والحالية.

تقدير التكاليف والدخل.

إعداد الميزانيات.

التواصل والموافقة على الميزانيات.

مراقبة التكاليف والدخل والتحكم فيهما.

مراجعة الميزانية وإعداد التقارير عنها.

<u>**تحليل الخطط والأداء (سابقا وحاليا)**</u>

يقوم فريق الخدمات المالية بتحليل المعلومات المالية المتاحة للخدمة كما يلى:

- خطط العمل الحالية والسابقة وتقارير الأداء.
- الميزانيات الحالية والسابقة وتقارير مراجعة الميزانية.
- السجلات المالية.
- تقارير أداء المنتج والخدمة وتوقعات القدرة.
- تقارير أداء الموردين والعقود والاتفاقيات الحالية والمخطط لها.
- تقارير أداء الخدمة واتفاقيات مستوى الخدمة الحالية والمستقبلية.
- معلومات أخرى ذات صلة.
- يتم استخدام التحليل الناتج لتقدير التكلفة والدخل.

<u>**تقدير التكاليف والدخل**</u>

بناءً على التحليل يقوم فريق الخدمات المالية (أو مجموعة الميزانية المخصصة له) بتقدير التكاليف والدخل للعمليات المخطط لها.

قد تتضمن تقديرات الدخل توصيات الشحن.

قد تشارك الفرق ذات الصلة في وضع التقديرات أو مراجعتها أو تأكيدها.

<u>تجميع الميزانيات</u>

يقوم الفريق بتجميع التقديرات في الميزانيات وفقًا لنموذج الميزانية.

<u>التواصل والموافقة على الميزانيات</u>

- يتم تقديم الميزانيات الناتجة إلى السلطات المعنية وأصحاب المصلحة.
- يتم مناقشة الميزانيات والموافقةعليها.
- إذا لم تتم الموافقة عليها يتم إرجاع الميزانيات إلى خطوة التقدير مع التعليقات والتوصيات.
- يتم إبلاغ الفرق المعنية بالميزانيات المعتمدة للتنفيذ.
- تتم مناقشة إرشادات الشحن والموافقة عليها أو عدم الموافقة عليها وإعادتها لإعادة التقدير أو إعلانها للتنفيذ.

<u>مراقبة التكاليف والدخل والتحكم فيها</u>

- يراقب مديرو المالية في الخدمة ومسئولو الميزانية كيفية تنفيذ الميزانيات.
- وفقًا لنهج الإدارة المالية للخدمة المتفق عليه يتم تحديد طلبات الإنفاق.
- يمكن لمديري المالية في الخدمة أو السلطات الأخرى المتفق عليها أيضًا تعديل الميزانيات ضمن التسامح المتفق عليه من خلال الموافقة على الإنفاق أو التسعير خارج الميزانية.
- يقوم مديرو الشؤون المالية للخدمة بتصعيد المخاطر وحالات الخروج عن الحدود المسموح بها فى الميزانية.

<u>مراجعة الميزانية وإعداد التقارير عنها</u>

- في حالة التجاوزات الكبيرة عن الميزانيات المتفق عليها، يقوم فريق الإدارة المالية للخدمة (أو مجموعة الميزانية المخصصة له) بمراجعة الميزانيات المتأثرة وبدء دورة تخطيط جديدة.
- يتم تنفيذ ذلك أ في نهاية المبادرات والفترات الميزانية وعلى أساس منتظم اعتمادًا على تقلب البيئة ذات الصلة وأداء الميزانيات المتفق عليها.

المحاسبة الإدارية

تشمل عددا من الأنشطة كما فى الشكل (66) وتحول المدخلات إلى مخرجات.

<u>الأنشطة</u>

- تحديد التكاليف وتسجيلها.
- تحديد نموذج تخصيص التكاليف.
- اتباع نموذج تخصيص التكاليف.
- إدارة الاستثناءات.
- توفير تقارير قياسية ومخصصة.

أنشطة عملية المحاسبة الإدارية

تحديد التكاليف وتسجيلها

وفقًا لنهج الإدارة المالية المتفق عليه للخدمة يقوم مديرو الخدمات المالية بتحديد البيانات المتعلقة بالتكاليف و تسجيلها.

يمكن أتمتة هذه المهمة وقد تكون المعالجة اليدوية للسجلات المالية مطلوبة.

اختيار نموذج تخصيص التكاليف

يختار مديرو الخدمات المالية نموذج تكلفة من بين النماذج التي حددها نهج الإدارة المالية للخدمة لتناسب متطلبات أصحاب المصلحة.

متابعة نموذج تخصيص التكاليف

وفقًا لنموذج التكلفة المحدد يقوم مديرو الخدمات المالية بتصنيف التكاليف وتخصيصها لإنتاج المعلومات المطلوبة لاتخاذ القرار.

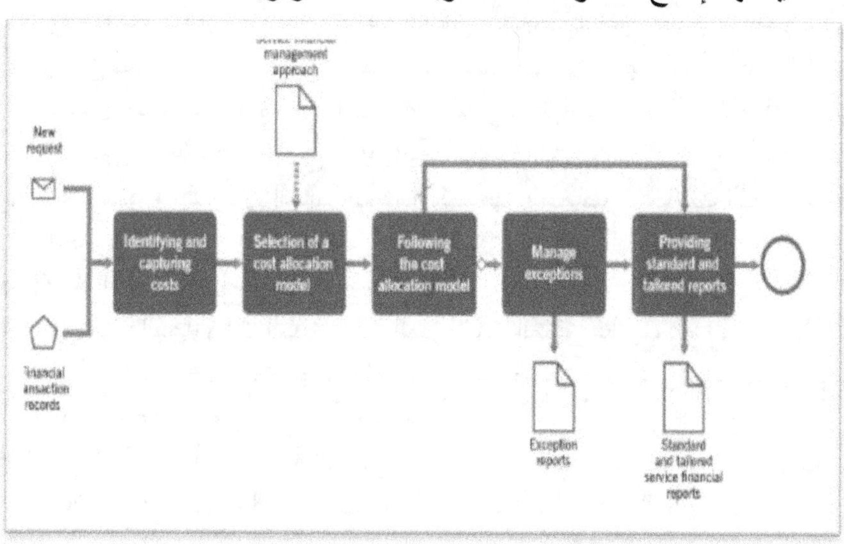

الشكل رقم (66) يبين مسار عمل المحاسبة الإدارية.
ITIL4 Practices-AXELOS Copyright-2020.

إدارة الاستثناءات

يجوز لمديري الخدمات المالية التجاوز (في حدود التسامح المتفق عليها) عن النموذج المعتمد من أجل تلبية متطلبات أصحاب المصلحة للعلم بشكل أفضل.

يتم الإبلاغ عن كل استثناء كمدخلات للتحسين المستمر لنهج الإدارة المالية.

توفير تقارير قياسية ومخصصة

يتم تقديم المعلومات المطلوبة إلى أصحاب المصلحة المعنيين في شكل لوحات معلومات أو تقارير تشغيلية أو تقارير تحليلية بما يتماشى مع نموذج التكلفة.

يمكن أتمتة هذه المهمة إلى حد كبيرولكن قد يكون من الضروري في بعض الأحيان إنشاء تقارير يدوية وخاصة للتقارير التحليلية.

أنشطة الموازنات

- تقوم إدارة تكنولوجيا المعلومات بوضع الموازنات الإستثمارية و التشغيلية في مرحلة إعدادها كل عام فى المؤسسة.

- يتم وضع آليات تخطيط ومراقبة الأنشطة و الأعمال وفقا لإحتياجات البنود المخططة.

- يأخذ التخطيط المؤسسي والاستراتيجي في الاعتبار الأهداف طويلة المدى للمؤسسة.

- تحدد الميزانية الخطط المالية لتحقيق تلك الأهداف خلال الفترة التي تغطيها الميزانية.

- تحدد المحاسبة تكاليف الأعمال التي تكون إدارة تكنولوجيا المعلومات مسؤولة عنها سواء الأعمال الخدمية داخل المؤسسة أو الأعمال التجارية خارج المؤسسة وقد لا يتم تحميلها على العملاء.

- توضع سياسات وعمليات واضحة لإعداد الميزانية والمحاسبة لجميع مكونات الخدمات ويتم تحديد التكاليف غير المباشرة و المباشرة للخدمات والتراخيص.

- يتم إدراج التكاليف في الميزانية بتفاصيل كافية لتمكين إجراءات الرقابة المالية الفعالة واتخاذ القرارات.

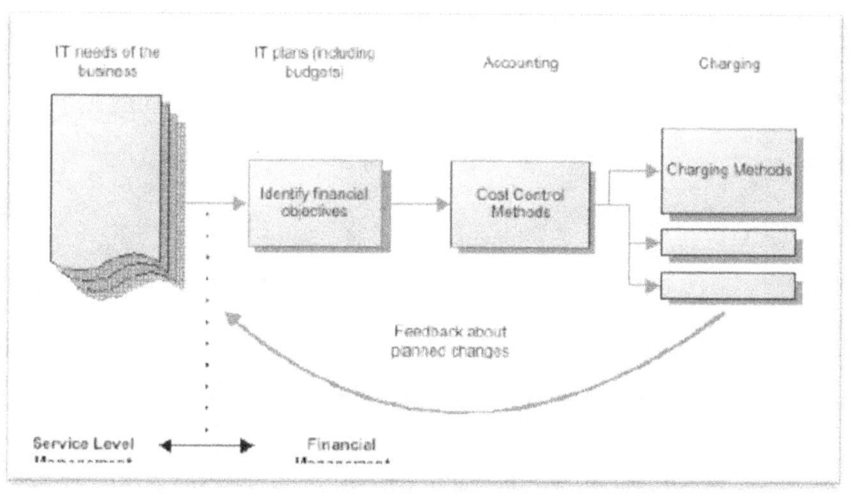

الشكل رقم (67) يبين عمليات الميزانية و المحاسبة.
ISO/IEC 20000 Foundation-Ivanka Menken

123

علاقة إدارة الميزانية و المحاسبة بالعمليات الأخرى

الشكل رقم (68) يبين علاقة الميزانية و المحاسبة بالعمليات الأخرى كما يلى:

جميع العمليات

تقدم مخرج معلومات ذات الصلة بالميزانية و المحاسبة لكل عملية.

إدارة التغيير

تقدم مخرج التكاليف المعتمدة التى تم صرفها للتغييرات.

إدارة التكوين

تتلقى مدخل معلومات مالية عن عمليات محاسبة المكونات و الأصول المالية.
تقدم مخرج الميزانيات المطلوبة لجميع مكونات التكوين.

إدارة التقارير

تقدم مدخل تقارير معلومات الميزانية و المحاسبة.

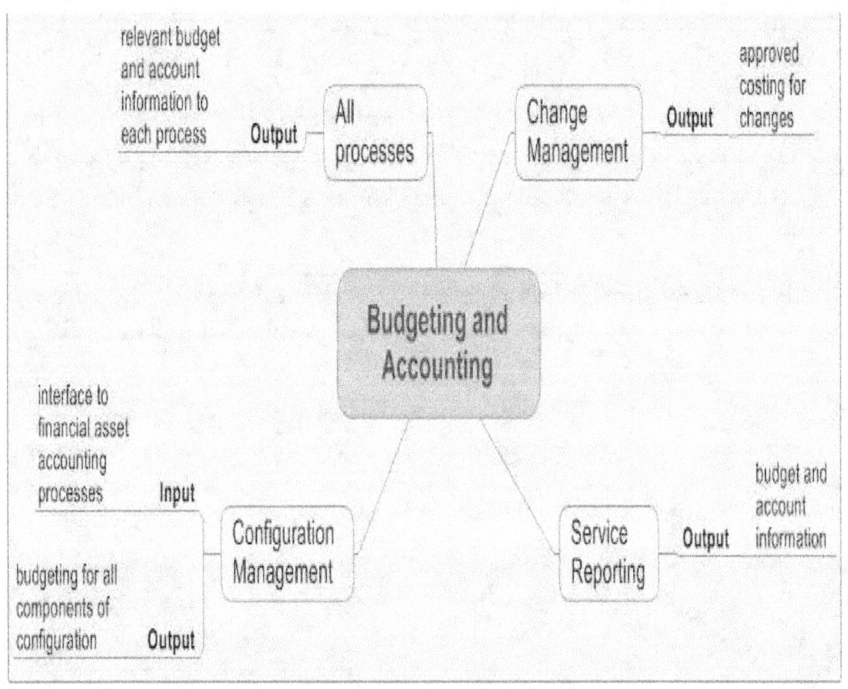

الشكل رقم (68) يبين علاقة الميزانية و المحاسبة بالعمليات الأخرى.
ISO/IEC 20000 Foundation-Ivanka Menken

إدارة القدرة والأداء

الغرض

الغرض من ممارسة إدارة القدرة والأداء هو ضمان أن الخدمات تحقق الأداء المتفق عليه والمتوقع، وتلبية الطلب الحالي والمستقبلي بطريقة فعالة من حيث التكلفة.

الأداء:

مقياس لما يتم تحقيقه أو تقديمه بواسطة نظام أو شخص أو فريق أو ممارسة أو خدمة.

نطاق إدارة القدرات والأداء

- التفاوض والاتفاق على متطلبات العملاء من حيث القدرة والأداء.
- تصميم ضوابط القدرة والأداء كجزء من نموذج الخدمة.
- مواءمة ضوابط القدرات والأداء مع بنية الأعمال.
- تحديد المخاطر المرتبطة بالقدرة والأداء.
- تحليل آثار التغييرات على أهداف القدرات والأداء.
- مراقبة قدرة وأداء الخدمات.
- تبرير القدرات الجديدة وضوابط الأداء.
- تنفيذ تدابير تخفيف المخاطر وتغيير البنية التحتية للخدمة لضمان المرونة.
- اختبار ضوابط السعة والأداء أثناء انتقال الخدمة.
- الرد على الأحداث التي قد تؤثر على قدرة المنظمة على تحقيق أهداف القدرات والأداء.
- إدارة حوادث القدرات والأداء.
- إدارة وتنفيذ التحسينات المتعلقة بالقدرة والأداء على أساس مستمر.

عوامل نجاح ممارسة إدارة القدرة والأداء PSFs

- تحديد قدرة الخدمة ومتطلبات الأداء.
- قياس وتقييم وإعداد التقارير عن أداء الخدمة وقدراتها.
- معالجة مخاطر أداء الخدمة والقدرة.

عمليات أنشطة ممارسة إدارة القدرة

- عملية التحكم فى القدرة والأداء.
- تحليل وتحسين قدرة الخدمة والأداء.

عملية التحكم فى القدرة والأداء

تتضمن هذه العملية عددا من الأنشطة كما فى الشكل رقم (69) وتحول المدخلات التالية إلى مخرجات.

المدخلات

- احتياجات العمل.
- أداء العمليات التجارية وحجم المعاملات وأنماط النشاط والتوقعات.
- متطلبات ومعايير الشركة المصنعة لمكونات الخدمة.
- إطار مراقبة وقياس الخدمة.
- إطار الإبلاغ عن الخدمة.
- اتفاقيات مستوى الخدمة.
- بيانات أداء الخدمة والمكونات الحالية.

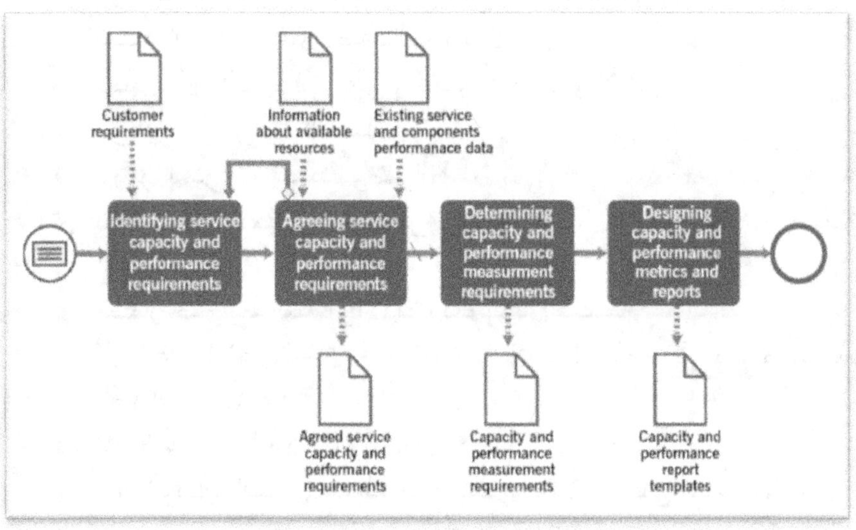

الشكل رقم (69) يبين مسار عملية إنشاء التحكم فى القدرة و الأداء.
ITIL4 Practices-AXELOS Copyright-2020.

المخرجات

- متطلبات الخدمة والمكونات المحددة والمتفق عليها والموثقة.
- متطلبات قياس القدرة والأداء.
- إعداد خطوط الأساس للأداء والقدرات والمقاييس والتنبيهات والحدود والتقارير في مجموعة أدوات المراقبة.
- أدوات التحكم في القياس الآلي.

الأنشطة

- تحديد قدرة الخدمة ومتطلبات الأداء.
- الموافقة على سعة الخدمة ومتطلبات الأداء.
- تحديد متطلبات قياس القدرات والأداء.
- تصميم مقاييس وتقارير القدرات والأداء.

عملية تحليل وتحسين قدرة الخدمة والأداء

تتضمن هذه العملية عددا من الأنشطة كما فى الشكل رقم (70) وتحول المدخلات التالية إلى مخرجات.

المدخلات

- تقارير وتنبيهات القدرة والأداء.
- تصميمات الخدمة الجديدة والبنى المقترحة.
- سجلات الحوادث والمشاكل المتعلقة بالأداء.
- جدول التغيير.

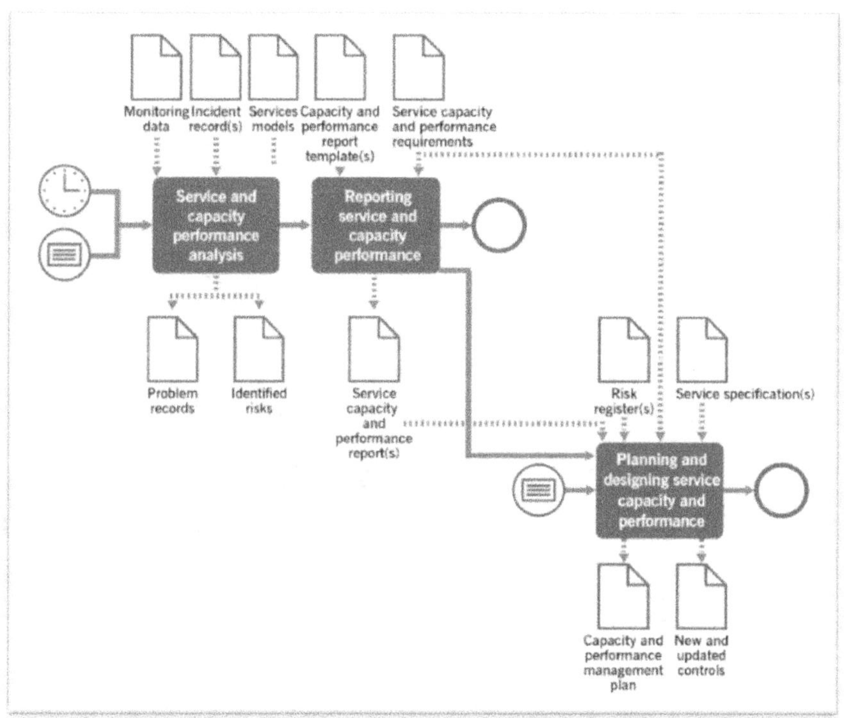

الشكل رقم (70) يبين مسار عملية تحليل و تحسين القدرة و الأداء.
ITIL4 Practices-AXELOS Copyright-2020.

<u>**المخرجات**</u>
- مبادرات التحسين المقدمة إلى سجل التحسين المستمر (CIR).
- تصميم الخدمة ومراجعة الهندسة المعمارية والتوصيات.
- الاتصالات المستمرة مع تصميم الخدمة والممارسات التشغيلية.
- تحديثات تخطيط ميزانية تكنولوجيا المعلومات.

<u>**الأنشطة**</u>
- تحليل قدرة وأداء الخدمة.
- إعداد التقارير عن قدرة الخدمة والأداء.
- تخطيط وتصميم قدرة الخدمة والأداء.

علاقة إدارة القدرة بالعمليات الأخرى

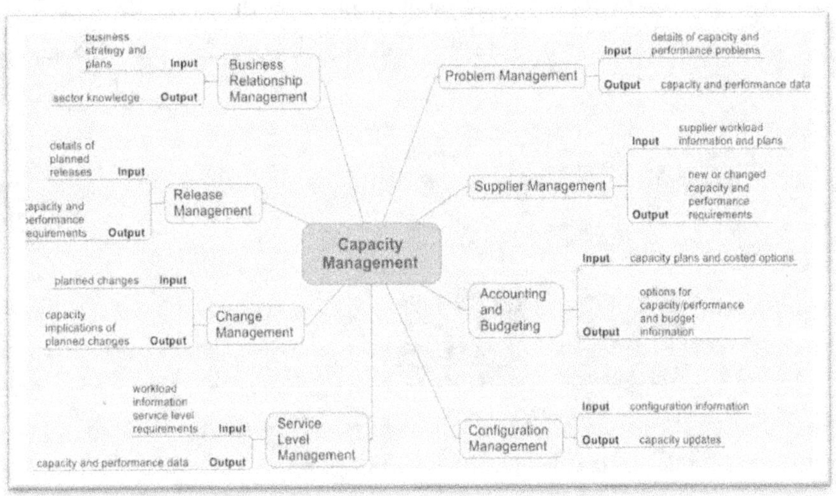

الشكل رقم (71) يبين علاقة إدارة القدرة بالعمليات الأخرى.
ISO/IEC 20000 Foundation-Ivanka Menken

الشكل رقم (71) يبين علاقة إدارة القدرة بالعمليات الأخرى كما يلى:
<u>**إدارة العلاقات التجارية**</u>
مدخل استراتيجية و خطط العمل.
مخرج تقديم المعرفة و المعلومات عن قطاع مجالات الأعمال.
<u>**إدارة الإصدار**</u>
مدخل تفاصيل الإصدارات المخطط لها.
مخرج متطلبات القدرة و الأداء.
<u>**إدارة التغيير**</u>
مدخل التغييرات المخطط لها.

مخرج الآثار المترتبة على القدرات نتسجة التغييرات المخطط لها.

إدارة مستوى الخدمة

مدخل متطلبات مستوى الخدمة و عبء العمل.

مخرج بيانات القدرة و الأداء.

إدارة المشكلات

مدخل تفاصيل مشاكل القدرة و الأداء.

مخرج بيانات القدرة و الأداء.

إدارة الموردين

مدخل تقديم معلومات و خطط عبء عمل الموردين.

مخرج متطلبات القدرة و الأداء للخدمات الجديدة أو المتغيرة.

إدارة التكوين

مدخل تحديثات التكوين.

مخرج معلومات التكوين.

المحاسبة و الميزانية

مدخل خطط القدرات و الخيارات ذات التكاليف.

مخرج معلومات الميزانية عن خيارات القدرة و الأداء.

الفصل العاشر: تصميم و بناء و انتقال الخدمة

قائمة متطلبات هذا البند في معيار الأيزو 20000

عملية إدارة التغيير.

عملية تصميم وانتقال الخدمات الجديدة أو المتغيرة.

عملية إدارة الإصدار والنشر.

المستندات المطلوبة لإجراءات التدقيق

عملية إدارة التغيير

سياسة إدارة التغيير.

نموذج طلب التغيير.

عرض تقديمي لإدارة التغيير.

عملية تصميم وانتقال الخدمات الجديدة أو المتغيرة.

سياسة تصميم وانتقال الخدمات الجديدة أو المتغيرة.

مواصفات متطلبات الخدمة.

مواصفات تصميم الخدمة.

قائمة مراجعة قبول الخدمة.

عرض تقديمي لعملية تصميم الخدمة.

عملية إدارة الإصدار والنشر.

سياسة إدارة الإصدار والنشر.

خطة الإصدار والنشر.

كتالوج البرامج.

عرض تقديمي لإدارة الإصدار والنشر.

عملية إدارة المشروعات و البرامج

- تنص المعايير على أنه يجب التحكم في كل تغيير بما في ذلك التغييرات الكبيرة من خلال عملية إدارة التغيير.

- بالنسبة للتغييرات التي يكون لها تأثير كبير على الخدمات أو العميل فإن التنفيذ يحتاج إلى التخطيط بمزيد من التفصيل مع تحديد المتطلبات والتصميم والقبول بعناية ومراجعتها على نطاق أوسع.

- يتم إدارة التغييرات الكبرى بشكل أفضل داخل بيئة المشروع نظرًا لأنها تنطوي على درجة من التحكم والإشراف لا يتطلبها التغيير الأصغر.

- المشروع الكبير سيكون له رقم تغيير داخل عملية إدارة التغيير.

عملية إدارة التغيير
تمكين التغيير في أيتل4
الغرض

زيادة عدد التغييرات الناجحة في الخدمة والمنتجات من خلال التأكد من تقييم المخاطر بشكل صحيح، وتفويض التغييرات للمضي قدمًا، وإدارة جدول التغيير.

فرضيات ممارسة تمكين التغيير

● يتم التخطيط للتغييرات وتحقيقها في سياق تدفقات القيمة.

يتم دمج الممارسة في تدفقات القيمة وتضمن أن تكون التغييرات فعالة وآمنة وفي الوقت المناسب من أجل تلبية توقعات أصحاب المصلحة.

● لا تهدف الممارسة إلى توحيد جميع التغييرات المخطط لها والمنفذة في منظمة في صورة واحدة كبيرة: في بيئة رقمية، حيث قد تحدث مئات التغييرات في وقت واحد، فإن هذا ليس ممكنًا ولا مطلوبًا.

● يجب أن تركز الممارسة على موازنة الفعالية والإنتاجية والامتثال والتحكم في المخاطر لجميع التغييرات في النطاق المحدد.

التغيير:
إضافة أو تعديل أو إزالة أي شيء يمكن أن يكون له تأثير مباشر أو غير مباشر على الخدمات.

سلطة التغيير
الشخص أو المجموعة المسؤولة عن تفويض التغيير.

نموذج التغيير
نهج قابل للتكرار لإدارة نوع معين من التغيير.

عوامل تعريف نماذج التغيير
● الأنظمة/التقنيات التي يجب تغييرها.

● حجم التغيير

● المواقع/الأقاليم

● العملاء

● المتطلبات التنظيمية التي تؤثر على التغيير.

التغيير القياسي
تغيير منخفض المخاطر ومصرح به مسبقًا ومفهوم جيدًا وموثق بالكامل ويمكن تنفيذه دون الحاجة إلى إذن إضافي.

أمثلة التغيير القياسي
- تلبية طلب الخدمة
- صيانة البنية الأساسية
- الاختبار الروتيني للتدابير الطارئة
- تحديثات البرامج الروتينية.

أمثلة التغيير القياسي في المواقف التي تتسم بمستويات أعلى من عدم اليقين.
- حلول قياسية للحوادث.
- استجابات قياسية للكوارث.

تغيير طارئ
تغيير يجب تقديمه في أقرب وقت ممكن.

إعتبارات التغييرات الطارئة
- الطوارئ لا تعني عدم وجود قواعد أو سيطرة.
- يمكن توحيد التغييرات الطارئة وأتمتتها.
- يمكن أن يؤدي هذا إلى تسريعها دون المساس بالسيطرة.
- لا تعني الطوارئ دائمًا أنها غير متوقعة وغير معروفة تمامًا.
- تتعامل بعض التغييرات الطارئة مع مواقف غير متوقعة وغير معروفة.
- قد تتطلب تنفيذًا سريعًا لأفضل حل متاح دون معلومات كافية أو وقت للاختبار.
- ينطبق هذا على المواقف التي تكون تكلفة التأخير فيها مساوية أو أعلى من المخاطر المرتبطة بالتغيير غير الناجح.

إعتبارات نطاق تمكين التغيير

● مستوى المخاطرة
يجب النظر في المخاطر التي يتم معالجتها خلال التغيير لتحديد مستوى التحكم.

● التكاليف والخسائر
يجب تقييم تكاليف التغيير والخسائر التي يعالجها التغيير لتحديد مستوى التحكم.

● نطاق التحكم في التكوين والأصول
تتطلب عناصر التكوين والأصول المسجلة عادةً التحكم في التعديلات.
توفر ممارسة تمكين التغيير الوسائل اللازمة لذلك.

● المتطلبات التنظيمية الداخلية والخارجية
قد تكون المنظمة ملزمة بالامتثال لمتطلبات صريحة تتعلق بالتغيير.

● **الحاجة إلى وضوح تأثير التغيير في البيئة**

تكون المكونات مترابطة ديناميكيًا لذلك وضوح التغييرات المخطط لها والمستمرة وتقدم التغيير أمر مهم.

<u>**نطاق تمكين التغيير**</u>

يتم تحديده من قبل كل منظومة.

جميع البنية التحتية لتكنولوجيا المعلومات.

التطبيقات والوثائق.

العمليات والعلاقات مع الموردين.

أي شيء آخر قد يؤثر بشكل مباشر أو غير مباشر على المنتج أو الخدمة.

<u>**التحكم في التغيير الفني**</u>

- التغييرات في المنتجات والخدمات.
- الحاجة إلى إجراء تغييرات مفيدة من شأنها أن تقدم قيمة إضافية.
- الحاجة إلى حماية العملاء والمستخدمين من التأثير السلبي للتغييرات.
- يجب أن تكون جميع التغييرات قد تم تقييمها.
- يجب فهم المخاطر والظروف والمنافع المتوقعة قبل الموافقة على التغيير.
- لا ينبغي أن تسبب عمليات التقييم تأخير غير ضروري.
- تحدد المؤسسة شخص أو مجموعة عمل تمنح سلطة التغيير.
- ومن الضروري أن تكون ذات كفاءات تؤهلهم لإتخاذ قرارات التغيير الصحيحة للتأكد من جدوى و أهداف التغيير.

<u>**نطاق ممارسة تمكين التغيير**</u>

● تخطيط التغييرات في البيئات الخاضعة للرقابة في المنظمة.

● تخطيط نماذج التغيير وتوحيد معايير التغيير.

● تخطيط سير عمل التغيير الفردي والأنشطة والضوابط.

● جدولة وتنسيق جميع التغييرات الجارية.

● التحكم في تقدم التغييرات من البداية إلى النهاية.

● توصيل خطط التغيير والتقدم إلى أصحاب المصلحة المعنيين.

● تقييم نجاح التغيير، بما في ذلك المخرجات والنتائج والكفاءة والمخاطر والتكاليف.

<u>**عوامل نجاح ممارسة تمكين التغيير PSFs**</u>

● ضمان تنفيذ التغييرات في الوقت المناسب وبطريقة فعالة.

● تقليل التأثيرات السلبية للتغييرات.

● ضمان رضا أصحاب المصلحة.

● تلبية متطلبات الحوكمة والامتثال المتعلقة بالتغيير.

نموذج عملية إدارة التغيير

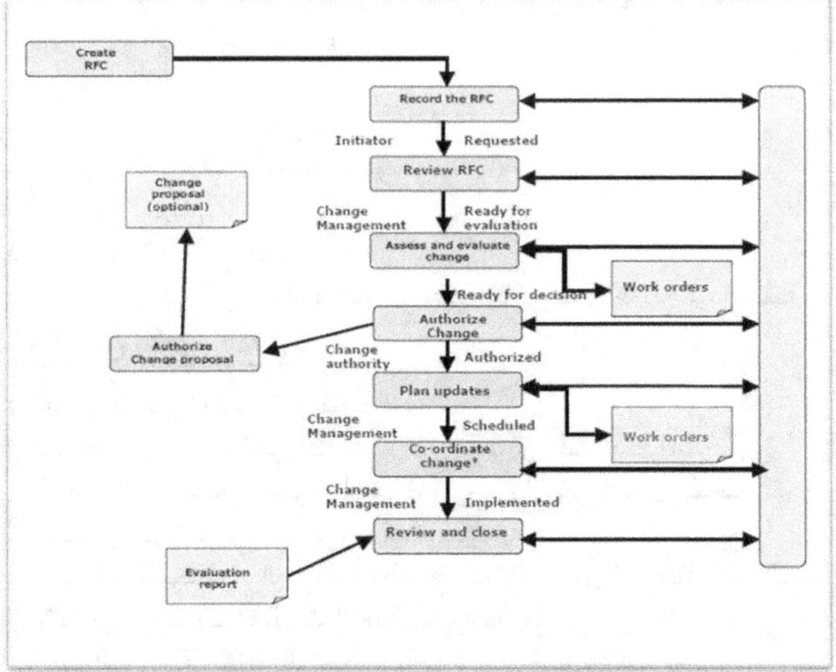

الشكل رقم (72) يبين إجراءات نموذج عملية إدارة التغيير.
ISO/IEC 20000 Foundation-Ivanka Menken

إجراءات نموذج عملية إدارة التغيير

يبين الشكل رقم (72) تدفق عملية إدارة التغيير كما يلى:

- تسجيل طلب التغيير **RFC**:
- يتم إجراء مراجعة أولية و (تصفية و تصنيف الطلبات **RFCs**).
- يتم تقييم الطلبات وفقا لإجراءات الموافقة و التصاريح
- قد تتطلب بعض الطلبات موافقة المجلس الاستشاري للتغيير (**CAB**).
- قد تتطلب بعض الطلبات موافقة المجلس الاستشاري للتغيير في حالات الطوارئ (**ECAB**).
- التصريح بالتغيير قبل مدير التغيير.
- يتم إصدار أوامر العمل لتصميم وبناء التغيير (تحديد مجموعات العمل)
- تقوم إدارة التغيير بتنسيق العمل المنجز.
- يتم مراجعة التغيير.
- يتم إغلاق التغيير.

عمليات أنشطة تمكين التغيير

- إدارة دورة حياة التغيير.
- تحسين التغيير.

عملية إدارة دورة حياة التغيير

تتضمن هذه العملية عددا من الأنشطة كما فى الشكل رقم (73) وتحول المدخلات التالية إلى مخرجات.

المدخلات

- ⮞ طلبات التغيير
- ⮞ نماذج التغيير وإجراءات التغيير القياسية.
- ⮞ السياسات والمتطلبات التنظيمية.
- ⮞ معلومات التكوين.
- ⮞ معلومات أصول تكنولوجيا المعلومات.
- ⮞ كتالوج الخدمة.
- ⮞ اتفاقيات مستوى الخدمة (SLAs) مع المستهلكين والموردين/الشركاء.
- ⮞ المبادئ التوجيهية والقيود المالية.
- ⮞ معلومات المخاطر.
- ⮞ معلومات السعة والأداء.
- ⮞ سياسات وخطط الاستمرارية.
- ⮞ سياسات وخطط أمن المعلومات.

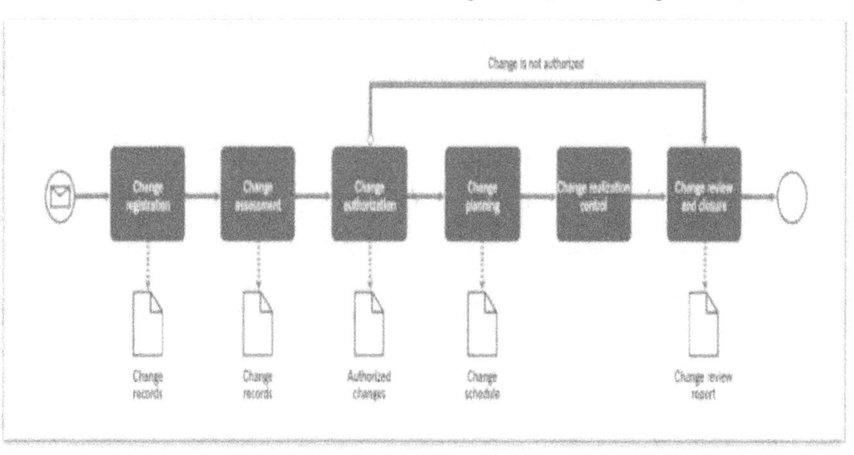

الشكل رقم (73) يبين مسار عملية إدارة دورة حياة التغيير.
ITIL4 Practices-AXELOS Copyright-2020.

المخرجات

- ➤ سجلات التغيير.
- ➤ الجدول الزمني للتغيير.
- ➤ تقارير مراجعة التغيير.
- ➤ موارد وخدمات التغيير.

الأنشطة

- ➤ تسجيل التغيير.
- ➤ تقييم التغيير.
- ➤ تفويض التغيير.
- ➤ تخطيط التغيير.
- ➤ التحكم في تحقيق التغيير.
- ➤ مراجعة التغيير وإغلاقه.

عملية تحسين التغيير

تركز هذه العملية على التحسين المستمر لممارسات تمكين التغيير ونماذج التغيير وإجراءات التغيير القياسية.

يتم تشغيلها من خلال مراجعات التغيير التي تسلط الضوء على عدم الكفاءة وفرص التحسين الأخرى أو يتم إجراؤها بانتظام اعتمادًا على فعالية النماذج والإجراءات الحالية.

تتضمن هذه العملية عددا من الأنشطة كما فى الشكل رقم (74) وتحول المدخلات التالية إلى مخرجات.

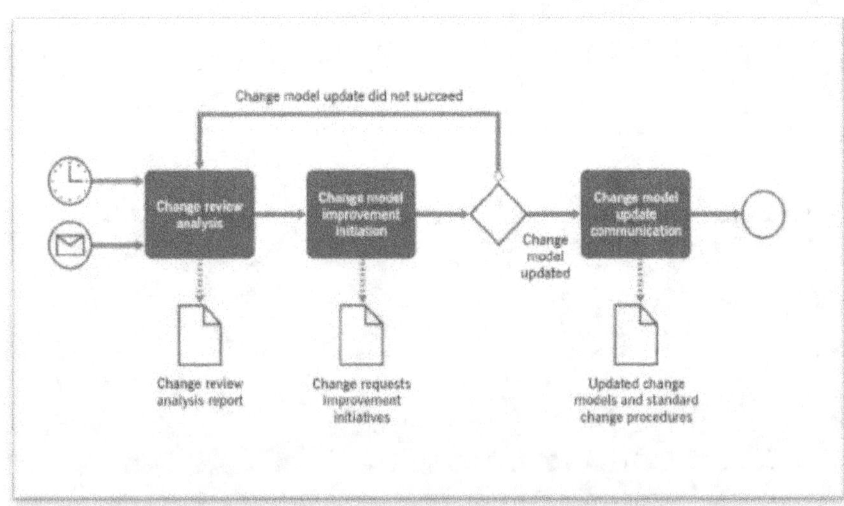

الشكل رقم (74) يبين مسار عمل تحسين التغيير.
ITIL4 Practices-AXELOS Copyright-2020.

المدخلات

- سجلات التغيير.
- نماذج التغيير الحالية وإجراءات التغيير القياسية.
- السياسات والمتطلبات التنظيمية.
- معلومات التكوين.
- معلومات أصول تكنولوجيا المعلومات.
- كتالوج الخدمة.
- اتفاقيات مستوى الخدمة مع المستهلكين والموردين/الشركاء.
- المبادئ التوجيهية والقيود المالية.
- معلومات المخاطر.
- معلومات القدرة والأداء.
- سياسات وخطط الاستمرارية.

المخرجات

- تقرير تحليل مراجعة التغيير.
- مبادرات التحسين.
- طلبات التغيير.
- نماذج التغيير المحدثة.
- إجراءات التغيير القياسية المحدثة.

الأنشطة

- تحليل مراجعة التغيير.
- بدء تحسين نموذج التغيير.
- تنسيق تحديث نموذج التغيير.

علاقة إدارة التغيير بالعمليات الأخرى

إدارة إستمرارية الخدمة

- مدخل تقييم أثر التغييرات المقترحة على خطة التوفر.
- مخرج السيطرة على التغيلرات التى تطرأ على استمرارية و توفر الخدمة.

إدارة القدرة

- مدخل الآثار المترتبة على القدرة بعد التغييرات المخطط لها.
- مخرج التغييرات المخطط لها.

إدارة أمن المعلومات

- مدخل الحفاظ على اعتبارات المخاطر الأمنية أثناء التغييرات.
- مخرج تقييم تأثير التغييرات فى الضوابط الأمنية.

إدارة العلاقات التجارية

- مدخل طلبات تغيير.
- مدخل أثر التغييرات على اتفاقيات مستوى الخدمة و العقود.

إدارة المشكلات

مدخل طلبات تغيير ومخرج تحليل المشكلات الكبرى.

إدارة مستوى الخدمة

مخرج طلبات تغيير.

مدخل أثر التغييرات و المدخلات على اتفاقيات مستوى الخدمة و العقود.

إدارة الإصدار

مخرج تقييم أثر التغييرات على خطة الإصدار.

مخرج معلومات لإدارة التكوين بما يخص التغييرات.

الميزانية و المحاسبة

مدخل التكاليف المعتمدة للتغييرات.

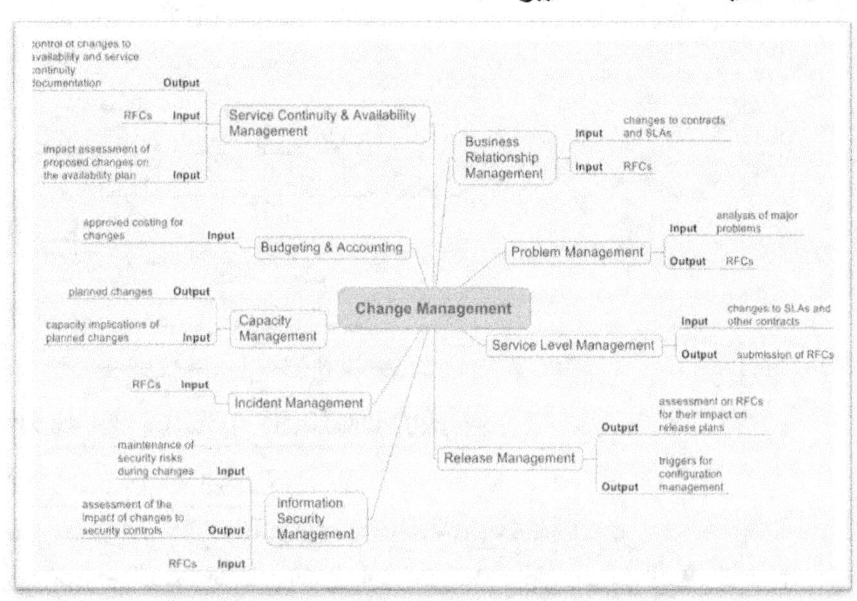

الشكل رقم (75) يبين علاقة إدارة التغيير بالعمليات الأخرى.
ISO/IEC 20000 Foundation-Ivanka Menken

عملية تصميم وانتقال الخدمات الجديدة أو المتغيرة.

الغرض

تصميم المنتجات والخدمات المناسبة للغرض والاستخدام، والتي يمكن تقديمها بواسطة المنظمة.

يتضمن ذلك تخطيط وتنظيم الأشخاص والشركاء والموردين والمعلومات والاتصالات والتكنولوجيا والممارسات للمنتجات والخدمات الجديدة أو المتغيرة، والتفاعل بين المنظمة وعملائها.

أنشطة تصميم الخدمة

- تصميم حلول الخدمة الجديدة أو المتغيرة.
- تصميم أنظمة وأدوات إدارة الخدمة.
- تصميم بنائيات التكنولوجيا والإدارة.
- تصميم العمليات.
- تصميم أنظمة القياس.

تخطيط وتنفيذ الخدمات الجديدة أو المتغيرة

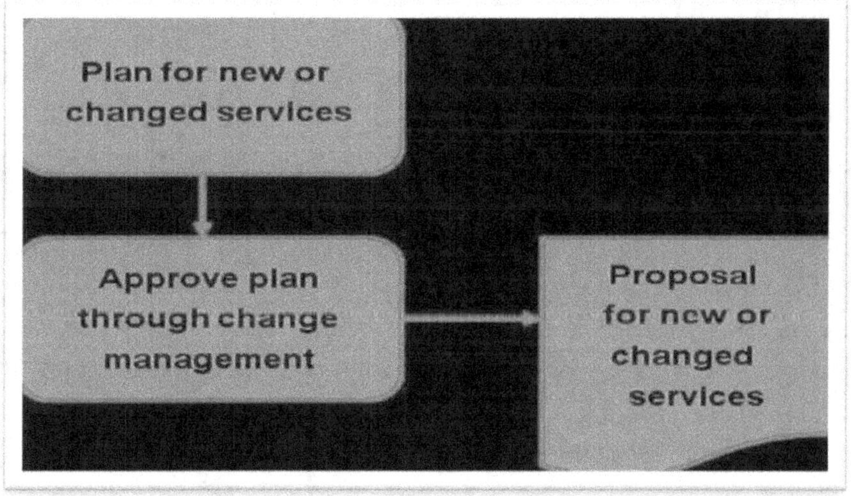

الشكل رقم (76) يبين عمليات تخطيط خدمة جديدة أو متغيرة.
ISO/IEC 20000 Foundation-Ivanka Menken

- الهدف من تخطيط وتنفيذ الخدمات الجديدة أو المتغيرة وفقًا للمعيار هو التأكد من أن الخدمات الجديدة والتغييرات في الخدمات ستكون قابلة للتسليم والإدارة بالتكلفة المتفق عليها ومعايير قيمة و جودة الخدمة.
- يتم التعامل مع أي تغيرات في كتالوج الخدمة بإضافة خدمات جديدة أو تغييرات فى الخدمات أو إغلاق خدمات من خلال عملية إدارة التغيير.

معايير التقييم

- يجب أن تأخذ جميع خطط التنفيذ بعين الاعتبار الموافقات على التمويل والموارد الكافية لإجراء التغييرات اللازمة لتقديم الخدمات وإدارتها.
- تأخذ عملية إدارة التغيير في الاعتبار معايير تقييم الأعمال المالية والتكنولوجية قبل الموافقة على التغيير أو رفضه.
- معايير التقييم (التكلفة ـ الأثر التنظيمي ـ الأثر الفني ـ الأثر التجاري).
- يجب إجراء مراجعة ما بعد التنفيذ لمقارنة النتائج الفعلية مع تلك المخططة يتم تنفيذها من خلال عملية إدارة التغيير.

عملية إنتقال خدمة جديدة أو متغيرة

نلاحظ فى الشكل (77) كيف تعمل إدارة التغيير وإدارة الإصدار والنشر والتحقق من صحة الخدمة واختبارها وإدارة أصول الخدمة والتكوين معًا من أجل نقل الخدمات الجديدة أو المعدلة.

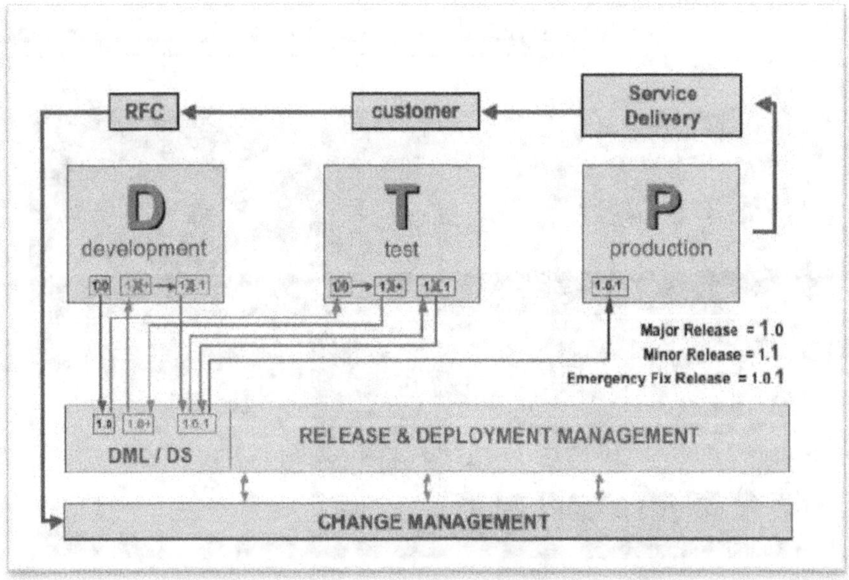

الشكل رقم(77) يوضح عملية انتقال خدمة إلى الإنتاج

ITIL V3 Foundation-The Art of Service Pty Ltd

حزمة تصميم الخدمة.

- وثيقة (وثائق) تصميم الخدمة تحدد جميع جوانب خدمة تكنولوجيا المعلومات ومتطلباتها خلال كل مرحلة من مراحل دورة حياتها.
- يتم إنتاج حزمة تصميم الخدمة لكل خدمة تكنولوجيا معلومات جديدة أو تغيير كبير أو إيقاف الخدمة.

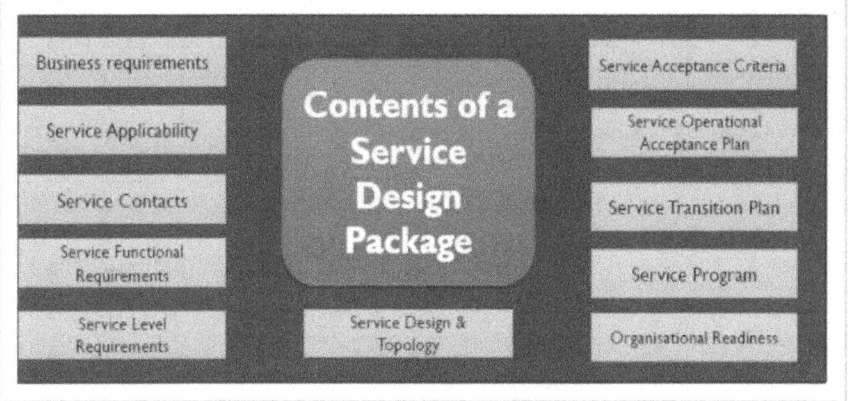

الشكل رقم(78) يبين محتويات حزمة تصميم الخدمة.
ITIL 4 FOUNDATION-MORWAN ELGASIM

محتويات حزمة تصميم الخدمة

- ➤ متطلبات العمل.
- ➤ إمكانية تطبيق الخدمة.
- ➤ اتصالات الخدمة.
- ➤ المتطلبات الوظيفية للخدمة.
- ➤ متطلبات مستوى الخدمة.
- ➤ تصميم الخدمة والطوبولوجيا.
- ➤ معايير قبول الخدمة.
- ➤ خطة القبول التشغيلي للخدمة.
- ➤ خطة انتقال الخدمة.
- ➤ برنامج الخدمة.
- ➤ الاستعداد التنظيمي.

مفاتيح نجاح التصميم

تتميز هذه المرحلة بشعار الإعتماد على الرباعى(P) و هى الكلمات الأربعة التى تبدأ بحرف (P) فى خطوة جمع المعلومات الخاصة بمتطلبات أعمال الخدمة.

مفاتيح جمع المعلومات

- البشر Pepole
- العمليات Processes
- المنتجات Products
- الشركاء Parteners

<u>البشر</u>

- المهارات التى يتمتع بها أفراد إدارة نظام الخدمة.
- المؤسسة التى تدير و ترعى و تدعم نظام إدارة الخدمة.
- الخبرة التى يكتسبها و يتصف بها منفذى عمليات و أنشطة إدارة الخدمة.

<u>الشركاء</u>

- الموردين لمتطلبات النظم و الخدمات.
- الشركات المصنعة للتكنولوجيا.
- وكيل بيع أجهزة الماركات العالمية.

<u>المنتجات</u>

- الخدمات منتجات مستهدفة يستفيد بها العملاء و المستخدمين.
- التكنولوجيا الأجهزة و الأنظمة الحديثة المتطورة.
- الأدوات التى تستخدم فى تنفيذ العمليات.

<u>العمليات</u>

- الأنشطة مخطط الممارسات و الأعمال التى تؤدى إلى تخليق القيمة.
- جدول توزيع الأدوار و المهام و المسئوليات.
- التبعيات علاقة العمليات و الأنظمة بغيرها فى سياق العمل.

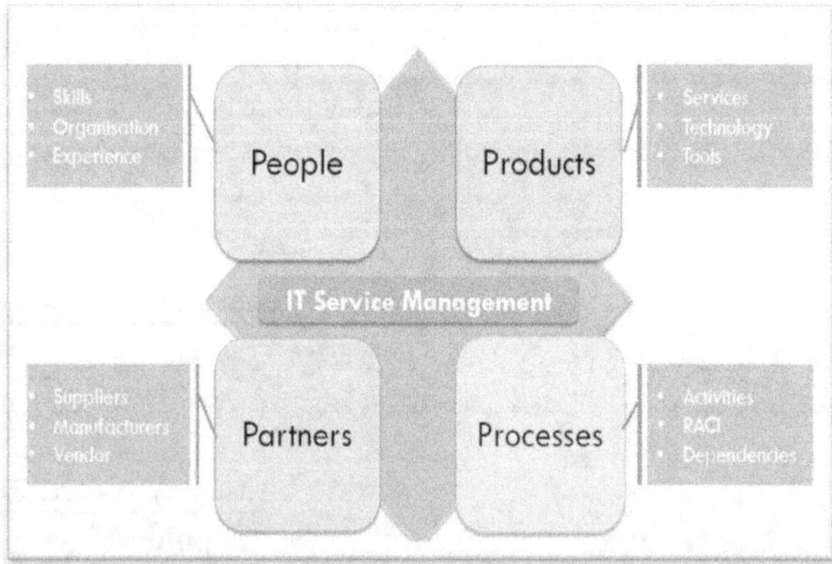

الشكل رقم(79) يبين دور مفاتيح جمع المعلومات فى مرحلة التصميم.
ITIL® V3 FOUNDATION CERTIFICATION E-LEARNING COURSE.

تجربة العملاء والمستخدمينCX and UX

تجربة العملاء (CX) هي مجموع التفاعلات الوظيفية والعاطفية مع مقدم الخدمة كما يراها العميل.

تجربة المستخدم (UX) هي مجموع التفاعلات الوظيفية والعاطفية مع مقدم الخدمة كما يراها المستخدم.

تعد جوانب تجربة العملاء وتجربة المستخدم في تصميم الخدمة ضرورية لضمان تقديم المنتجات والخدمات القيمة المطلوبة للعملاء.

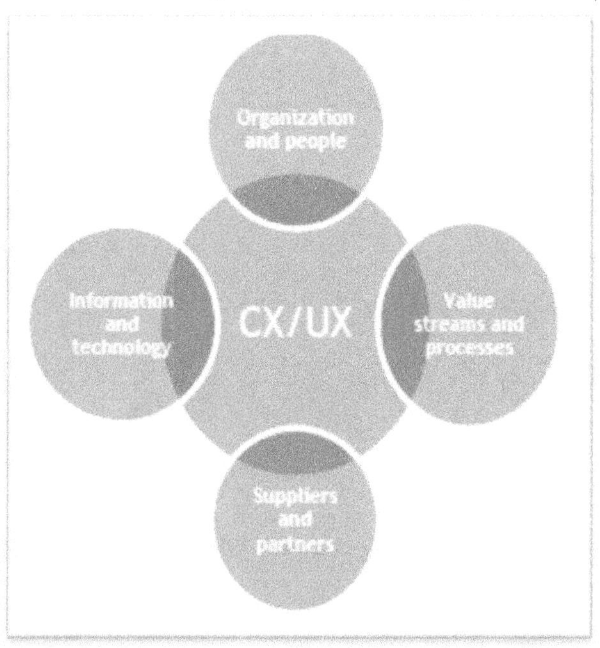

الشكل رقم (80) يبين بنية حزمة تصميم الخدمة عالية المستوى.
ITIL4 Practices-AXELOS Copyright-2020.

نطاق عمل ممارسة تصميم الخدمة

- التأكد من أن الخدمات مناسبة للغرض وصالحة للاستخدام.

- تحديد وتوثيق مستويات/حزم الخدمة المتوافقة مع المخاطر.

- تحديد المعايير والمتطلبات غير الوظيفية والقدرات المعتمدة من قبل الخبراء المتخصصين وأصحاب الممارسات/العمليات الآخرين.

- إدارة وتنسيق نهج التصميم الشامل.

- دمج الفرق المشاركة في تصميم الخدمة وتعزيز تبادل المعلومات .

- تحديث حزمة تصميم الخدمة خلال دورة حياة الخدمة.

- التحسين المستمر لممارسة تصميم الخدمة.

عوامل نجاح ممارسة تصميم الخدمة PSF

- إنشاء والحفاظ على نهج فعال على مستوى المنظمة لتصميم الخدمة.
- التأكد من أن الخدمات مناسبة للغرض وصالحة للاستخدام .

عمليات أنشطة ممارسة تصميم الخدمة

- تخطيط تصميم الخدمة.
- تنسيق تصميم الخدمة.

عملية تخطيط تصميم الخدمة

تركز هذه العملية على التحسين المستمر لممارسة تصميم الخدمة، وأساليب ونماذج تصميم الخدمة، وتطوير الخطط لحالات تصميم الخدمة المعقدة. يتم التنفيذ وفقا للأحداث أو الطلبات.

تتضمن هذه العملية عددا من الأنشطة كما فى الشكل (81) وتحول المدخلات التالية إلى مخرجات.

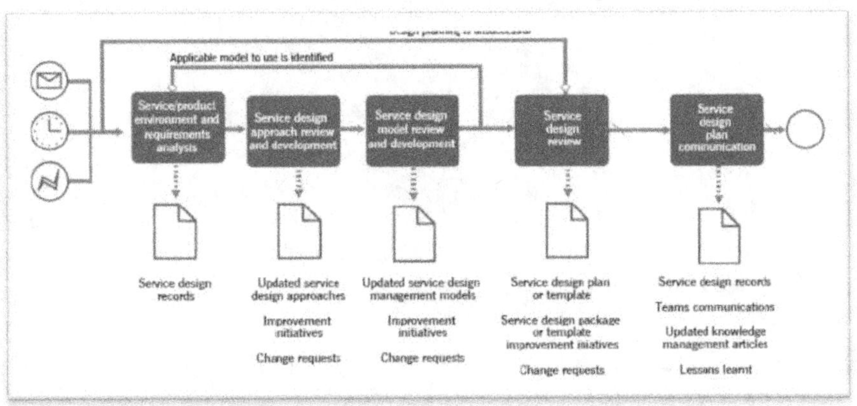

الشكل رقم (81) يبين مسار عملية تخطيط تصميم الخدمة.
ITIL4 Practices-AXELOS Copyright-2020.

المدخلات

- أساليب ونماذج تصميم الخدمة الحالية.
- استراتيجية المنظمة ومحفظة الخدمات.
- المعرفة الابتكارية.
- سجلات تصميم الخدمة.
- تقارير مراجعة تصميم الخدمة.
- السياسات والمتطلبات التنظيمية.
- القرارات البنائية.
- تقارير تحليل الأعمال.

- ملاحظات العملاء والمستخدمين.
- كتالوج الخدمة.
- اتفاقيات مستوى الخدمة.
- معلومات أصول تكنولوجيا المعلومات.
- الاتفاقيات والعقود مع الموردين والشركاء.
- أساليب إدارة المشاريع والدروس المستفادة
- تطوير وإدارة البرمجيات.
- أساليب إدارة البنية التحتية والمنصات.
- السياسات والخطط ذات الصلة (أمن المعلومات، الاستمرارية، القدرات).

المخرجات

- تحديث أساليب ونماذج تصميم الخدمة.
- خطط تصميم الخدمة.
- قالب حزمة تصميم الخدمة.
- مبادرات التحسين.
- تغيير الطلبات.
- تحديث مقالات إدارة المعرفة.
- دروس مستفادة.

الأنشطة

- بيئة الخدمة/المنتج وتحليل المتطلبات.
- مراجعة وتطوير نهج تصميم الخدمة.
- مراجعة وتطوير نموذج تصميم الخدمة.
- نموذج تخطيط مثيل لتصميم الخدمة.
- اتصالات خطة تصميم الخدمة.

عملية تنسيق تصميم الخدمة

تتضمن هذه العملية عددا من الأنشطة كما فى الشكل (82) وتحول المدخلات التالية إلى مخرجات.

المدخلات

- نماذج تصميم الخدمة.
- خطط تصميم الخدمة.
- قوالب حزمة تصميم الخدمة وSDPs من التصميمات السابقة.
- مقالات المعرفة.

- ➢ سجلات تصميم الخدمة.
- ➢ السياسات والمتطلبات التنظيمية.
- ➢ تقارير تحليل الأعمال.
- ➢ ملاحظات العملاء والمستخدمين.
- ➢ كتالوج الخدمة.
- ➢ اتفاقيات مستوى الخدمة.
- ➢ معلومات أصول تكنولوجيا المعلومات.
- ➢ الاتفاقيات والعقود مع الموردين والشركاء.
- ➢ أساليب إدارة المشاريع والدروس المستفادة.
- ➢ تطوير وإدارة البرمجيات.
- ➢ أساليب إدارة البنية التحتية والمنصات.

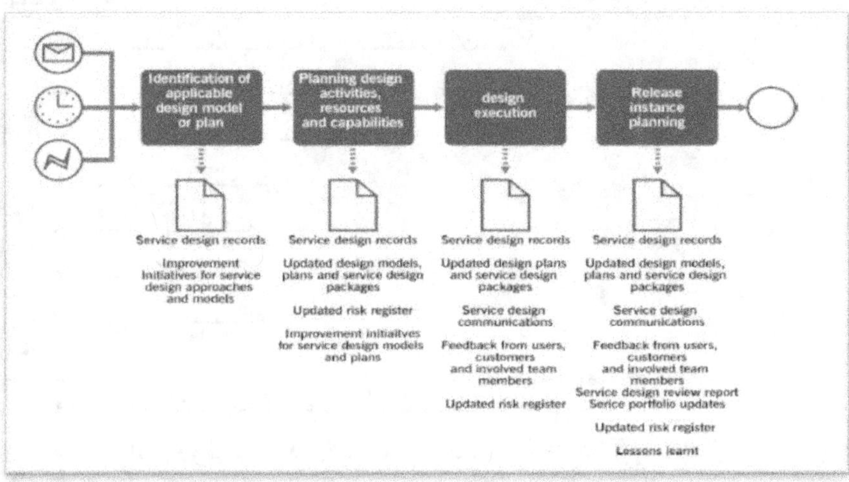

الشكل رقم (82) يبين مسار عملية تنسيق تصميم الخدمة.
ITIL4 Practices-AXELOS Copyright-2020.

<u>**المخرجات**</u>

- ➢ سجلات تصميم الخدمة.
- ➢ نماذج التصميم المحدثة.
- ➢ الخطط وحزم تصميم الخدمات.
- ➢ اتصالات تصميم الخدمة.
- ➢ ردود الفعل من المستخدمين والعملاء وأعضاء الفريق المعنيين.
- ➢ تقرير مراجعة تصميم الخدمة.
- ➢ تحديثات محفظة الخدمة.
- ➢ تحديث سجل المخاطر.
- ➢ دروس مستفادة.

<u>الأنشطة</u>

- ➢ تحديد نموذج التصميم أو الخطة المعمول بها.
- ➢ تخطيط أنشطة التصميم والموارد والقدرات.
- ➢ تنفيذ التصميم.
- ➢ مراجعة تصميم الخدمة.

طرق تنفيذ مرحلة التصميم

الاستعانة بمصادر داخلية

يعتمد هذا النهج على استخدام الموارد التنظيمية الداخلية في التصميم والتطوير والانتقال والصيانة والتشغيل و دعم الخدمات الجديدة أو المتغيرة أو المنقحة و عمليات مركز البيانات.

الاستعانة بمصادر خارجية

يستخدم هذا النهج موارد منظمة أو منظمات خارجية في ترتيب رسمي لتوفير جزء محدد جيدًا من تصميم الخدمة وتطويرها وصيانتها وعملياتها و/أو دعمها.

المصادر المشتركة

غالبًا ما يكون هذا مزيجًا من الاستعانة بمصادر داخلية وخارجية معا وذلك باستخدام مصدر خارجي لتصميم جزء من الخدمة وتطويره ونقله وصيانته وتشغيله و/أو دعمه, أو إسناد عملية التصميم و التوريد و التركيب لشركة و الإستلام و التشغيل لشركة أخرى ثم نقل الخدمة للشركة المالكة.

الشراكة أو المصادر المتعددة

ترتيبات رسمية بين مؤسستين أو أكثر للعمل معًا لتصميم خدمة (خدمات) تكنولوجيا المعلومات وتطويرها ونقلها وصيانتها وتشغيلها و/أو دعمها و يميل التركيز هنا إلى أن يكون على الشراكات الإستراتيجية التي تستفيد من الخبرات أو فرص السوق.

الاستعانة بمصادر خارجية للعمليات التجارية (BPO)

الاتجاه في هذا النموذج لنقل وظائف العمل بأكملها باستخدام الترتيبات و العقود الرسمية بين المؤسسات حيث توفر إحدى المؤسسات وتدير عملية أو(عمليات) الأعمال أو (الوظائف) الكاملة للمنظمة الأخرى بمقابل منخفض التكلفة مقارنة بتكاليف تعيينات و شراء أنظمة و تكاليف صيانة و قطع غيار و خلافه.

توفير خدمة التطبيقات (ASP)

يتضمن ترتيبات رسمية مع مؤسسة ASP التي ستوفر خدمات مشتركة تعتمد على الكمبيوتر لمؤسسات العملاء عبر الشبكة الدولية الإنترنت و التطبيقات السحابية ويُشار أحيانًا إلى التطبيقات المقدمة بهذه الطريقة باسم "البرامج/التطبيقات حسب الطلب"من خلال مقدمي الخدمات و يمكن تقليل

التعقيدات والتكاليف الخاصة بهذه البرامج المشتركة وتقديمها للمؤسسات التي لا يمكنها تبرير مخصصات الاستثمار و اعتبار ذلك بند مصروفات أو عقود استئجار.

الاستعانة بمصادر خارجية لعملية المعرفة (KPO)

أحدث شكل من أشكال الاستعانة بمصادر خارجية، **KPO** هو خطوة متقدمة على **BPO** في جانب واحد حيث توفر منظمات **KPO** العمليات القائمة على المجال والخبرة التجارية بدلاً من مجرد الخبرة العملية وتتطلب مهارات تحليلية ومتخصصة متقدمة عن مؤسسات الاستعانة بمصادر خارجية تجارية فقط.

عملية إدارة الإصدار والنشر.

الغرض

الغرض من إدارة الإصدار هو إتاحة الخدمات والميزات الجديدة والمتغيرة للاستخدام.

الإصدار

- هو نسخة من خدمة أو عنصر تكوين أو مجموعة من عناصر التكوين التي تم توفيرها للاستخدام.
- المفاهيم الأساسية للنشر في Agile وDevOps هي التكامل المستمر والتسليم المستمر والنشر المستمر.
- يشير التكامل المستمر عادةً إلى دمج وبناء واختبار التعليمات البرمجية داخل بيئة تطوير البرامج.
- يعني التسليم المستمر إصدار البرامج المبنية للإنتاج في أي وقت.
- النشر المستمر هو التغييرات التي تمربها العملية ويتم وضعها في الإنتاج.
- يعني التسليم المستمر النشر المتكرر على أساس كل حالة على حدة بسبب تفضيل الشركات لمعدل نشر أبطأ.
- يتطلب النشر المستمر إجراء التسليم المستمر.

عناصر الإصدار

- مكونات البنية التحتية.
- مكونات التطبيقات.
- الوثائق و المستندات و السياسات و التعليمات.
- التدريب.
- العمليات المحدثة أو الجديدة.
- أدوات محدثة أو جديدة.

<u>**نطاق ممارسة إدارة الإصدارات**</u>

- تطوير وصيانة نهج المنظمة في إصدار الخدمات والمكونات الجديدة والمتغيرة.

- إدارة وتنسيق جميع حالات الإصدار بما يتماشى مع النهج المحدد، من التخطيط إلى التنفيذ والمراجعة.

<u>**طرق الإصدار**</u>

- قد تكون عملية الإصدار بمثابة "انفجار كبير" أى حدوث جميع التغييرات مرة واحدة.

- من الممكن أن تكون عملية الإصدار "مرحلية" مع استخدام الإصدارات التجريبية لاختبار الإصدار قبل الطرح الكامل.

- أحيانا يكون المطلوب إتاحة الإصدار لجميع المستخدمين في نفس الوقت عندما تكون هناك حاجة إلى إعادة هيكلة كبيرة للبيانات المشتركة الأساسية.

- غالبًا ما يتم تحقيق التدريج للإصدار باستخدام الإصدارات الزرقاء/الخضراء أو أعلام الميزات للتمييز بين الإصدارات و طريقة الإصدار.

- تستخدم الإصدارات الزرقاء/الخضراء بيئتي إنتاج متقابلتين (كالمرايا) يمكن تحويل المستخدمين إلى بيئة تم تحديثها بالوظائف الجديدة عن طريق استخدام أدوات الشبكة التي تربطهم بالبيئة الصحيحة.

- تعمل علامات الميزات على تمكين إصدار ميزات محددة للمستخدمين بشكل فردى أو مجموعات بطريقة يمكن التحكم فيها.

- يتم نشر الوظيفة الجديدة في بيئة الإنتاج دون إصدارها و يقوم إعداد تكوين المستخدم بعد ذلك بإصدار الوظيفة الجديدة للمستخدمين بنظام فردى أو مجموعات حسب الحاجة.

<u>**عوامل نجاح ممارسة إدارة الإصدار عناصر PSF**</u>

- إنشاء والحفاظ على مناهج فعالة لإصدار الخدمات ومكونات الخدمة عبر المؤسسة.

- ضمان إصدار فعال للخدمات ومكونات الخدمة في سياق تدفقات القيمة والعلاقات الخدمية للمؤسسة.

<u>**عملية الإصدارفي بيئة Agile/DevOps.**</u>

- يتم النشاط الكبير لإدارة الإصدار بعد عمليات النشر التى تتم في هذه الحالات بنشر البرامج والبنية الأساسية بأجزاء و زيادات صغيرة عديدة.

- تعمل إدارة الإصدار على تمكين الوظيفة الجديدة في وقت لاحق و قد يتم ذلك كتغيير بسيط جدًا.

149

● غالبًا ما تتم إدارة الإصدار كما فى الشكل(83) على مراحل مع إتاحة الإصدارات التجريبية لـعدد قليل من المستخدمين للتأكد من أن كل شيء يعمل بشكل صحيح قبل أن يتم منح الإصدار لمجموعات إضافية.

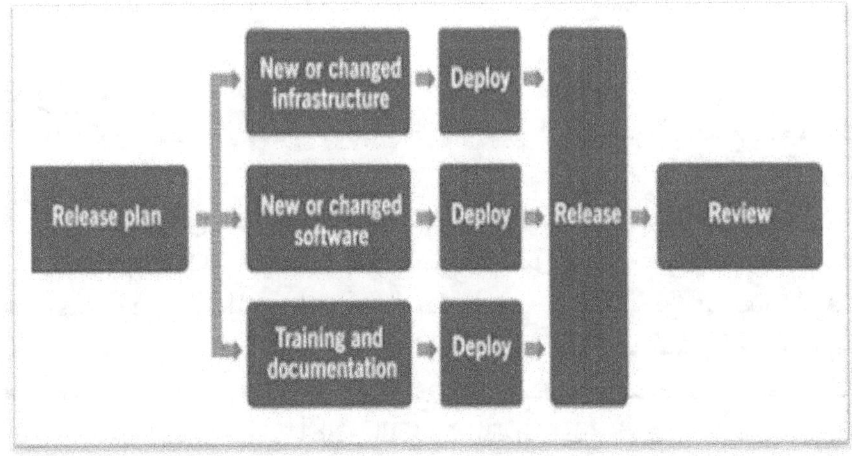

الشكل رقم (83) يبين عملية الإصدار وفقا لطريقة Agile/DevOps
ITIL 4 FOUNDATION-MORWAN ELGASIM

عمليات أنشطة ممارسة إدارة الإصدار

● تخطيط الإصدار.
● تنسيق الإصدار.

عملية تخطيط الإصدار

تركز العملية على التحسين المستمر لممارسات إدارة الإصدارات وأساليب ونماذج الإصدارات وتطوير الخطط الخاصة بحالات الإصدارات المعقدة.
قد تتم المراجعات المنتظمة كل فترة أو بشكل متكرر وفقا لفعالية النماذج.
تتضمن هذه العملية عددا من الأنشطة كما فى الشكل رقم (84) وتحول المدخلات التالية إلى مخرجات.

المدخلات

● مناهج ونماذج إدارة الإصدارات الحالية.
● سجلات الإصدارات.
● تقارير مراجعة الإصدارات.
● السياسات والمتطلبات التنظيمية.
● بنية المنتج.
● كتالوج الخدمة.
● اتفاقيات مستوى الخدمة.
● سجلات وتقارير الحوادث.

- معلومات أصول تكنولوجيا المعلومات.
- الاتفاقيات والعقود مع الموردين والشركاء.
- السياسات والخطط ذات الصلة (أمن المعلومات، والاستمرارية، والقدرة، وما إلى ذلك).

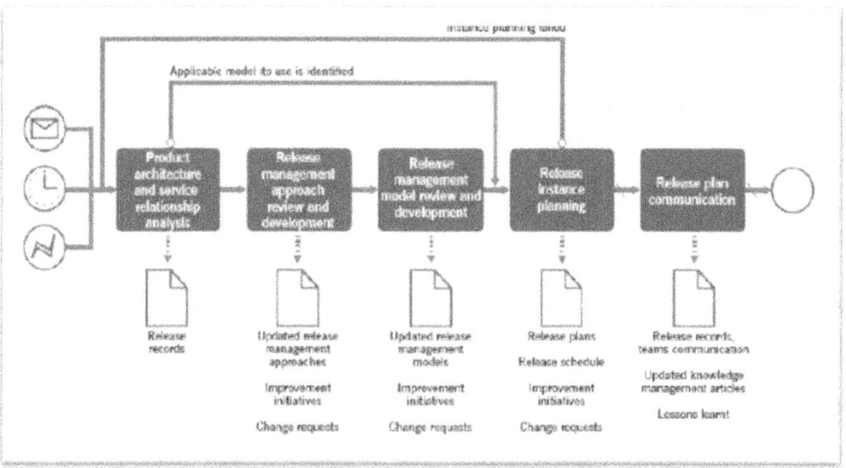

الشكل رقم (84) يبين مسار عملية تخطيط الإصدار.
ITIL4 Practices-AXELOS Copyright-2020.

<u>المخرجات</u>
- تحديث أساليب ونماذج إدارة الإصدارات.
- خطط الإصدارات.
- جدول الإصدارات.
- مبادرات التحسين.
- طلبات التغيير.
- تحديث مقالات إدارة المعرفة.
- الدروس المستفادة.

<u>الأنشطة</u>
- تحليل بنية المنتج وعلاقة الخدمة.
- مراجعة وتطوير نهج إدارة الإصدار.
- مراجعة وتطوير نموذج إدارة الإصدار.
- تخطيط نسخة الإصدار.
- التواصل بشأن خطة الإصدار.

<u>عملية تنسيق الإصدار</u>

تتضمن هذه العملية عددا من الأنشطة كما فى الشكل رقم (85) وتحول المدخلات التالية إلى مخرجات.

المدخلات

- نماذج إدارة الإصدارات.
- خطط الإصدارات.
- جدول الإصدارات.
- تفاصيل البيئة.
- مكون الخدمة/ مكونات الإصدار المنشورة في البيئة الحية أو المعدة للنشر.
- معايير القبول والتحقق.

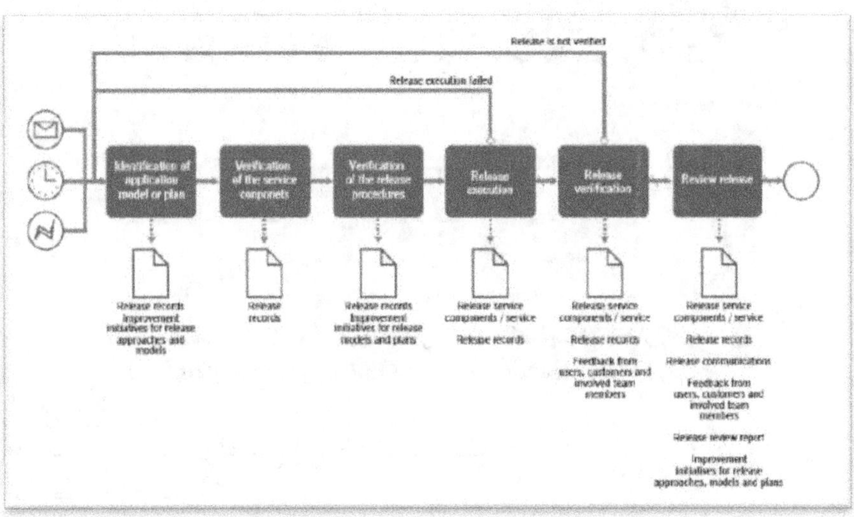

الشكل رقم (85) يبين مسار عملية تنسيق الإصدار.
ITIL4 Practices-AXELOS Copyright-2020.

المخرجات

- مكونات/خدمات الخدمة الصادرة.
- سجلات الإصدار.
- اتصالات الإصدار.
- ملاحظات من المستخدمين والعملاء وأعضاء الفريق المعنيين.
- تقرير مراجعة الإصدار.

الأنشطة

- تحديد النموذج أو الخطة المعمول بها.
- التحقق من مكونات الخدمة.
- التحقق من إجراءات الإصدار.
- تنفيذ الإصدار التحقق من الإصدار مراجعة الإصدار.

علاقة إدارة الإصدار بالعمليات الأخرى

الشكل رقم (86) يبين علاقة إدارة الإصدار بالعمليات الأخرى كما يلى:

إدارة القدرات

مدخل متطلبات القدرة و الأداء.

مخرج تفاصيل الإصدارات المخطط لها.

إدارة التغيير

مدخل تقييم طلبات التغيير لتأثرها على الإصدار.

اشارات تشغيل لإدارة التكوين.

إدارة التكوين

مدخل تحديث سجلات معلومات أصول عناصر التكوين.

تقارير الخدمة

مخرج تحديثات الإصدار.

إدارة الحوادث

تبادل معلومات ذات صلة بأُصدارات.

إدارة العلاقات التجارية

مخرج تفاصيل الإصدار لإستهداف وحدات الأعمال.

الميزانية و المحاسبة

مدخل بنود ميزانية لجميع مكونات الإصدار.

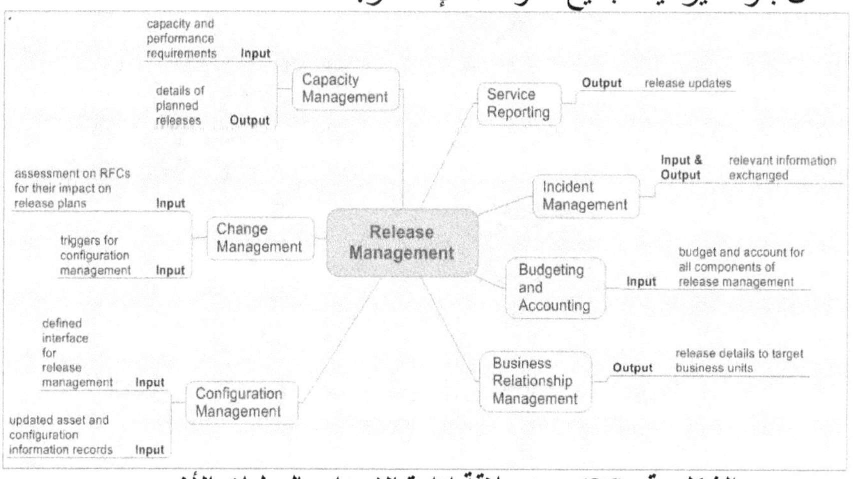

الشكل رقم (86) يبين علاقة إدارة الإصدار بالعمليات الأخرى.
ISO/IEC 20000 Foundation-Ivanka Menken

عملية إدارة المشروعات و البرامج

الغرض و الأهداف

الغرض من ممارسة إدارة المشروعات هو ضمان تنفيذ جميع المشروعات في المنظمة بنجاح.

يتم تحقيق ذلك من خلال التخطيط والتفويض والمراقبة والحفاظ على السيطرة على جميع جوانب المشروع وضمان تحفيز الأشخاص المشاركين.

إدارة البرامج والمشروعات

تلعب دورًا لا يتجزأ في التخطيط وإدخال التغييرات على المنظمة مع تحسين استخدام الموارد وتقدير المخاطر وربط التغييرات بتحقيق القيمة المتوقعة. قد يتألف البرنامج من عدة مشاريع فى مجالات مختلفة من المنظمة.

البرنامج

هيكل مؤقت ومرن يتم إنشاؤه لتنسيق وتوجيه والإشراف على تنفيذ مجموعة من المشروعات والأنشطة ذات الصلة من أجل تحقيق النتائج والفوائد المتعلقة بالأهداف الاستراتيجية للمنظمة.

يمكن أن يكون البرنامج برنامجًا مستقلاً، ولكن في أغلب الأحيان يشكل جزءًا من محفظة الخدمات.

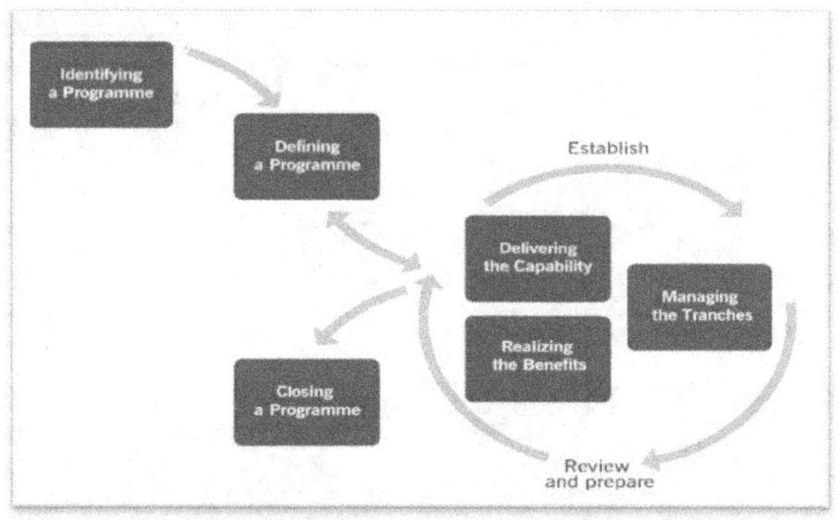

الشكل رقم (87) يبين مسار دورة البرامج الناجحة (MSP).
ITIL4 Practices-AXELOS Copyright-2020.

مزايا البرامج

➤ تستمر البرامج عادةً لفترة أطول من المشروعات الفردية.

➤ تركز البرامج على تحقيق النتائج والفوائد.

- ⮞ ينسق البرنامج المشروعات داخل حدوده ويهتم أكثر بإشراك أصحاب المصلحة والتواصل والتوجيه مقارنة بالمشروعات.
- ⮞ يسعى البرنامج إلى تحقيق تغييرات تدريجية في القدرات التنظيمية من خلال المشروعات ذات الصلة التي تعمل ضمن فئته.
- ⮞ تسمح هذه التغييرات التدريجية للمنظمة بتحقيق الفوائد أثناء البرنامج بدلاً من انتظار انتهاء البرنامج بالكامل.

الشكل رقم (87) يصف دورة الحياة النموذجية أو التدفق التحويلي للبرنامج في إدارة البرامج الناجحة Managing Successful Programmes (MSP).

المشروع

هيكل مؤقت يتم إنشاؤه لغرض تسليم منتج أو أكثر وفقًا لحالة عمل متفق عليها. يركز المشروع عادةً على تقديم ناتج محدد ويركز البرنامج على نتائج وفوائد تمكين القيمة للمنظمة وأصحاب المصلحة الآخرين.

تركز المشروعات على تقديم مخرجات (منتجات أو غيرها من المنتجات) ضمن معايير محددة للوقت والتكلفة والجودة ذات قيمة للمنظمة.

يظهر في الشكل (88) دورة الحياة النموذجية للمشروع الخطي التقليدي (الشلال) كما هو موضح في إدارة المشروعات الناجحة باستخدام نموذج PRINCE2®.

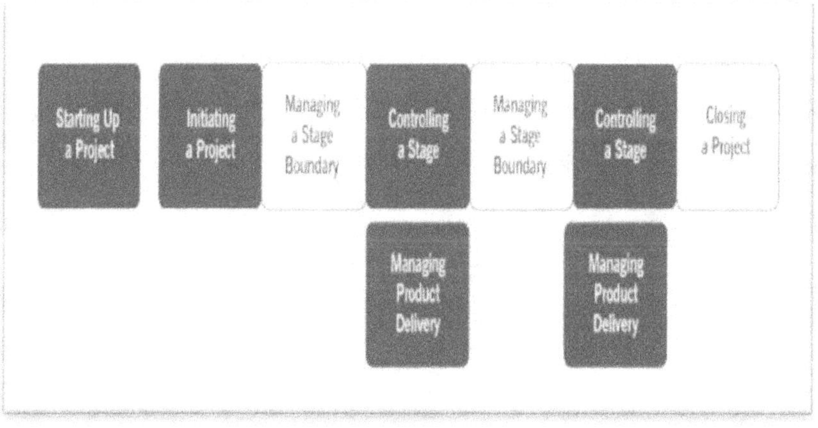

الشكل رقم (88) يبين نموذج PRINCE2® لإدارة المشروع.
ITIL4 Practices-AXELOS Copyright-2020.

نموذج أجايل PRINCE2 Agile

يعمل النهج الرشيق PRINCE2 Agile بشكل مشابه للبرنامج ولكن في إطار زمني مضغوط للغاية يتم التخطيط للتسليم الرشيق على مراحل، ومن المتوقع أن يتم توليد الفوائد عند نشر كل مرحلة وبالتالي تتلقى المنظمة فوائدها في أقرب وقت ممكن.

يظهر الشكل (89) دورة الحياة النموذجية للمشروع الرشيق كما هو موضح في Agile PRINCE2®.

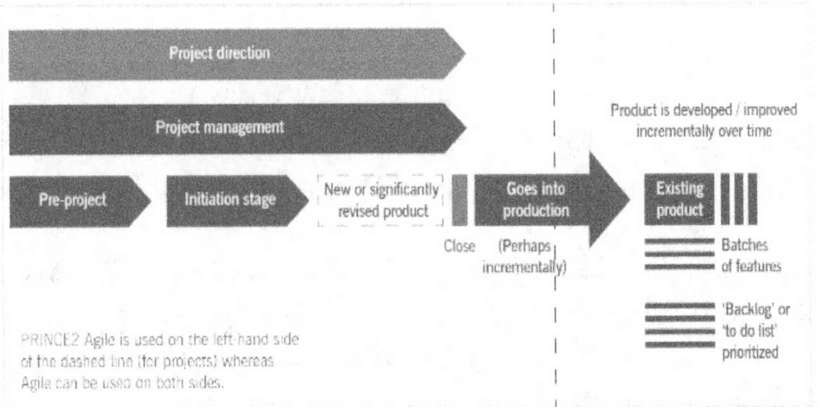

الشكل رقم (89) يبين نموذج أجايل PRINCE2 Agile لإدارة المشروع.
ITIL4 Practices-AXELOS Copyright-2020.

<u>**مزايا نموذج أجايل**</u>

على النقيض من الطرق التقليدية لتقديم المنتجات فإن مراحل Agile أقصر وأكثر تكرارية وتدريجية و تحقق التسليم المبكر للفوائد من خلال نشر المنتجات في أقرب فرصة ممكنة كما فى الشكل (89).

على يسار الشكل (90) يسمح نهج Agile التدريجي بنشر متعدد طوال المشروع.

يميل التسليم المتتالي على اليمين إلى السماح بتسليم واحد في نهاية المشروع.

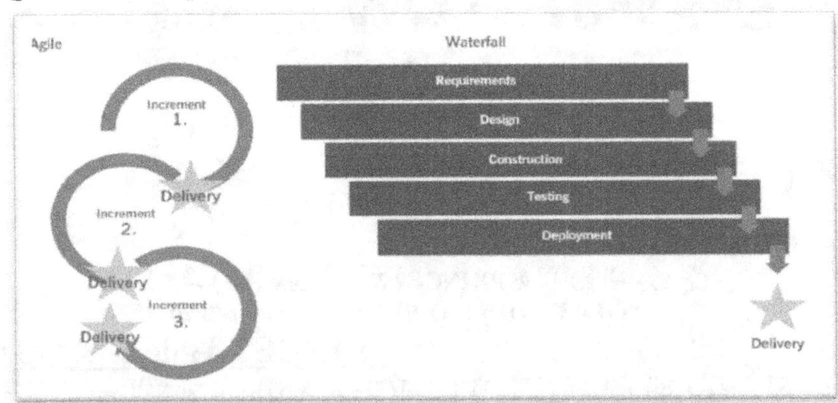

الشكل رقم (90) يبين مزايا طريقة أجايل Agile PRINCE2®.
ITIL4 Practices-AXELOS Copyright-2020.

نطاق عمل ممارسة إدارة المشروعات و البرامج PPM
- تحديد ومواءمة نهج إدارة المشروع بشكل مستمر مع أصحاب المصلحة.
- ضمان اعتماد نهج إدارة المشروع ودمجه في المنظمة.
- توجيه المشروعات.
- إدارة المشروعات.
- المراجعة المستمرة للممارسة من أجل التحسينات.

ممارسة إدارة المشروعات و البرامج PPM و عوامل النجاح PSF
- إنشاء والحفاظ على نهج فعال لإدارة البرامج والمشروعات.
- ضمان التنفيذ الناجح للبرامج والمشروعات.

عناصر إدارة المشروعات و البرامج PPM practice
هناك ثلاثة مستويات رئيسية للتحكم في ممارسة إدارة المشروعات:
- توجيه المشروعات Directing
- إدارة المشروعات managing
- تسليم المشروعات delivering

عمليات ممارسة إدارة المشروعات و البرامج
- إدارة نهج المنظمة تجاه PPM.
- توجيه المشاريع.
- إدارة المشاريع.
- إدارة تسليم المنتج.

إدارة نهج المنظمة تجاه إدارة المشروعات و البرامج
تركز هذه العملية على تحديد نهج مشترك على مستوى المنظمة لإدارة البرامج والمشروعات والاتفاق عليه وتوصيله وتعزيزه.

تتضمن عددا من الأنشطة كما فى الشكل رقم (91) وتحول المدخلات إلى مخرجات.

المدخلات
- استراتيجية المنظمة.
- متطلبات أصحاب المصلحة فيما يتعلق بإدارة المشروعات.
- الاعتبارات المالية/الميزانية والمعلومات ذات الصلة.
- نهج محفظة المنظمة.
- المتطلبات القانونية والاعتبارات والمعلومات ذات الصلة.
- معلومات حول خدمات المنظمة وعملائها وشركائها ومورديها.

<u>المخرجات</u>

- نهج وإجراءات PPM المحدثة
- مقالات معرفية حول PPM ومواد تدريبية وتوعوية

<u>الأنشطة</u>

- تطوير نهج إدارة المشروعات والموافقة عليه
- التواصل مع نهج إدارة المشروعات والموافقة عليه
- مراجعة نهج إدارة المشروعات والموافقة عليه وتعديله

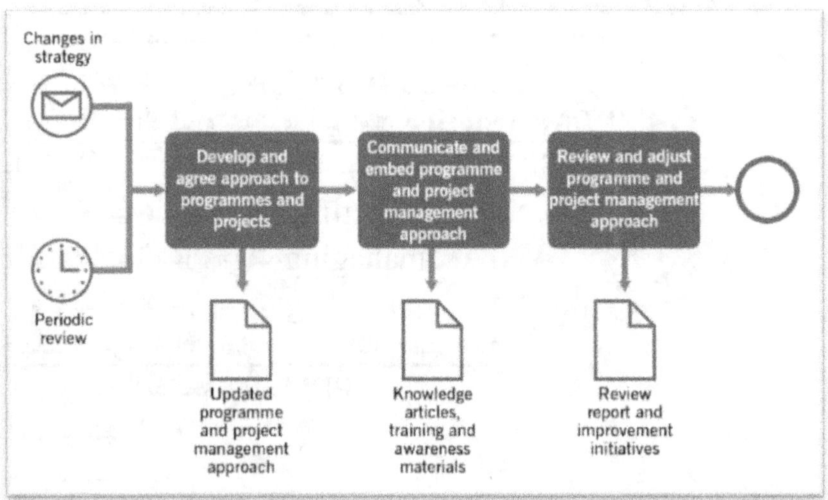

الشكل رقم (91) يبين مسار عمل إدارة المشروعات و البرامج.
ITIL4 Practices-AXELOS Copyright-2020.

<u>تطوير نهج إدارة المشروعات والبرامج و الموافقة عليه</u>

- يحدد نهج إدارة المشروعات والبرامج كيفية تقديم المنظمة للتغيير.
- هناك نماذج مختلفة يمكن استخدامها لمساعدة المنظمة في تقديم التغيير. المجالات الوظيفية الرئيسية الثلاثة المشتركة بين جميع النماذج هي أنها توفر الخدمات التالية:
- دعم القرار و دعم التنفيذ و مركز التميز.

<u>دعم القرار</u>

- يركز على دعم اتخاذ القرارات الإدارية و يتماشى مع الاستراتيجية، وتحديد الأولويات، وإدارة الفوائد، وإعداد التقارير من لوحة القيادة، ومعلومات الإدارة، وتوفير الرقابة والتدقيق والتحدي.
- خدمات رئيسية على مستوى المحفظة تعتمد على المعلومات الداعمة من البرامج والمشروعات.

دعم التنفيذ

يركز هذا المجال الوظيفي على دعم تقديم التغيير وقد يتم تقديم هذه الخدمات من خلال مجموعة موارد مرنة مركزية من موظفي التنفيذ مع تخطيط القدرات وعمليات الموارد البشرية.

مركز التميز

- تركز هذه المنطقة الوظيفية على تطوير الأساليب والعمليات القياسية، وتطوير ممارسات العمل المتسقة وضمان نشرها بشكل مناسب وجيد.
- يشمل دعم القدرات بالتدريب والتوجيه، والاستشارات الداخلية (في المعايير والإرشادات)، وإدارة المعرفة، ودعم الأدوات والضمان المستقل.

التواصل ودمج نهج إدارة المشروعات

يتم التواصل ومناقشة النهج والإجراءات المتفق عليها مع أصحاب المصلحة في إدارة المشروعات عبر المنظمة.

يختار مكتب إدارة المشروعات إجراء تدريبات وفعاليات لتبادل المعرفة ولتثقيف الفرق المعنية ودمج النهج والإجراءات.

مراجعة وتعديل نهج إدارة المشروعات

- يراقب ويراجع أصحاب المصلحة في إدارة المشروعات تبني وامتثال وفعالية استراتيجية وإجراءات التوريد المتفق عليها.
- يتم ذلك على أساس الأحداث وعلى أساس الفترات الزمنية (فشل المشروع أو الحوادث المتعلقة بالمشروع، والصراعات، والأزمات، والشكاوى).
- تُستخدم النتائج والمبادرات الناتجة كمدخلات للتحسين المستمر.

عملية توجيه المشروعات Directing projects

الغرض من عملية توجيه المشروعات هو تمكين إدارة المشروع من تحمل المسؤولية عن نجاح المشروع سن خلال اتخاذ القرارات الرئيسية وممارسة الرقابة الشاملة مع تفويض الإدارة اليومية للمشروع إلى مدير المشروع.

تتضمن هذه العملية عددا من الأنشطة كما فى الشكل رقم (92) وتحول المدخلات إلى مخرجات.

المدخلات

نهج إدارة المشروعات الخاصة بالمنظمة.

ملخص المشروع.

وصف منتج المشروع.

حالة العمل.

خطة المرحلة أو الاستثناء.

<u>**المخرجات**</u>

ملخص المشروع المعتمد و تقارير المشروع.

الدروس المستفادة.

سجل المخاطر.

أوصاف المنتجات المعتمدة.

مستندات قبول المستخدم.

<u>**الأنشطة**</u>

تفويض البدء.

تفويض المشروع.

تفويض خطة مرحلة أو استثناء.

إعطاء توجيهات خاصة.

تفويض إغلاق المشروع.

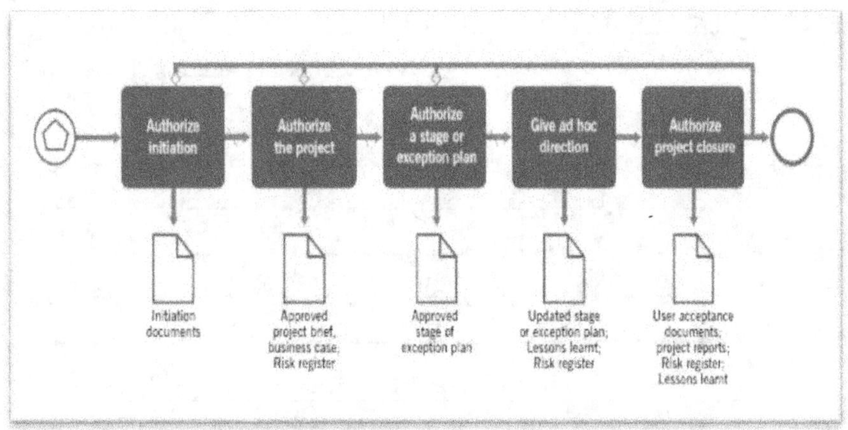

الشكل رقم (92) يبين مسار عمل عملية توجيه المشروع.
ITIL4 Practices-AXELOS Copyright-2020.

<u>عملية إدارة المشروعات **Managing projects**</u>

الغرض من عملية إدارة المشروعات هو تمكين مدير المشروع من تحمل مسؤولية المهام اليومية لإدارة المشروع نيابة عن مجلس إدارة المشروع. تتضمن هذه العملية عددا من الأنشطة كما فى الشكل رقم (93) وتحول المدخلات إلى مخرجات.

<u>**المدخلات**</u>

- نهج وإجراءات إدارة المشروعات في المنظمة.

- خطة البرنامج.

- الدروس المستفادة.

- تفويض المشروع.
- وصف منتج المشروع.

<u>المخرجات</u>

- دراسة حالة.
- ملخص المشروع.
- خطة المرحلة.
- فريق المشروع.
- خطة المشروع.
- تقارير حالة المشروع.
- الدروس المستفادة.
- سجل المخاطر.

<u>الأنشطة</u>

- بدء مشروع.
- استهلال مشروع.
- التحكم في مرحلة.
- إدارة حدود مرحلة.
- إغلاق مشروع.

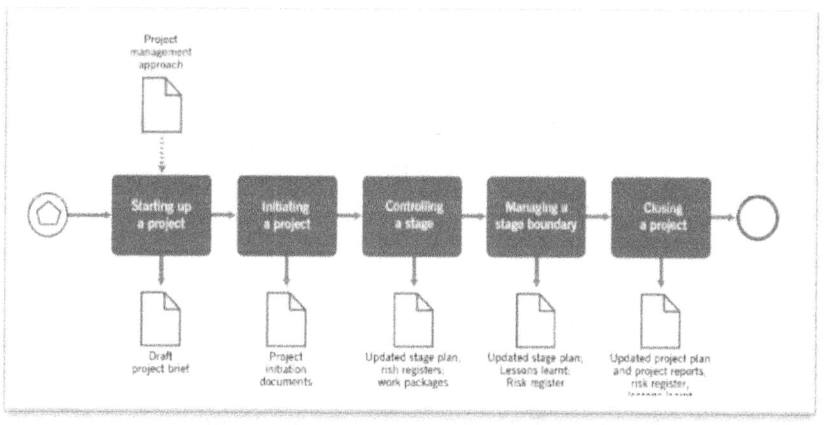

الشكل رقم (93) يبين مسار عمل إدارة المشروعات.
ITIL4 Practices-AXELOS Copyright-2020.

<u>إدارة تسليم المنتج</u>

الغرض من عملية إدارة تسليم المنتج هو تمكين فرق تطوير الحلول من إنشاء حل متطور وفقًا لأولويات العمل والالتزام بالإطارات الزمنية والتكاليف والجودة التي تحددها المنظمة.

تتضمن هذه العملية عددا من الأنشطة كما فى الشكل رقم (94) وتحول المدخلات إلى مخرجات.

<u>المدخلات</u>

- نهج وإجراءات إدارة المشروعات في المنظمة.
- حزم العمل.
- سجل المشروع.
- خلاصة آراء المستخدمين.
- وصف المنتج.

<u>المخرجات</u>

- حزمة العمل التي تم تسليمها وقبولها
- الدروس المستفادة
- التحسينات المقترحة

<u>أنشطة إدارة تسليم المنتج</u>

- قبول حزمة عمل
- تنفيذ حزمة عمل
- تسليم حزمة عمل

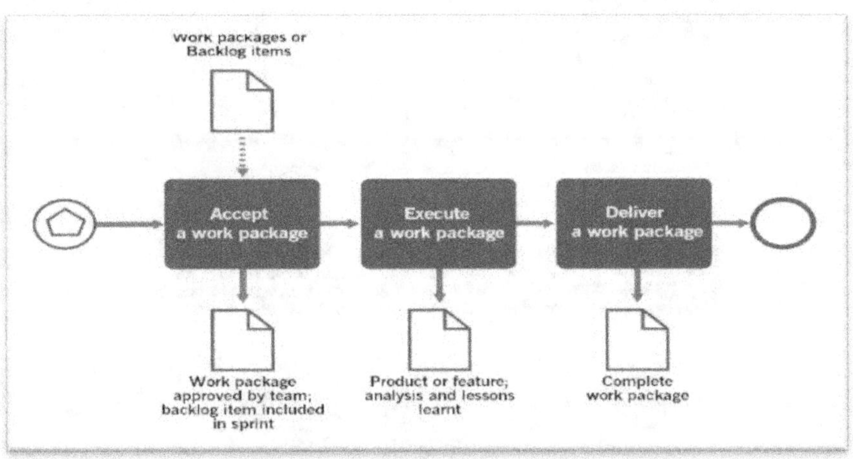

الشكل رقم (94) يبين أنشطة تسليم المنتج.
ITIL4 Practices-AXELOS Copyright-2020.

الفصل الحادى عشر: مرحلة القرار و التنفيذ

قائمة متطلبات هذا البند فى معيار الأيزو 20000

- عملية إدارة طلبات الخدمة.
- عملية إدارة الحوادث.
- عملية إدارة المشكلات.

المستندات المطلوبة لإجراءات التدقيق

عملية إدارة طلبات الخدمة

- ➢ سياسة إدارة طلبات الخدمة.
- ➢ نموذج طلب الخدمة.
- ➢ عرض تقديمى لإدارة طلبات الخدمة.

عملية إدارة الحوادث.

- ➢ سياسة إدارة الحوادث.
- ➢ تقرير الحوادث الكبرى.
- ➢ عرض تقديمى لإدارة الحوادث.

عملية إدارة المشكلات

- ➢ سياسة إدارة المشكلات.
- ➢ لوحة معلومات المشكلات.
- ➢ تقرير المشكلات الكبرى.
- ➢ عرض تقديمى لإدارة المشكلات.

عملية إدارة طلبات الخدمة

الغرض و الأهداف

الغرض من ممارسة إدارة طلب الخدمة هو دعم الجودة المتفق عليها للخدمة من خلال التعامل مع جميع طلبات الخدمة المحددة مسبقًا والتي يبدأها المستخدم بطريقة فعالة وسهلة الاستخدام.

طلب الخدمة

طلب من مستخدم يبدأ إجراء الخدمة.

أنواع الطلبات

- ✓ طلب إجراء تقديم الخدمة.
- ✓ طلب للحصول على المعلومات.
- ✓ طلب توفير مورد أو خدمة.
- ✓ طلب الوصول إلى مورد أو خدمة.
- ✓ ردود الفعل والمجاملات والشكاوى.

معايير إدارة طلب الخدمة

- ينبغي توحيد طلبات الخدمة وتنفيذها بدقة و أمانة و سرعة.
- يجب أن تكون مؤتمتة إلى أقصى درجة ممكنة ويجب تحديد فرص التحسين وتنفيذها للوصول إلى أوقات إنجاز أسرع.
- يجب وضع السياسات المتعلقة بطلبات الخدمة التي سيتم تلبيتها بموافقات محدودة أو أخرى بدون موافقات إضافية حتى يمكن تبسيط التنفيذ.
- يجب تحديد توقعات المستخدمين فيما يتعلق بأوقات التنفيذ بشكل واضح، بناءً على ما يمكن للمنظمة تقديمه بشكل واقعي.
- هناك حاجة إلى السياسات وسير العمل لإعادة توجيه طلبات الخدمة التي يجب إدارتها فعليًا كأحداث أو تغييرات.
- تتطلب بعض طلبات الخدمة الحصول على تصريح وفقًا للمعايير المالية و معايير أمن المعلومات أو سياسات الأخرى.

تنفيذ الطلبات

- تعتمد إدارة طلبات الخدمة على عمليات وإجراءات مصممة بشكل جيد، والتي يتم تفعيلها من خلال أدوات التتبع والأتمتة.
- قد تحتوي طلبات الخدمة على مسارات عمل بسيطة أو مسارات عمل معقدة للغاية.
- يجب أن تكون خطوات تلبية الطلبات معروفة ومثبتة.
- يمكن لمزود الخدمة الموافقة على أوقات التنفيذ وتقديم اتصالات إفادات واضحة بالحالة للمستخدمين.
- يمكن توفير تجربة الخدمة ذاتية لبعض طلبات الخدمة يتم تحقيقها بالكامل من خلال الأتمتة و بدون تدخل أفراد الدعم و المساعدة.
- يجب الاستفادة من نماذج سير العمل المرنة السهلة كلما أمكن إذا تبين مساهمتها فى تحسين الكفاءة وقابلية الصيانة.

نطاق ممارسة إدارة طلب الخدمة

- إدارة نماذج طلب الخدمة.
- معالجة طلبات الخدمة المقدمة من المستخدمين أو ممثليهم.
- إدارة تنفيذ طلبات الخدمة حسب النماذج المتفق عليها.
- المراجعة والتحسين المستمر لمعالجة الطلب وأداء التنفيذ.

عوامل نجاح ممارسة إدارة طلب الخدمة PSF

- التأكد من تحسين إجراءات استيفاء طلب الخدمة لجميع الخدمات
- التأكد من تلبية جميع طلبات الخدمة حسب الإجراءات المتفق عليها وبما يرضي المستخدمين.

عمليات أنشطة إدارة طلب الخدمة

- مراقبة استيفاء طلب الخدمة.
- مراجعة طلب الخدمة والتحسين.

مراقبة استيفاء طلب الخدمة

تتضمن هذه العملية عددا من الأنشطة كما فى الشكل (95) وتحول المدخلات إلى مخرجات.

المدخلات

- استعلامات طلب الخدمة
- نماذج طلب الخدمة
- اتفاقيات مستوى الخدمة
- سجلات إجراءات التنفيذ والتقارير

المخرجات

- طلبات الخدمة المستوفاة
- سجلات إجراءات التنفيذ والتقارير
- استبيانات رضا المستخدمين

الأنشطة

- طلب التصنيف
- بدء نموذج طلب الخدمة والتحكم فيه
- التحكم في التنفيذ المخصص
- مراجعة استيفاء الطلبات.

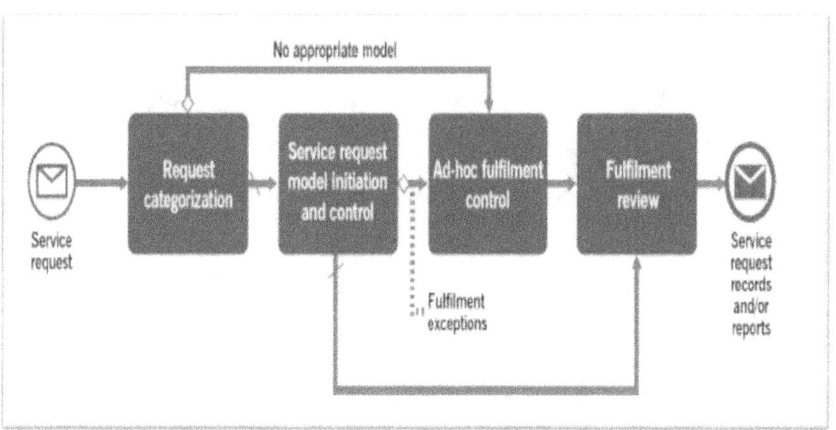

الشكل رقم (95) يبين مسار عملية استيفاء طلبات الخدمة.
ITIL4 Practices-AXELOS Copyright-2020.

مراجعة طلبات الخدمة وتحسينها

تتضمن هذه العملية عددا من الأنشطة كما فى الشكل (96) وتحول المدخلات إلى مخرجات.

المدخلات

- نماذج طلب الخدمة الحالية
- نتائج استطلاع المستخدم
- التغييرات ذات الصلة ونماذج التغيير
- السياسات والمتطلبات التنظيمية
- كتالوج الخدمة
- اتفاقيات مستوى الخدمة
- معلومات أصول تكنولوجيا المعلومات
- قاعدة بيانات التكوين CMDB
- معلومات القدرة والأداء

المخرجات

- نموذج طلب الخدمة المحدث
- تحديث إجراءات طلب الخدمة وتعليمات العمل

الأنشطة

- سجلات طلب الخدمة وتحليل التقارير
- بدء تحسين نموذج طلب الخدمة
- اتصال تحديث نموذج طلب الخدمة

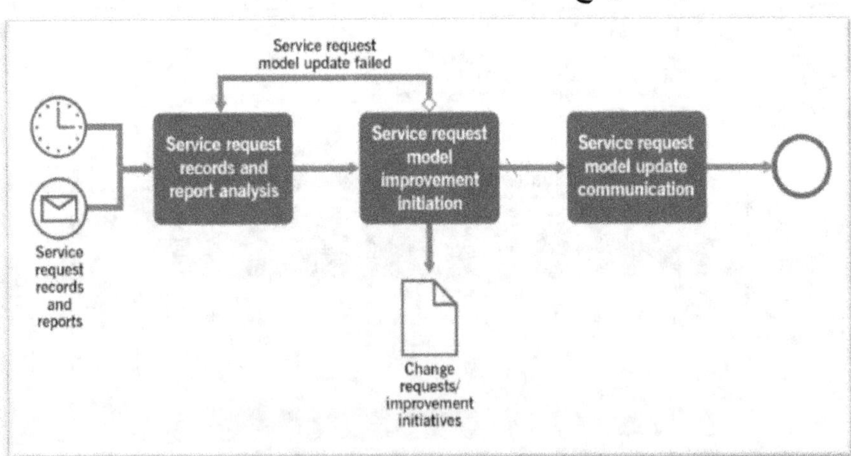

الشكل رقم (96) يبين مسار عملية مراجعة طلبات الخدمة و تحسينها.
ITIL4 Practices-AXELOS Copyright-2020.

عملية إدارة الحوادث.

الغرض

تقليل التأثير السلبي للحوادث من خلال استعادة تشغيل الخدمة الطبيعي بأسرع ما يمكن.

الحادث

انقطاع غير مخطط له للخدمة أو انخفاض في جودة الخدمة.

نموذج الحادث

نهج قابل للتكرار لإدارة نوع معين من الحوادث.

حادث كبير/جسيم

حادث له تأثير كبير على الأعمال، ويتطلب حلاً منسقًا فوريًا.

حل بديل

حل يقلل أو يزيل تأثير حادث أو مشكلة لم يتوفر لها حل كامل بعد. تقلل بعض الحلول البديلة من احتمالية وقوع الحوادث.

الدين الفني

إجمالي متأخرات إعادة العمل المتراكمة عن طريق اختيار الحلول البديلة بدلاً من حلول النظام التي قد تستغرق وقتًا أطول.

نطاق عمل ممارسة إدارة الحوادث

- اكتشاف الحوادث وتسجيلها
- تشخيص الحوادث والتحقيق فيها
- استعادة الخدمات وعناصر التكوين المتأثرة إلى جودة متفق عليها
- إدارة سجلات الحوادث
- التواصل مع أصحاب المصلحة المعنيين طوال دورة حياة الحادث
- مراجعة الحوادث وممارسة إدارة الحوادث وبدء التحسينات بعد الحل.

عوامل نجاح ممارسة إدارة الحوادث PSFs

- اكتشاف الحوادث في وقت مبكر.
- حل الحوادث بسرعة وكفاءة.
- تحسين أساليب إدارة الحوادث بشكل مستمر.
- تعمل هذه الممارسة على تحديد أولويات البنية التحتية والخدمات وعمليات الأعمال وأحداث أمن المعلومات.
- تضع الاستجابة المناسبة للأحداث بما في ذلك الاستجابة للظروف التي قد تؤدي إلى أخطاء أو حوادث محتملة.

عمليات أنشطة إدارة الحوادث

● التعامل مع الحوادث وحلها.

تركز هذه العملية على التعامل مع الحوادث الفردية وحلها.

● مراجعة الحوادث بشكل دوري.

تضمن هذه العملية تعلم الدروس المستفادة من التعامل مع الحوادث وحلها وتحسين أساليب إدارة الحوادث بشكل مستمر.

عملية التعامل مع الحوادث وحلها.

تتضمن هذه العملية عددا من الأنشطة كما فى الشكل رقم (97) وتحول المدخلات التالية إلى مخرجات.

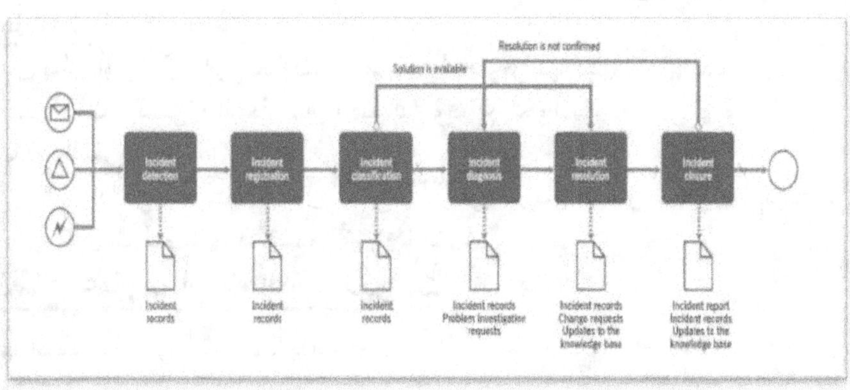

الشكل رقم (97) يبين مسار عملية التعامل مع الحوادث.
ITIL4 Practices-AXELOS Copyright-2020.

المدخلات

● بيانات المراقبة والأحداث

● استعلامات المستخدم

● معلومات التكوين

● معلومات أصول تكنولوجيا المعلومات

● كتالوج الخدمة

● اتفاقيات مستوى الخدمة مع المستهلكين والموردين/الشركاء

● معلومات السعة والأداء

● سياسات وخطط الاستمرارية

● سياسات وخطط أمن المعلومات

● سجلات المشكلات

● قاعدة المعرفة

المخرجات

- سجلات الحوادث
- اتصالات حالة الحوادث
- طلبات التحقيق في المشكلة
- طلبات التغيير
- تقارير الحوادث
- تحديثات قاعدة المعرفة
- استعادة عناصر التكوين والخدمات

الأنشطة

- اكتشاف الحادث
- تسجيل الحادث
- تصنيف الحادث
- تشخيص الحادث
- حل الحادث
- إغلاق الحادث

عملية مراجعة الحوادث بشكل دوري.

تتضمن هذه العملية عددا من الأنشطة كما فى الشكل رقم (98) وتحول المدخلات التالية إلى مخرجات.

المدخلات

- نماذج وإجراءات الحوادث الحالية
- سجلات الحوادث
- تقارير الحوادث
- السياسات والمتطلبات التنظيمية
- معلومات التكوين
- معلومات أصول تكنولوجيا المعلومات
- اتفاقيات مستوى الخدمة مع المستهلكين والموردين/الشركاء
- معلومات السعة والأداء
- سياسات وخطط الاستمرارية
- سياسات وخطط الأمان.

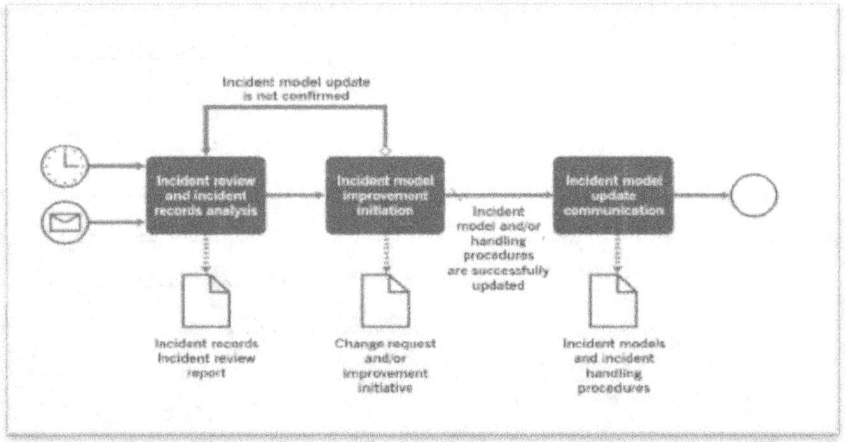

الشكل رقم (98) يبين مسار عملية مراجعة الحوادث بشكل دورى.
ITIL4 Practices-AXELOS Copyright-2020.

المخرجات

- نماذج الحوادث المحدثة
- إجراءات التعامل مع الحوادث المحدثة
- سجلات الحوادث
- الاتصالات حول نماذج الحوادث والإجراءات المحدثة
- طلبات التغيير
- مبادرات التحسين
- تقارير مراجعة الحوادث

الأنشطة

- مراجعة الحوادث وتحليل سجلات الحوادث
- بدء تحسين نموذج الحوادث
- اتصال تحديث نموذج الحوادث

تصنيف الحوادث

- التصنيف بحيث يتم تسجيل المكالمة ونوع الحادثة الدقيق على سبيل المثال سطح المكتب، الشبكة، حادث البريد الإلكتروني الخ.
- تقييم مدى الضرورة الحرجة والإلحاح وأثر تحديد الأولوية.
- التعامل ضد المشكلات الحالية والأخطاء المعروفة.
- مطابقة حوادث متعددة سلبقة أوإنشاء سجل مشكلة جديد.
- تحديد الأولويات مع الأخذ في الاعتبار التأثير والإلحاح (مدى سرعة الحادث الذي يحتاج إلى حل).

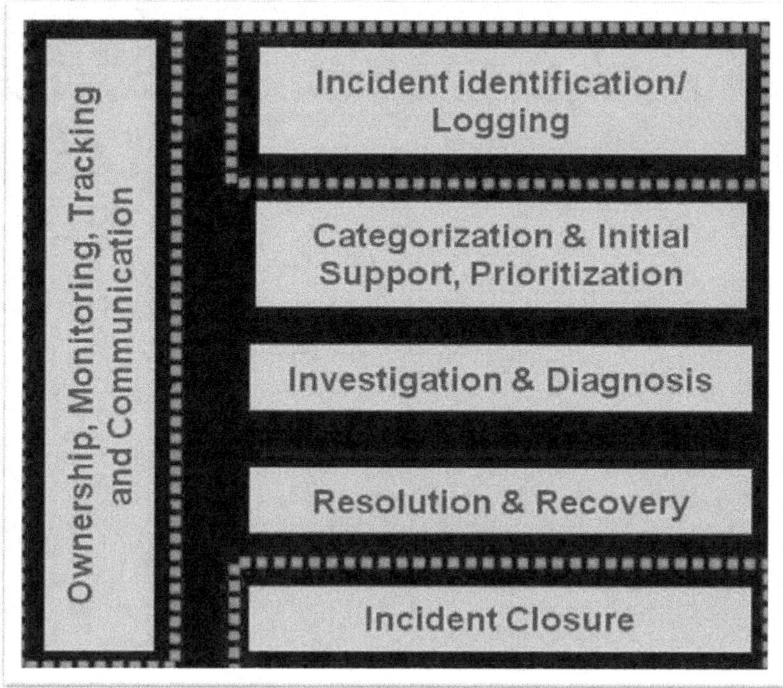

الشكل رقم (99) يبين أنشطة إدارة الحوادث.
ISO/IEC 20000 Foundation-Ivanka Menken

التحقيق والتشخيص

- تقييم تفاصيل الحادث وتوفير الحل البديل (إذا كان متاحًا).
- التصعيد للدعم من مستويات أعلى (الوظيفية) أو (التسلسل الهرمي).

القرار والاسترداد

- حل الحادث أو رفع RFC طلب تغيير.

إغلاق الحادث

- تحديث تفاصيل الإجراءات المتخذة وتصنيف الحادث.
- تأكيد الإغلاق مع المستخدم.

علاقة إدارة الحوادث بالعمليات الأخرى

الشكل رقم (50) يبين علاقة إدارة الحوادث بالعمليات الأخرى كما يلى:

إدارة الإصدار

تبادل المعلومات ذات الصلة بالإصدارات.

إدارة التغيير
مخرجات تصعيد طلبات تغيير.

إدارة التكوين
مدخل تقريربيانات الحوادث العادية و الكبرى و إنقطاع التيار و الخدمات.

إدارة التوفر
مخرج بيانات الحادث.

إدارة المشكلات
إدخال إلى قاعدة بيانات الأخطاء المعروفة.

تفاصيل الحلول البديلة.

مراجعة سجل الحوادث و المعلومات ذات الصلة.

إدارة أمن المعلومات
مخرج تحقيق و تقرير و إبلاغ عن الحوادث الأمنية وفقا لإدارة الحوادث.

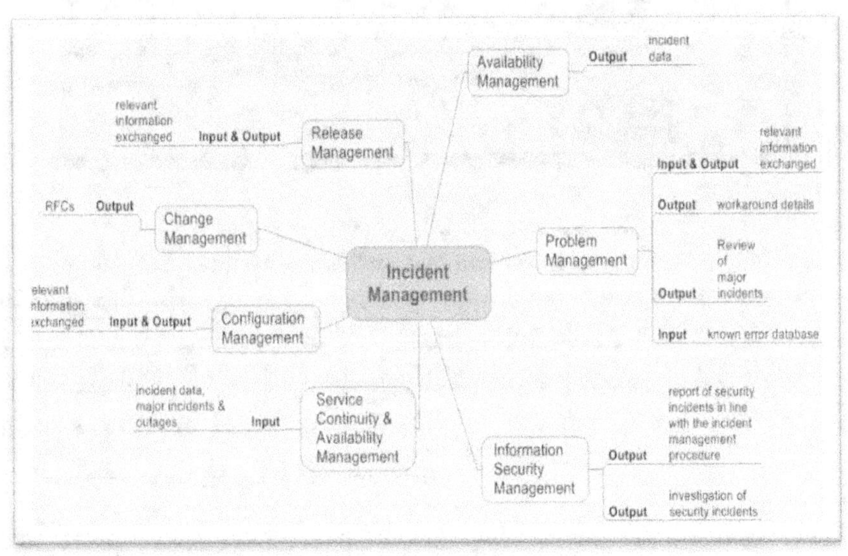

الشكل رقم (100) يبين علاقة إدارة الحوادث بالعمليات الأخرى.
ISO/IEC 20000 Foundation-Ivanka Menken

إدارة المشكلات
الغرض
تقليل احتمالية وقوع الحوادث وتأثيرها من خلال تحديد الأسباب الفعلية والمحتملة للحوادث وإدارة الحلول البديلة والأخطاء المعروفة.

تعريفات
المشكلة: سبب أو سبب محتمل لحادث واحد أو أكثر.

الخطأ المعروف: مشكلة تم تحليلها ولكن لم يتم حلها.

الحل البديل: حل يقلل أو يزيل تأثير حادث أو مشكلة لم يتوفر لها حل كامل.

خطأ معروف

مشكلة تم تحليلها ولكن لم يتم حلها.

الشكل رقم(101) يبين خطوات التعامل مع المشكلة.
ITIL4 Practices-AXELOS Copyright-2020.

تحليل المشاكل

إدارة المشكلات التفاعلية

يستخدم تحليل المشكلات معلومات حول بنية المنتج وتكوينه لتحديد عناصر التكوين (CIs) التي من المحتمل أن تسبب الحوادث ذات الصلة.

لا يقتصر التحليل على عناصر التكوين بل يشمل عوامل أخرى مثل سلوك المستخدم والأخطاء البشرية وأخطاء الإجراءات.

إدارة المشكلات الاستباقية

فهم أفضل لعناصر التكوين والمكونات الأخرى لجميع أبعاد إدارة الخدمة الأربعة التي يُشتبه في أنها تسبب الحوادث.

على سبيل المثال، إذا أبلغ البائع المؤسسة بوجود ثغرة أمنية في برنامجه، فستكون مهمة التحكم في المشكلات هي تحديد كيفية استخدام المؤسسة لهذا البرنامج من أجل تقييم المخاطر المرتبطة بالثغرة الأمنية والتأثير المحتمل.

نطاق ممارسة إدارة المشكلات

- تحديد المشكلات وتحليلها و تحليل الأخطاء المعروفة والتحكم فيها.
- بدء التغييرات لإصلاح أو تقليل تأثير المشكلات.
- تقديم معلومات حول المشكلات لأصحاب المصلحة المعنيين.
- مراقبة الأخطاء والتحسين المستمر للحلول البديلة.

عوامل نجاح ممارسة إدارة المشكلات PSFs

- تحديد وفهم المشكلات وتأثيرها على الخدمات.
- تحسين حل المشكلات والتخفيف من حدتها.

عمليات أنشطة إدارة المشكلات

- تحديد المشكلة بشكل استباقي.
- تحديد المشكلة بشكل تفاعلي.
- التحكم في المشكلة.
- التحكم في الخطأ.

عملية تحديد المشكلة بشكل استباقي

تتضمن هذه العملية عددا من الأنشطة كما فى الشكل رقم (102) وتحول المدخلات التالية إلى مخرجات.

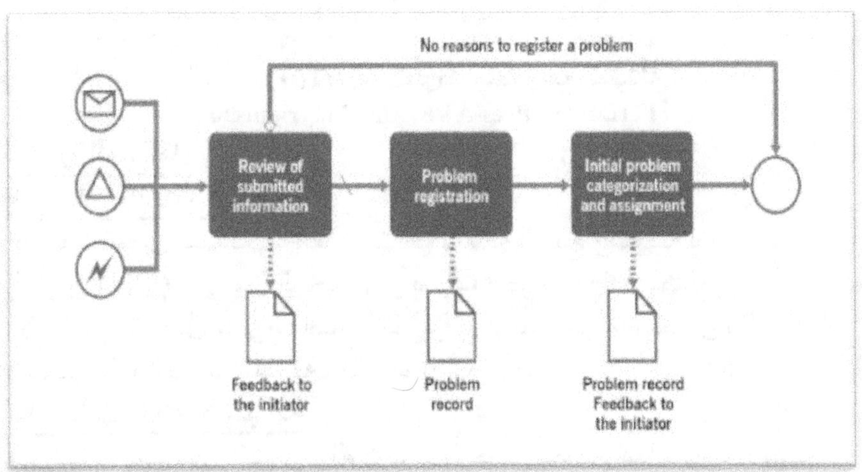

الشكل رقم (102) يبين مسار عملية تحديد المشكلة بشكل استباقى.
ITIL4 Practices-AXELOS Copyright-2020.

المدخلات

- معلومات الأخطاء من البائعين والموردين.
- معلومات حول الأخطاء المحتملة التي أرسلتها فرق متخصصة.
- معلومات حول الأخطاء المحتملة التي أرسلتها مجتمعات المستخدمين والمهنيين الخارجية.
- معلومات حول الأخطاء المحتملة التي أرسلها المستخدمون.
- بيانات المراقبة.
- بيانات تكوين الخدمة.

المخرجات

- سجلات المشكلة
- ردود الفعل إلى صاحب المشكلة

<u>**الأنشطة**</u>

- مراجعة المعلومات المقدمة
- تسجيل المشكلة
- تصنيف المشكلة وتعيينها مبدئيًا

<u>عملية تحديد المشكلة بشكل تفاعلي.</u>

تتضمن هذه العملية عددا من الأنشطة كما فى الشكل رقم (103) وتحول المدخلات التالية إلى مخرجات.

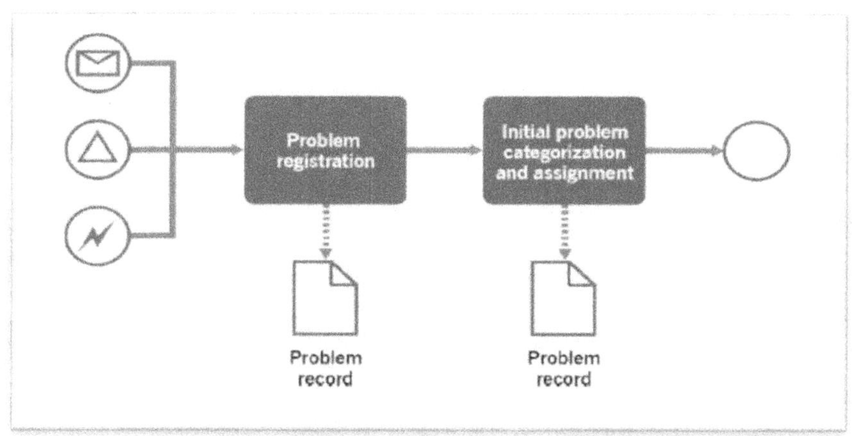

الشكل (103) يبين مسار عملية تحديد المشكلة بشكل تفاعلى.
ITIL4 Practices-AXELOS Copyright-2020.

<u>**المدخلات**</u>

- معلومات حول الحوادث الجارية
- سجلات وتقارير الحوادث
- بيانات المراقبة
- بيانات تكوين الخدمة
- اتفاقيات مستوى الخدمة (SLA)

<u>**المخرجات**</u>

- سجلات المشكلة
- الأنشطة
- تسجيل المشكلة
- تصنيف المشكلة وتعيينها مبدئيًا

<u>عملية التحكم في المشكلة.</u>

تركز هذه العملية على التحقيق في المشكلة.

تتضمن هذه العملية عددا من الأنشطة كما فى الشكل رقم (104) وتحول المدخلات التالية إلى مخرجات.

<u>المدخلات</u>

- سجلات المشكلات
- بيانات تكوين الخدمة
- المعلومات الفنية حول عناصر التكوين والمنتجات والخدمات
- سجلات الحوادث
- بيانات المراقبة

<u>المخرجات</u>

- سجلات المشكلات
- الأخطاء المعروفة
- حلول الحوادث

<u>الأنشطة</u>

- التحقيق في المشكلة
- تواصل الخطأ المعروف

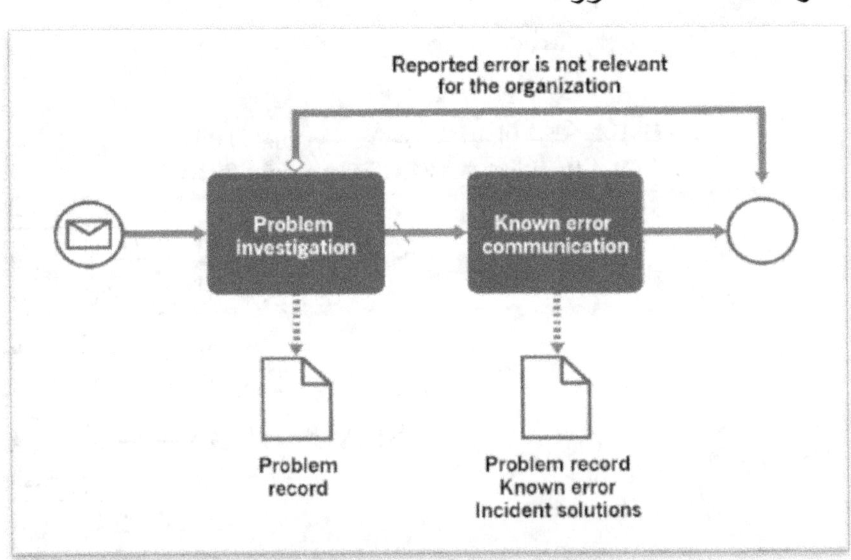

الشكل رقم (104) يبين مسار عملية التحكم فى المشكلة.
ITIL4 Practices-AXELOS Copyright-2020.

عملية التحكم فى الخطأ

تركز هذه العملية على التحكم فى ومراقبة حالة الأخطاء المعروفة (المشاكل التي يتم تحليلها ولكن لم يتم حلها) وحلها.

► ضمان فهم التأثيرات السلبية للأخطاء المعروفة على الخدمات والحد منها.

► يجب أن تكون الحلول للحوادث ذات الصلة فعالة.

► يجب أن يكون نهج التخفيف من الخطأ المعروف صالحًا وفعالًا وكفؤًا.

تتضمن هذه العملية عددا من الأنشطة كما فى الشكل رقم (105) وتحول المدخلات التالية إلى مخرجات.

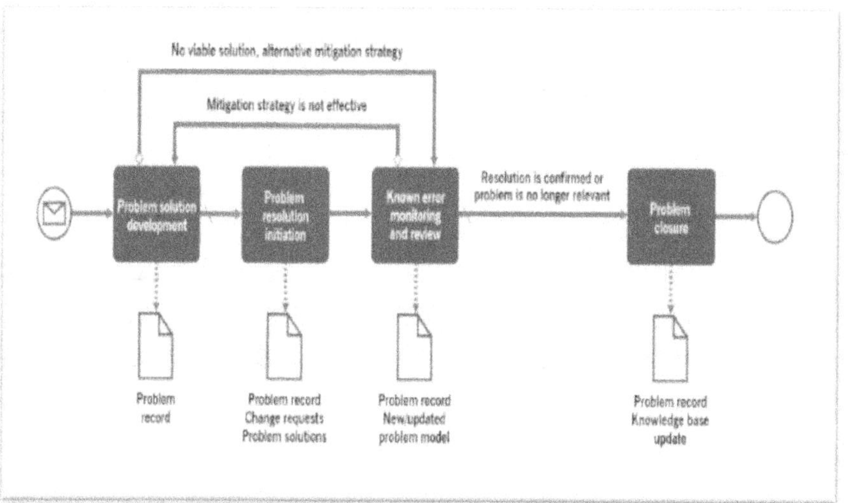

الشكل رقم (105) يبين مسار عملية التحكم فى الخطأ.
ITIL4 Practices-AXELOS Copyright-2020.

المدخلات

- سجلات المشكلات
- بيانات تكوين الخدمة
- المعلومات الفنية حول عناصر التكوين والمنتجات والخدمات
- سجلات الحوادث
- بيانات المراقبة
- بيانات إدارة المعرفة

المخرجات

- سجلات المشكلات
- نماذج المشكلات
- طلبات التغيير
- مبادرات التحسين
- حلول المشكلات

<u>الأنشطة</u>

- تطوير حل المشكلة
- بدء حل المشكلة
- مراقبة الأخطاء المعروفة ومراجعتها
- إغلاق المشكلة

تصنيف المشكلات

‹ يتم تسجيل جميع المشكلات التي تم رصدها واعتماد الإجراءات لتحديدها أو التقليل منها أو تجنب تأثير الحوادث والمشكلات.

‹ يجب تحديد نماذج لجميع العمليات التسجيل والتصنيف والتحديث والتصعيد وحل وإغلاق جميع المشكلات.

‹ تتم مراقبة حل المشكلة ومراجعته وصدور تقرير عنه للتأكد من فعاليته.

‹ إدارة المشكلات مسؤولة عن ضمان تحديث المعلومات عن الأخطاء والمشكلات المعروفة و المصححة.

‹ جميع المعلومات تكون متاحة لإدارة الحوادث.

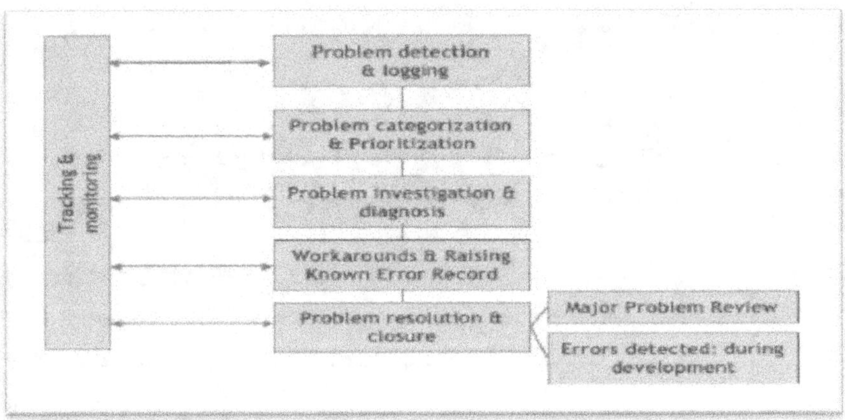

الشكل رقم (106) يبين عملية رد الفعل فى إدارة المشكلات.
ISO/IEC 20000 Foundation-Ivanka Menken

<u>عملية رد الفعل</u>

أنشطة إدارة المشكلات التفاعلية تسجيل المشكلات وتصنيفها ويتم إجراء تحليل السبب الجذري الفعلي وتصحيح الخطأ المعروف.

من أجل تحديد السبب الجذري للمشكلة ينبغي تطبيق المستوى المناسب من الموارد والخبرة.

يمكن استخدام الحلول البديلة لأي حوادث ناجمة عن المشكلة.

مراجعة المشكلات الكبرى

بعد كل حادث أو مشكلة كبيرة، يجب إجراء مراجعة لتعلم أي دروس للمستقبل. وينبغي للمراجعة على وجه التحديد أن يتم تفحص ما يلي:

> ما تم القيام به بشكل صحيح.

> ما تم القيام به بشكل خاطئ.

> ما الذي يمكن عمله بشكل أفضل في المستقبل.

> كيفية منع تكرار المشكلة.

> هل هناك أي مسؤولية لطرف ثالث وهل هناك حاجة إلى إجراءات المتابعة.

يمكن استخدام مثل هذه المراجعات كجزء من أنشطة التدريب والتوعية للموظفين ويجب توثيق أي دروس مستفادة في الإجراءات المناسبة، أو تعليمات العمل، أو النصوص التشخيصية، أو سجلات الأخطاء المعروفة.

الإدارة الاستباقية للمشاكل

النشاطان الرئيسيان لإدارة المشكلات الاستباقية هما:

إجراء تحليل الاتجاه

> مراجعة تقارير العمليات الأخرى (مثل إدارة الحوادث وإدارة التوفر)

> تحديد المشكلات المتكررة أو فرص التدريب.

الإجراءات الوقائية

> إجراء تحليل التكلفة والفوائد لجميع التكاليف المرتبطة بالوقاية.

> استهداف مجالات محددة تحظى بأكبر قدر من الاهتمام بالدعم.

> عندما يحدد التحقيق الذى تجريه إدارة المشكلة السبب الجذري للحادث وطريقة حل الحادث، يتم تصنيف المشكلة على أنها خطأ معروف.

> يتم إرسال المعلومات حول الحلول البديلة أو الإصلاحات الدائمة أو تقدم المشكلات إلى المتأثرين أو المطلوبة لدعم الخدمات المتأثرة.

علاقة إدارة المشكلات بالعمليات الأخرى

الشكل رقم (107) يبين علاقة إدارة الحوادث بالعمليات الأخرى كما يلى:

إدارة التكوين

مدخل تفاصيل عناصر المشكلة من قاعدة بيانات التكوين.

إدارة التغيير

مدخل طلبات تغيير و مخرج تحليل المشكلات الكبرى.

إدارة الحوادث

مدخل تفاصيل الحل البديل و مراجعة الحوادث الكبرى وتبادل معلومات ذات

صلة بالواقعة و مخرج تحديث قاعدة بيانات الأخطاء المعروفة.

إدارة الموردين

مدخل تقارير تفاصيل حول المنتجات المستخدمة فى البنية التحتية بما فى ذلك التفاصيل الفنية و الأخطاء المعروفة لتلك المنتجات.

إدارة مستوى الخدمة

مدخل بيانات كتالوج الخدمة و اتفاقيات مستوى الخدمة.

تقارير الخدمة

مخرج تقرير إدارة المشكلات و معلومات.

مدخل تقارير الخدمة.

الميزانية و المحاسبة

معلومات عن جميع مكونات المشكلة.

إدارة أمن المعلومات

مخرج التحقيق فى الحوادث ذات الصلة بأمن المعلومات و تقارير عن المشكلات الأمنية حول الإتجاهات فى أمن المعلومات.

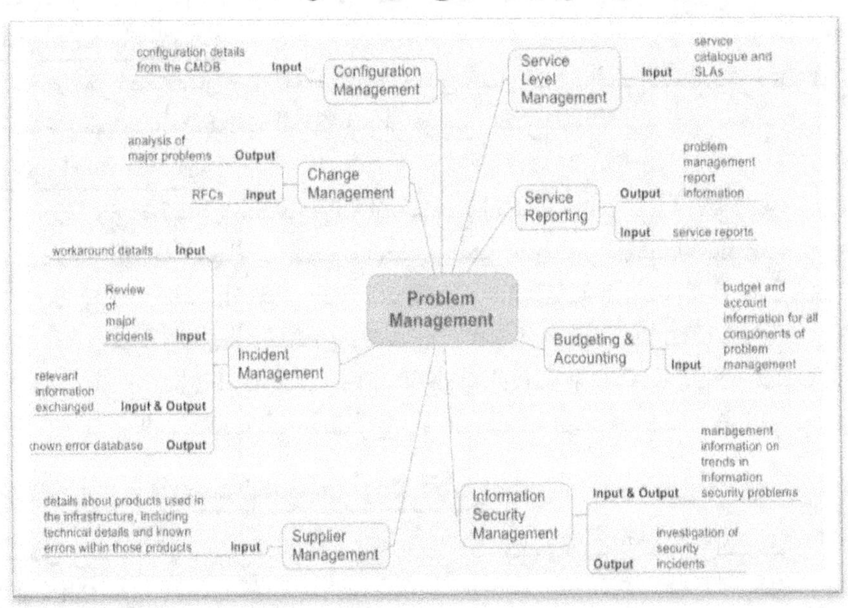

الشكل رقم (107) يبين علاقة إدارة الحوادث بالعمليات الأخرى.
ISO/IEC 20000 Foundation-Ivanka Menken

الفصل الثانى عشر: مرحلة ضمان الخدمة

قائمة متطلبات هذا البند فى معيار الأيزو 20000

- عملية إدارة توفر الخدمة.
- عملية إدارة استمرارية الخدمة.
- عملية إدارة أمن المعلومات.

المستندات المطلوبة لإجراءات التدقيق

عملية إدارة توفر الخدمة.

- سياسة إدارة التوفر
- خطة إدارة التوفر
- عرض تقديمى لإدارة التوفر

عملية إدارة استمرارية الخدمة.

- سياسة استمرارية الخدمة
- خطة استمرارية الخدمة
- خطة اختبار استمرارية الخدمة
- عرض تقديمى لإستمرارية الخدمة

عملية إدارة أمن المعلومات.

- سياسة أمن المعلومات
- خطة أمن المعلومات ومعالجة المخاطر
- عرض تقديمى لإدارة أمن المعلومات
- اتفاقية أمن المعلومات الخاصة بالمنظمة الخارجية

إجراءات أمن المعلومات

- تقييم المخاطر وعملية العلاج
- تقرير تقييم المخاطر
- إجراءات الاستجابة للحوادث
- تقرير ما بعد الحادث
- عملية إدارة وصول المستخدم
- إجراءات الوصول إلى مركز البيانات
- سياسة النسخ الاحتياطي

عملية إدارة توفر الخدمة.

الغرض و الأهداف

الغرض من ممارسة إدارة التوفر هو التأكد من أن الخدمات تقدم مستويات متفق عليها من التوفر لتلبية احتياجات العملاء والمستخدمين.

التوفر

قدرة أى خدمة أو أى عنصر تكوين على أداء الوظيفة المتفق عليها عند الحاجة.

نطاق ممارسة إدارة التوافر

- التفاوض والموافقة على متطلبات العملاء للتوافر.
- تصميم ضوابط التوفر كجزء من نموذج الخدمة.
- مواءمة ضوابط التوفر مع بنية الأعمال
- تحديد المخاطر المرتبطة بالتوافر
- تحليل تأثيرات التغييرات على أهداف التوفر
- مراقبة مدى توفر الخدمات
- تبرير ضوابط التوفر الجديدة
- تنفيذ تدابير تخفيف المخاطر
- تغيير البنية التحتية لتكنولوجيا المعلومات لتحسين التوافر
- اختبار ضوابط التوفر أثناء انتقال الخدمة
- الرد على الأحداث التي قد تؤثر على قدرة المنظمة على تحقيق أهداف التوفر
- إدارة حوادث التوفر
- إدارة وتنفيذ التحسينات بشكل مستمر

المصطلحات الأساسية

مقياس توفر الخدمة

نسبة ساعات الخدمة المتفق عليها التي يكون فيها المكون أو الخدمة متاحًا.

الموثوقية

مقياس للمدة التي يمكن أن تؤدي فيها الخدمة عملها المتفق عليه دون انقطاع.

قابلية الصيانة

مقياس لمدى سرعة وفعالية استعادة الخدمة للعمل الطبيعي بعد حدوث عطل.

قابلية الخدمة

قدرة المورد الخارجي على تلبية شروط عقده و يتضمن هذا العقد مستويات متفق عليها من الموثوقية و الصيانة و التوفر للخدمات أو المكونات.

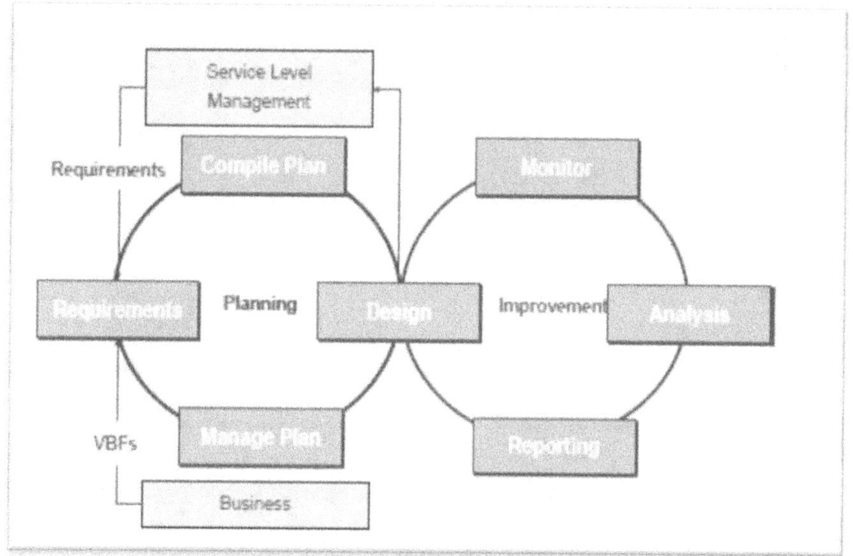

الشكل رقم (108) يبين أنشطة إدارة توفر الخدمة.
ITIL V3 Foundation-The Art of Service Pty Ltd

الوظائف التجارية الحيوية (VBF)
العناصر التجارية المهمة لعملية الأعمال التي تدعمها إدارة الخدمات.

قياسات التوفر و قيمة الخدمة

- متوسط الوقت بين الأعطال (MTBF)
- متوسط الوقت لاستعادة الخدمة (MTRS)
- يقيس متوسط الوقت بين الأعطال (MTBF) تكرار فشل الخدمة.

على سبيل المثال، في المتوسط، تفشل الخدمة التي يبلغ متوسط الوقت بين الأعطال (MTBF) أربعة أسابيع 13 مرة كل عام.

- يقيس متوسط الوقت لاستعادة الخدمة (MTRS) سرعة استعادة الخدمة بعد الفشل.

شروط قياس التوفر
هناك أمور أخرى يجب مراعاتها بشان توفر الخدمة كما يلي:-

- ما هي وظائف الأعمال الحيوية التي تتأثر باختلاف فشل التطبيقات.
- في أي نقطة يكون الأداء بطيئا سيئا للغاية بحيث تكون الخدمة غير صالحة للاستعمال بشكل فعال.
- متى يجب أن تكون الخدمة متاحة ومتى يمكن أن يقوم مزود الخدمة بتنفيذ أنشطة الصيانة.

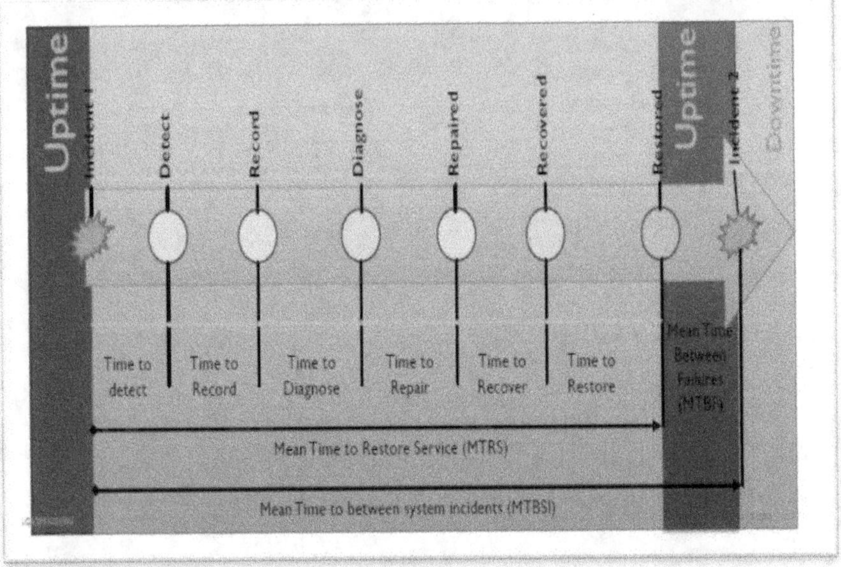

الشكل رقم (109) يبين قياسات توفر الخدمة بين حالات الفشل.
ITIL 4 FOUNDATION-MORWAN ELGASIM

حسابات التوفر

تشمل القياسات التي تعمل بشكل جيد مع بعض الخدمات ما يلي:-

دقائق انقطاع خدمة المستخدم

يتم حسابها بضرب مدة الحادث فى عدد المستخدمين المتأثرين أو عن طريق جمع عدد دقائق تأثر كل مستخدم وهذا يعمل بشكل جيد للخدمات التي تدعم إنتاجية المستخدم بشكل مباشر مثل خدمة البريد الإلكتروني.

عدد المعاملات المفقودة

تحسب عن طريق طرح عدد المعاملات من العدد المتوقع حدوثه خلال الفترة الزمنية وهذا يعمل بشكل جيد للخدمات التي تدعم العمليات التجارية القائمة على المعاملات مثل دعم التصنيع.

قيمة الأعمال المفقودة

يتم حسابها عن طريق قياس كيف تأثرت إنتاجية الأعمال بفشل الخدمات المساندة, يمكن للعملاء فهم هذا بسهولة ويمكن أن يكون مفيدًا لهم تخطيط الاستثمار في إختيار خدمات ذات توافر متحسن ومع ذلك يمكن أن يكون من الصعب تحديد القيمة التجارية المفقودة التي سببها فشل خدمة تكنولوجيا المعلومات حين يكون لها أسباب أخرى.

رضا المستخدم

توفر الخدمة أحد أهم الخصائص المرئية الملموسة للخدمات، ولها تأثير كبير علي رضا المستخدمين ومن المهم التأكد من قياسات تحقق رضا المستخدمين عن توفر الخدمة بالإضافة إلى الاجتماع رسميًا للتأكيد على أهداف التوفر المتفق عليها.

مهام إدارة التوفر

- التفاوض والاتفاق على الأهداف القابلة للتحقيق من أجل التوافر.
- تصميم البنية التحتية والتطبيقات التي يمكنها توفير مستويات التوفر المطلوبة.
- التأكد من أن الخدمات والمكونات قادرة على جمع البيانات المطلوبة لقياس مدى التوفر.
- المراقبة والتحليل والإبلاغ عن التوافر.
- تحسينات التخطيط للتوافر.

عوامل نجاح ممارسة إدارة التوفر PSF

- تحديد متطلبات توفر الخدمة.
- قياس مدى توفر الخدمة وتقييمها والإبلاغ عنها.
- معالجة مخاطر توفر الخدمة.

عمليات أنشطة إدارة التوفر

- إنشاء التحكم فى توفر الخدمة.
- تحليل وتحسين توفر الخدمة.

عملية إنشاء التحكم فى توفر الخدمة

تتضمن هذه العملية عددا من الأنشطة كما فى الشكل رقم (110) وتحول المدخلات التالية إلى مخرجات.

المدخلات

متطلبات العملاء

مسودات متطلبات مستوى الخدمة SLR

معلومات عن الموارد المتاحة

المخرجات

- متطلبات توفر الخدمة المتفق عليها
- متطلبات قياس التوفر
- قالب (نماذج) تقرير التوفر

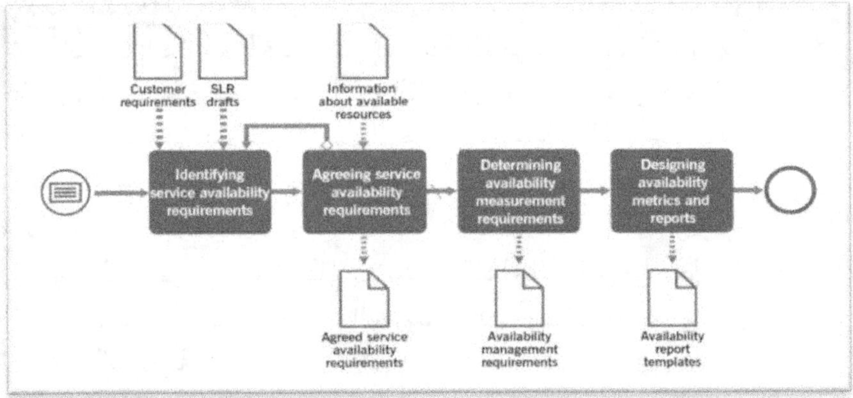

الشكل رقم (110) يبين مسار عملية التحكم فى توفر الخدمة.
ITIL4 Practices-AXELOS Copyright-2020.

<u>الأنشطة</u>

- تحديد متطلبات توفر الخدمة
- الموافقة على متطلبات توفر الخدمة
- تحديد متطلبات قياس التوفر
- تصميم مقاييس وتقارير التوفر

عملية تحليل وتحسين توفر الخدمة

تتضمن هذه العملية عددا من الأنشطة كما فى الشكل رقم (111) وتحول المدخلات التالية إلى مخرجات.

<u>المدخلات</u>

- بيانات الرصد
- سجلات الحوادث
- نماذج الخدمة
- قالب نموذج (نماذج) تقرير التوفر
- متطلبات توفر الخدمة المتفق عليها
- سجل (سجلات) المخاطر
- مواصفات الخدمة

<u>المخرجات</u>

- تقرير (تقارير) مدى توفر الخدمة
- سجلات المشكلة
- خطة (خطط) إدارة التوفر
- ضوابط جديدة ومحدثة

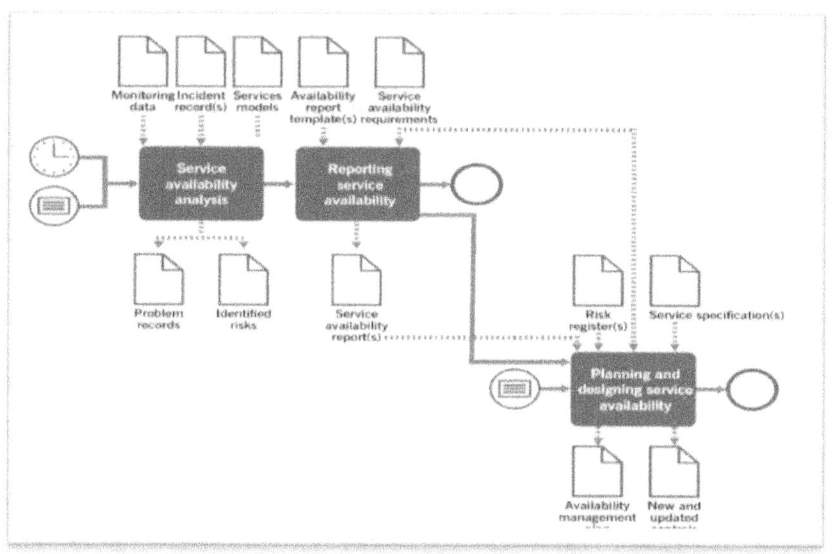

الشكل رقم (111) يبين مسار عملية تحليل و تحسين توفر الخدمة.
ITIL4 Practices-AXELOS Copyright-2020.

الأنشطة

تحليل مدى توفر الخدمة
الإبلاغ عن توفر الخدمة
تخطيط وتصميم مدى توفر الخدمة

علاقة إدارة التوفر و إدارة إستمرارية الخدمة بالعمليات الأخرى

الشكل رقم (112) يبين علاقة إدارة التوفر بالعمليات الأخرى كما يلى:

إدارة الحوادث

مدخل بيانات الحوادث بأنواعها و إنقطاع التيار.

إدارة التغيير

مدخل بيانات التحكم فى التغيرات إلى وثائق استمرارية و توفر الخدمة.
مخرج طلبات تغيير و تقارير اثر التغيرات المقترحة على خطة التوفر.

إدارة مستوى الخدمة

مدخل متطلبات التوفر و انجازات مستوى الخدمة و مستويات الخدمات لكل
مجموعة عملاء و خدمات ومخرج بيانات القدرة و الأداء.

الميزانية و الحسابات.

مدخل معلومات الميزانية و الحسابات المتعلقة باغدارتى استملارية و توفر
الخدمة.

إدارة المشكلات
مدخل تحليل السبب الجذرى للحوادث التى سببت أو قد تسبب توقف الخدمات.

إدارة التكوين
مدخل المكونات التى تتطلب إجراء تحليل أثر أعطالها على الخدمات.

مخرج مخططات تدقيق التكوين.

إدارة التدقيق
مدخل تقرير التدقيق.

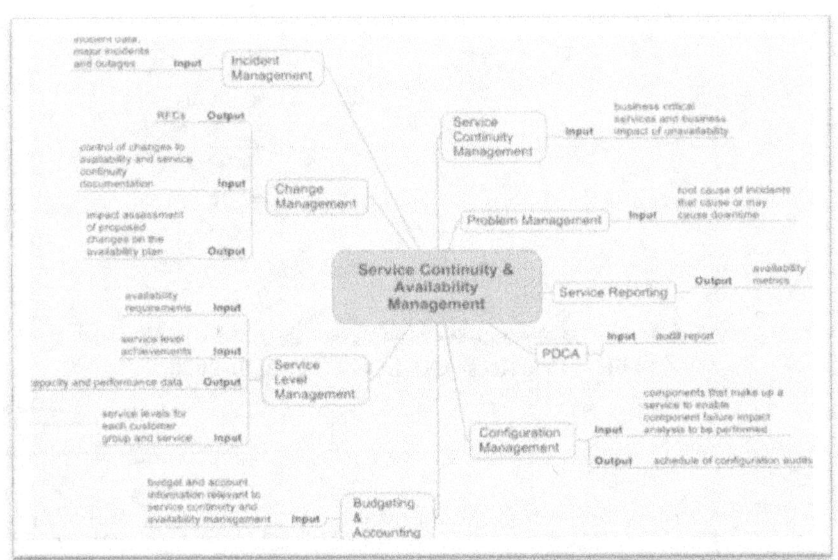

الشكل رقم (112) يبين علاقة إدارتى التوفر وإستمرارية الخدمة بالعمليات الأخرى.
ISO/IEC 20000 Foundation-Ivanka Menken

عملية إدارة استمرارية الخدمة.
الغرض

هو التأكد من توافر الخدمة والحفاظ على مستويات كافية في حالة وقوع كارثة. توفر الممارسة إطارًا لبناء المرونة التنظيمية مع القدرة على إنتاج استجابة فعالة تحمي مصالح أصحاب المصلحة الرئيسيين وسمعة المنظمة وعلامتها التجارية وأنشطتها المولدة للقيمة.

تعريفات هامة
الأعطال البسيطة.
يتم اعتبار الأعطال بسيطة أو كبيرة بناءً على تأثيرها على الأعمال. يتم مراعاة عوامل تقييم الأعطال مثل إجراءات الخدمة المتأثرة، وحجم الفشل، ووقت الفشل.

تعريف الكارثة

حدث مفاجئ غير مخطط له يتسبب في أضرار جسيمة أو خسارة جسيمة للمنظمة.

ينتج عن الكارثة فشل المنظمة في توفير وظائف الأعمال الحرجة لفترة زمنية محددة مسبقًا.

قائمة الكوارث

- الهجمات الإلكترونية
- انقطاع التيار الكهربائي
- فشل الشركاء الاستراتيجيين
- الحرائق و الفيضانات
- عدم توفر الموظفين الرئيسيين
- فشل البنية التحتية لتكنولوجيا المعلومات على نطاق واسع (مثل فشل مركز البيانات).
- الكوارث الطبيعية.

استمرارية الخدمة

قدرة مزود الخدمة على مواصلة تشغيل الخدمة بمستويات مقبولة محددة مسبقًا بعد وقوع كارثة أو حادثة معطلة جسيمة.

المصطلحات الرئيسية

إدارة استمرارية الأعمال (BCM)

- الاستراتيجيات والإجراءات التي يجب اتخاذها لمواصلة العمليات التجارية في حالة وقوع كارثة.
- من الضروري دمج استراتيجية إدارة استمرارية أعمال نظم المعلومات (ITSCM) كمجموعة فرعية من استراتيجية استمرارية الأعمال.

تحليل التأثير على الأعمال (BIA)

يحدد التأثير الذي قد يخلفه فقدان خدمة تكنولوجيا المعلومات على الأعمال.

يحدد الخدمات الأكثر أهمية للمنظمة وبالتالي فهو مدخلات بالغة الأهمية للاستراتيجية.

الوظائف التجارية الحيوية (VBF)

العناصر التجارية الحرجة لعملية الأعمال التي تدعمها خدمة تكنولوجيا المعلومات.

عادةً ما يتم إنفاق المزيد من الجهود والاستثمارات لحماية هذه الوظائف التجارية الحيوية.

المخاطر

- إمكانية وقوع حدث قد يسبب ضررًا أو خسارة، أو يؤثر على القدرة على تحقيق الأهداف.
- يتم قياس المخاطر من خلال احتمالية التهديد، ومدى تعرض الأصول لذلك التهديد والتأثير الذي قد يحدثه إذا حدث.

تقييم المخاطر

تحديد وتقييم الأصول والتهديدات والثغرات التي تواجه العمليات التجارية وخدمات تكنولوجيا المعلومات والبنية الأساسية لتكنولوجيا المعلومات والأصول الأخرى.

إدارة المخاطر

تحديد استجابات المخاطر المناسبة أو التدابير المضادة المبررة من حيث التكلفة لمكافحة المخاطر المحددة.

التدابير المضادة:

التدابير اللازمة لمنع الكارثة أو التعافي منها.

الحل البديل اليدوي:

استخدام حل غير قائم على تكنولوجيا المعلومات للتغلب على انقطاع خدمة تكنولوجيا المعلومات.

الاسترداد التدريجي:

أوالاستعداد البارد (72<) ساعة للتعافي من "كارثة").

الاسترداد المتوسط:

الاستعداد الدافئ (24-72 ساعة للتعافي من "كارثة")

الاسترداد الفوري:

يعرف باسم الاستعداد الساخن (24 <) ساعة وعادة ما يعني 1-2 ساعة للتعافي من "كارثة").

الترتيب المتبادل:

الاتفاق مع شركة أخرى لتقاسم التزامات التعافي من الكوارث.

هدف وقت الاسترداد (RTO)

أقصى فترة زمنية مقبولة بعد انقطاع الخدمة والتي يمكن أن تنقضي قبل أن يؤثر نقص وظائف الأعمال بشكل خطير على المنظمة.

هدف نقطة الاسترداد (RPO)

النقطة التي يجب عندها استعادة المعلومات التي يستخدمها النشاط لتمكين النشاط من العمل عند الاستئناف.

تحليل تأثير الأعمال (BIA)

أحد الأنشطة الرئيسية في ممارسة إدارة استمرارية الخدمة والذي يحدد وظائف الأعمال الحيوية (VBFs) وتبعياتها.

تشمل هذه التبعيات الموردين والأشخاص وعمليات الأعمال الأخرى وخدمات تكنولوجيا المعلومات.

يحدد تحليل تأثير الأعمال متطلبات الاسترداد لخدمات تكنولوجيا المعلومات.

تتضمن هذه المتطلبات متطلبات الاسترداد ومتطلبات إعادة التشغيل ومستويات الخدمة المستهدفة الدنيا لكل خدمة تكنولوجيا معلومات.

الحد الأدنى لمستوى الخدمة المستهدفة

مستوى الخدمة المقبول لدى مقدم الخدمة لتحقيق أهدافه أثناء الانقطاع.

خطط الاسترداد من الكوارث

مجموعة من الخطط المحددة بوضوح والتي تتعلق بكيفية تعافي المنظمة من الكارثة وكذلك العودة إلى حالة ما قبل الكارثة.

خطط استمرارية الخدمة

- خطة الاستجابة تحدد كيفية رد فعل مزود الخدمة في البداية على حدث معطل من أجل منع الضرر، كما في حالات الحريق أو الهجوم الإلكتروني.
- خطة الاسترداد تحدد كيفية استرداد مزود الخدمة للخدمة من أجل تحقيق وقت الاسترداد.
- خطة العودة إلى العمليات العادية تحدد كيفية استئناف مزود الخدمة للعمليات العادية بعد الاسترداد.
- إذا كان مركز بيانات بديل قيد الاستخدام يتم تشغيل مركز البيانات الأساسي واستعادة القدرة على استمرارية خدمة تكنولوجيا المعلومات مرة أخرى.

خطط استمرارية الأعمال

- الاستجابة للطوارئ للتعامل مع جميع خدمات الطوارئ والأنشطة.
- خطة الإخلاء لضمان سلامة الموظفين.
- خطة إدارة الأزمات والعلاقات العامة وخطط للسيطرة على الأزمات المختلفة وإدارة وسائل الإعلام والعلاقات العامة.
- خطة أمنية توضح كيفية إدارة جميع جوانب الأمن في جميع المواقع الرئيسية ومواقع الاسترداد.
- خطة اتصال توضح كيفية التعامل مع جميع جوانب الاتصال وإدارتها مع جميع المناطق والأطراف ذات الصلة المشاركة أثناء وقوع حادث كبير.

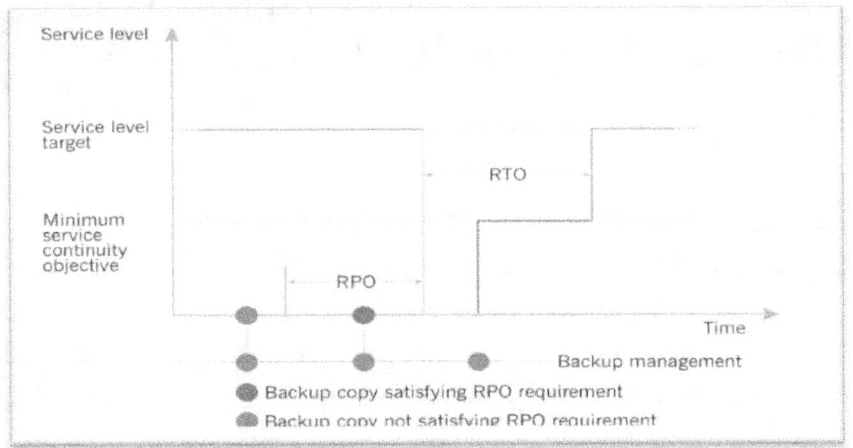

الشكل رقم (113) يبين متطلبات إستمرارية الخدمة الزمنية.
ITIL4 Practices-AXELOS Copyright-2020.

نطاق عمل ممارسة إدارة استمرارية الخدمة

- ⮞ إجراء تحليل تأثير الأعمال لتحديد تأثير عدم توفر الخدمة.
- ⮞ تطوير استراتيجيات استمرارية الخدمة (ودمجها في استراتيجية إدارة استمرارية الأعمال، إذا لزم الأمر).
- ⮞ يجب أن يتضمن ذلك عناصر تدابير التخفيف من المخاطر بالإضافة إلى اختيار خيارات الاسترداد المناسبة والشاملة
- ⮞ تطوير وإدارة خطط استمرارية الخدمة (وتوفير واجهة واضحة لخطط استمرارية الأعمال، إذا لزم الأمر)
- ⮞ إجراء تدريبات واختبار استدعاء خطط استمرارية الخدمة في حالة وقوع كارثة.

عوامل نجاح ممارسة إدارة استمرارية الخدمة PSFs

- تطوير وإدارة خطط استمرارية الخدمة
- التخفيف من مخاطر استمرارية الخدمة
- ضمان الوعي والاستعداد.

عمليات أنشطة إدارة استمرارية الخدمة

- حوكمة إدارة استمرارية الخدمة.
- تحليل التأثير التجاري.
- تطوير خطط استمرارية الخدمة وصيانتها.
- اختبار خطط استمرارية الخدمة.
- الاستجابة والاسترداد.

عملية حوكمة إدارة استمرارية الخدمة

تتضمن هذه العملية عددا من الأنشطة كما فى الشكل رقم (114) وتحول المدخلات التالية إلى مخرجات.

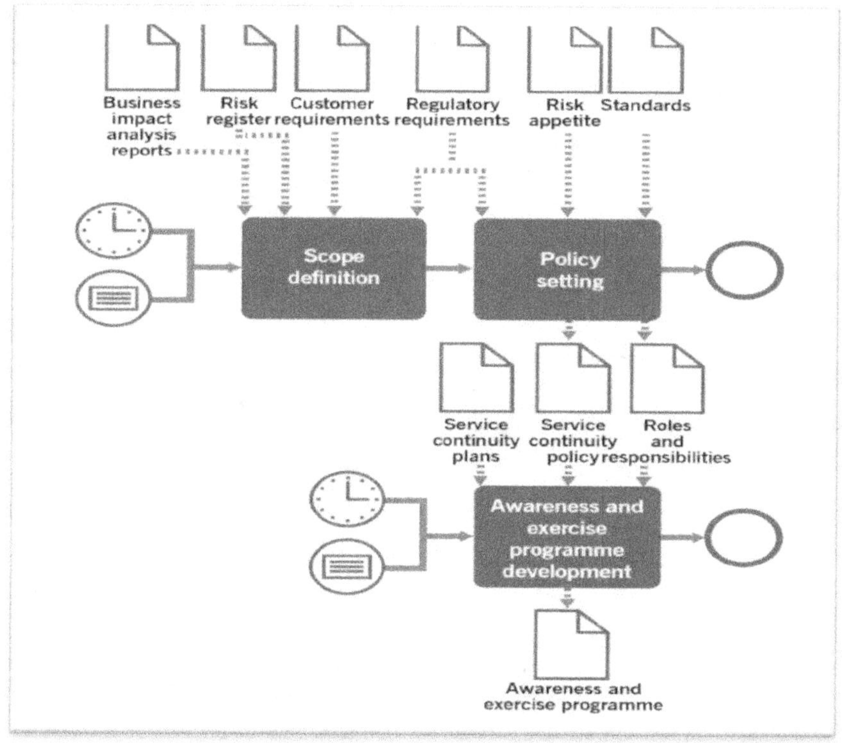

الشكل رقم (114) يبين مسار عملية حوكمة إدارة إستمرارية الخدمة.
ITIL4 Practices-AXELOS Copyright-2020.

المدخلات
- تقارير تحليل التأثيرات التجارية
- سجلات المخاطر
- متطلبات العملاء
- المتطلبات التنظيمية
- الرغبة في المخاطرة
- المعايير

المخرجات
- سياسة استمرارية الخدمة
- الأدوار والمسؤوليات الموثقة
- برنامج التوعية والتدريب

<u>الأنشطة</u>
- تحديد النطاق
- وضع السياسات
- تطوير برامج التوعية والتمارين

<u>عملية تحليل التأثير التجاري.</u>

تتضمن هذه العملية عددا من الأنشطة كما فى الشكل رقم (115) وتحول المدخلات التالية إلى مخرجات.

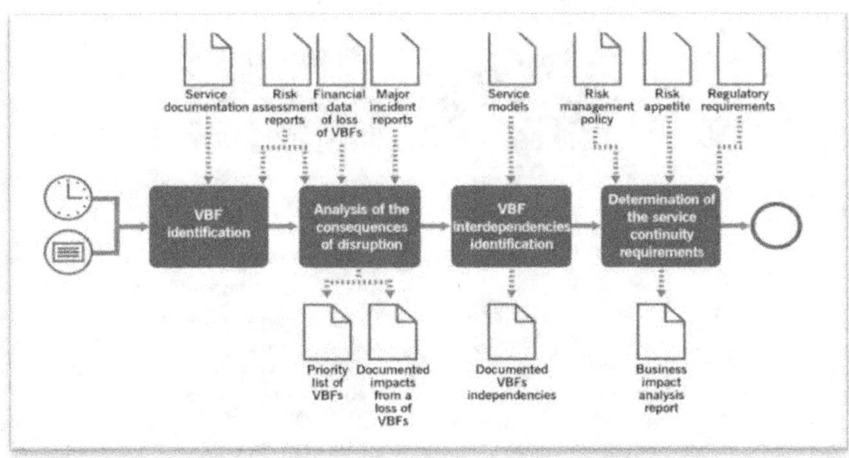

الشكل رقم (115) يبين مسار عملية تحليل الأثر التجارى.
ITIL4 Practices-AXELOS Copyright-2020.

<u>المدخلات</u>
- وثائق الخدمة
- تقارير تقييم المخاطر
- البيانات المالية لفقدان VBFs
- تقارير الحوادث الكبرى
- نماذج الخدمة
- سياسة إدارة المخاطر
- الرغبة في المخاطرة
- المتطلبات التنظيمية

<u>المخرجات</u>
- قائمة أولويات VBFs
- التأثيرات الموثقة الناتجة عن فقدان VBFs
- الترابطات الموثقة بين VBFs
- تقرير تحليل التأثير التجاري

<u>الأنشطة</u>
- تحديد VBF
- تحليل عواقب الانقطاع
- تحديد الترابطات المتبادلة بين VBF
- تحديد متطلبات استمرارية الخدمة

<u>عملية تطوير خطط استمرارية الخدمة وصيانتها.</u>

تتضمن هذه العملية عددا من الأنشطة كما فى الشكل رقم (116) وتحول المدخلات التالية إلى مخرجات.

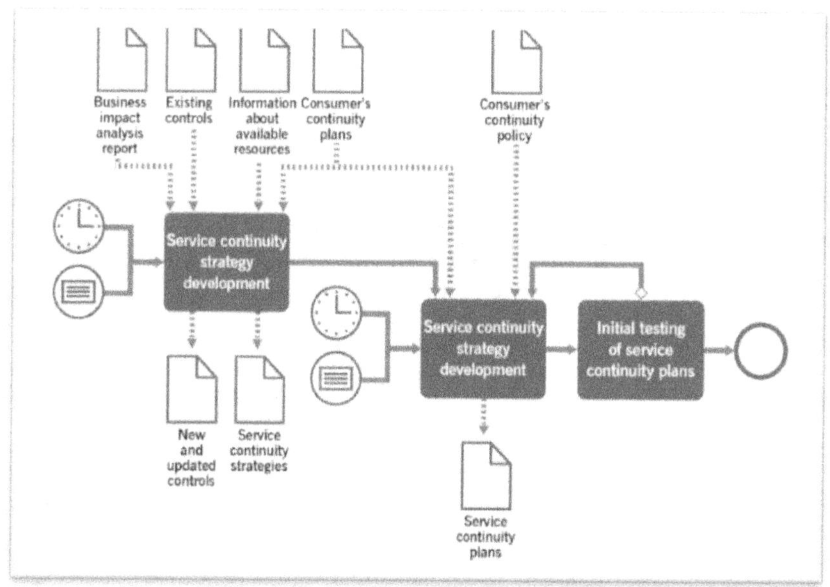

الشكل رقم (116) يبين مسار عملية تطوير خطط استمرارية الخدمة.
ITIL4 Practices-AXELOS Copyright-2020.

<u>المدخلات</u>
- تقارير تحليل تأثير الأعمال
- الضوابط الحالية
- معلومات حول الموارد المتاحة
- خطط استمرارية المستهلك
- سياسة استمرارية الخدمة

<u>المخرجات</u>
- ضوابط جديدة ومحدثة
- استراتيجيات استمرارية الخدمة
- خطط استمرارية الخدمة

<u>الأنشطة</u>
- تطوير استراتيجية استمرارية الخدمة
- تطوير خطط استمرارية الخدمة
- الاختبار الأولي لخطط استمرارية الخدمة

عملية اختبار خطط استمرارية الخدمة.

تتضمن هذه العملية عددا من الأنشطة كما فى الشكل رقم (117) وتحول المدخلات التالية إلى مخرجات.

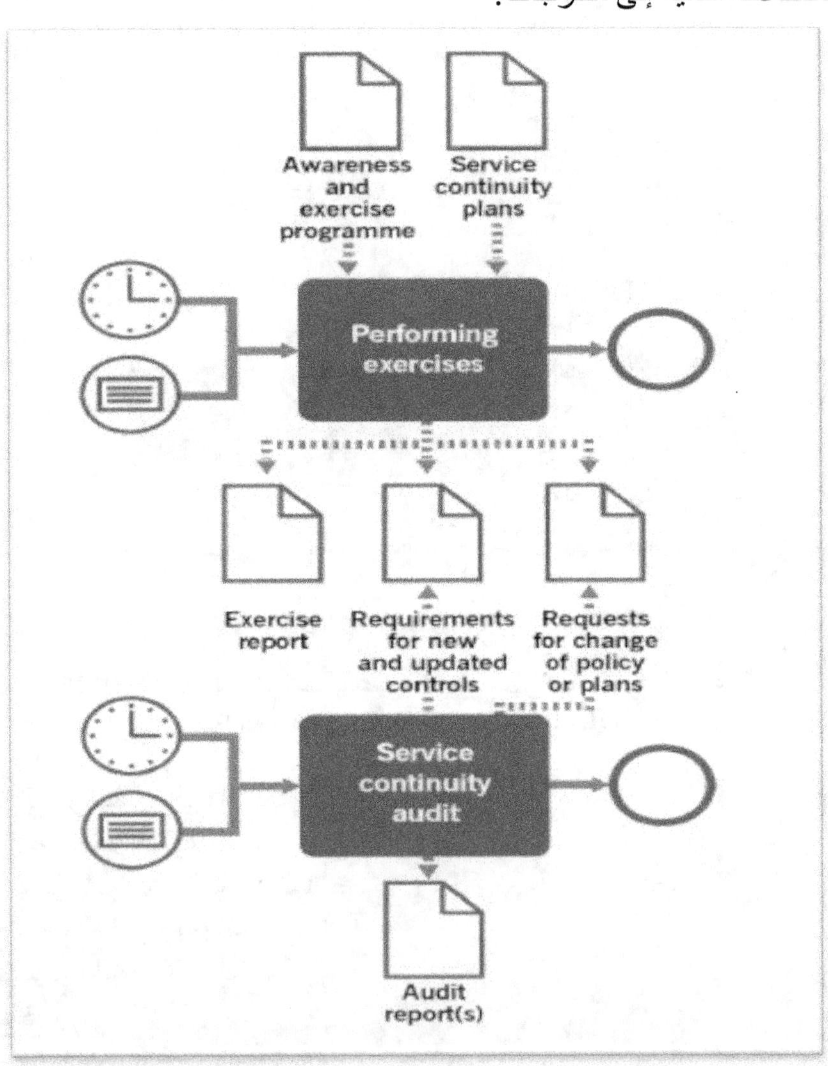

الشكل رقم (117) يبين مسار عملية اختبار خطط استمرارية الخدمة.
ITIL4 Practices-AXELOS Copyright-2020.

<u>**المدخلات**</u>

- برنامج التوعية والتدريب
- خطط استمرارية الخدمة

<u>**المخرجات**</u>

- تقارير التمرين
- متطلبات الضوابط الجديدة والمحدثة
- طلب تغيير السياسة أو الخطط
- تقارير التدقيق.

<u>**الأنشطة**</u>

- إجراء التدريبات
- تدقيق استمرارية الخدمة

<u>عملية الاستجابة والاسترداد.</u>

تتضمن هذه العملية عددا من الأنشطة كما فى الشكل رقم (118) وتحول المدخلات التالية إلى مخرجات.

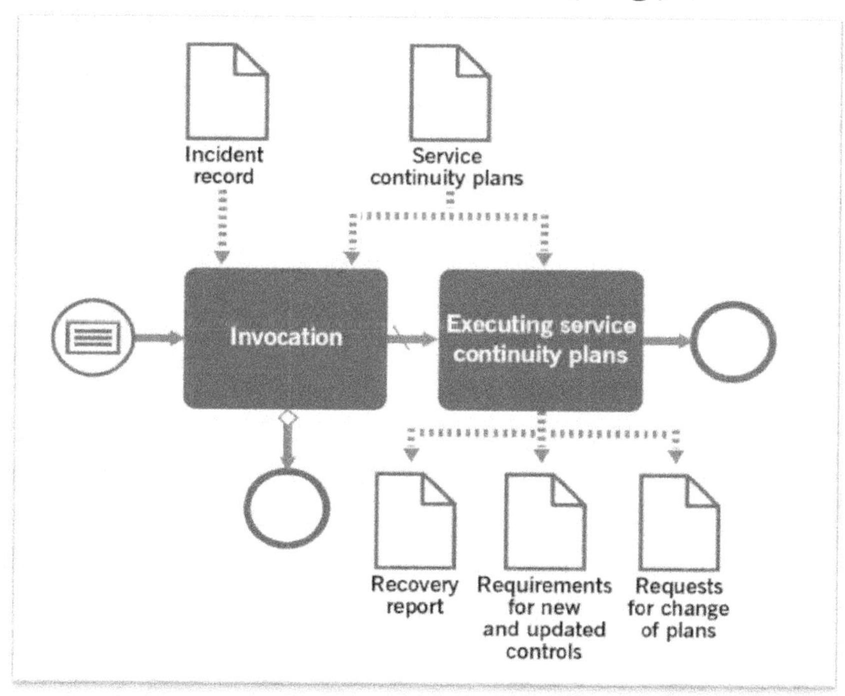

الشكل رقم (118) يبين مسار عملية الإستجابة و الإسترداد.
ITIL4 Practices-AXELOS Copyright-2020.

<u>المدخلات</u>
- خطط استمرارية الخدمة
- سجلات الحوادث

<u>المخرجات</u>
- تقارير الاسترداد
- متطلبات الضوابط الجديدة والمحدثة
- طلب تغيير الخطط

<u>الأنشطة</u>
- الاستدعاء
- تنفيذ خطط استمرارية الخدمة

عملية إدارة أمن المعلومات.

الغرض

الغرض من ممارسة إدارة أمن المعلومات هو حماية المعلومات التي تحتاجها المنظمة لإدارة أعمالها.

يشمل ذلك فهم وإدارة المخاطر التي تهدد سرية المعلومات وسلامتها وتوافرها فضلاً عن جوانب أخرى من أمن المعلومات مثل المصادقة وعدم الإنكار.

نطاق ممارسات إدارة أمن المعلومات

- أنظمة وخدمات تكنولوجيا المعلومات.
- البنية الأساسية والمنصات لتكنولوجيا المعلومات.
- البرامج والتطبيقات.
- البنية الأساسية لشبكات تكنولوجيا المعلومات والصوت واللاسلكي.
- أجهزة العملاء مثل الهواتف وأجهزة الكمبيوتر المحمولة والأجهزة اللوحية و جميع الأجهزة والبرامج الثابتة والبرامج والتطبيقات.
- أجهزة إنترنت الأشياء والتي لديها اتصال بالشبكة وقدرات معالجة وتحتوي على أجهزة استشعار ومشغلات تتفاعل مع العالم المادي.
- البنية الأساسية المادية مثل المباني أو مراكز البيانات أو مرافق التصنيع
- الأشخاص و فهم المخاطر التي يشكلونها وكيفية إدارة هذه المخاطر.
- الشركاء والموردين والمشاركون في توفير الخدمات أو إدارتها أو دعمها.
- البيانات والمعلومات سواء تم تخزينها أو معالجتها أو توصيلها.

أهمية أمن المعلومات للمؤسسة

- إدارة أمن المعلومات هي ممارسة تشمل المؤسسة بأكملها و الغرض منها هو حماية المعلومات التي تحتاجها المنظمة للقيام بأعمالها.
- يجب أن توازن ممارسة إدارة أمن المعلومات بين حماية المؤسسة واتباع نهج عملي للحفاظ على أمنها.
- يتضمن أمن المعلومات فهم وإدارة المخاطر المتعلقة بسرية المعلومات وسلامتها وتوافرها بالإضافة إلى الجوانب الأخرى لأمن المعلومات.

عوامل فعالية أمن المعلومات

- تحديد الأصول التي تحتاج إلى الحماية.
- تحديد المخاطر التي قد تؤثر على هذه الأصول وتحليلها.
- اتخاذ التدابير المناسبة لإدارة هذه المخاطر.
- وضع المراقبة والتحسين المستمر لضمان استمرار إدارة مخاطر أمن المعلومات بشكل مناسب.

عناصر الممارسة الفعالة لأمن المعلومات

- سياسات
- عمليات
- سلوكيات
- إدارة المخاطر
- ضوابط

الضوابط و الوعي

- إذا تم النظر إلى الضوابط المطبقة على أنها تقييدية فسوف يتجنبها الموظفون بشكل فعال.
- يخلق ذلك خطرًا أكبر مما قد تشكله الضوابط الأكثر مرونة قليلاً ولكن الأشخاص وسلوكهم هم مجال التركيز الأكثر أهمية.
- ترتبط العديد من الخروقات الأمنية بالسلوك وغالبًا ما تُستخدم الهندسة الاجتماعية في اختبارات الأمان وتجارب التخطيط.

هدف الضوابط التي وضعتها الإدارة

- الوقاية و المنع والتأكد من عدم وقوع حوادث أمنية.
- المراقبة و الكشف عن الحوادث التي لا يمكن منعها بسرعة وبشكل موثوق.
- التصحيح والتعافي من الحوادث.

الوقاية و منع الخطر

الوقاية هي العلاج الحقيقي الذي يضمن أن التهديدات التى تم التعرف عليها لم تعد مشكلة ويمكن اعتبار الوقاية حلا دائما لأن الإجراء التصحيحي يوفر إصلاحًا لمرة واحدة، أما الإجراء الوقائي فلا يوفر أى فرص لظهور التهديدات.

المراقبة و الإكتشاف

تتم مراقبة التهديدات الأمنية على عدة وسائل بيانات مثل مراقبة رسائل البريد الإلكتروني، وصفحات الإنترنت، والبرامج الضارة ، ومنع فقدان البيانات، والتسلل ولكل مجال من هذه المجالات هناك العديد من الأدوات التنافسية التي تصبح قوية يومًا بعد يوم.

أدوات الإكتشاف

- ➢ تلعب العديد من برمجيات أدوات الكشف دور التصحيح بمجرد الكشف فهى قادرة على تصحيح التهديد ذاتيًا من خلال تسلسل إجراءات التصحيح.
- ➢ عندما يتعلق الأمر بأمن المعلومات فالوقت هو جوهر المسألة.
- ➢ يجب تحديد التهديدات وتصحيحها في الوقت المناسب بطريقة تضمن عدم وصول الفيروسات وهجمات التسلل إلى فرصة لتنفيذ أى إختراق.

مجالات أمن المعلومات

- أمن المعلومات هو مجال الممارسة الآخذ في التوسع.
- تطورات التكنولوجيا تعنى تطور التهديدات.
- تلعب مجالات أمن المعلومات دورا حيويا فى اللحاق بتطور التهديدات.
- يتم تطوير و تحديد وتشديد الضوابط لجميع الجوانب التكنولوجية.

تطور التهديدات

كانت مهام الأمن في المقام الأول معنية بالفيروسات ولكن امتدت مهام الأمن إلى زوايا مختلفة على سبيل المثال لا الحصر:-

- مستخدمي التصيد الاحتيالي.
- هجمات الإختراق المتعددة من بينها البرامج الضارة.
- برامج الإعلانات المتسللة.
- برامج التجسس وأحصنة طروادة وغيرها.
- آليات تستهدف تهديدات أمن المعلومات بأنظمة مختلفة.
- يختلف نهج القراصنة فيما يتعلق بما يستهدفونه وكيفية القيام بذلك.

التعامل مع التهديدات

يمكن التعامل مع التهديدات بخماسية أمن المعلومات التالية:-

- السرية Confidentiality
- النزاهة Integrity
- التوفر Availability
- المصادقة Authentication
- عدم الإنكار Nonrepudiation

السرية Confidentiality

- هي حماية المعلومات من الوصول اليها عن طريق غير المصرح لهم.
- هذه المعلومات تحتاج إلى تأمين من خلال الأساليب المعروفة لدى متخصصي أمن المعلومات مثل التشفير.
- يجب التأكد من تواجد ضوابط إمكانية الوصول مع الصرامة للتأكد من أن المتصل يمكنه فعل المسموح به فقط.
- تصنيف المعلومات ضروري لحماية السرية.

النزاهة Integrity

النزاهة هي حماية المعلومات من التعديل بدون حق فى ذلك.
يتكامل هذا بإحكام مع السرية ويتجاوزها بخطوة أبعد في حماية مصالح جميع المعنيين بتأمين وحماية المعلومات.

التوفر Availability

- منع الوصول إلى المعلومات بهجمات المتسللون من خلال عمليات رفض الخدمة الموزعة.
- الحرمان من الوصول إلى المعلومات طريقة لاختراق أمن المعلومات وهو انتهاك تحقيق أهداف أمن المعلومات.
- يضمن التوفر حصول الأطراف المصرح لها على إمكانية الوصول إلى المعلومات عندما يحتاجون إليها.
- يجب توفير المستوى المناسب من التشفيرمن خلال السرية وضمان النزاهة.

المصادقة Authentication

المصادقة هي عملية تحديد الكيان المناسب لتوفير الوصول إلى البوابات ومداخل الموارد لأنها منطقة معرضة للخطر تمامًا لكثرة استخدامها في المقام الأول من قبل المستخدمين وحمايتها مطلوب حتى تكون في أيدي مقدم الخدمة فحسب.
يمكن لمزود الخدمة ضمان قيام النظام بالمصادقة بالمستوى الصحيح.

نظام المصادقة

- فرض تعقيد معين لكلمات المرور حتى يمكن حماية الأنظمة من الهجمات.
- جعل كلمة المرور متبوعة بكلمة مرور سارية المفعول لمرة واحدة يتم إرسالها إلى الهواتف المحمولة أو تطبيقات الموثقين التي توفر طبقة إضافية من الأمان.
- استخدام الماسحات الضوئية لبصمات الأصابع والتعرف على الوجه.
- طُرق أخرى للتأكد من أن الشخص المناسب فقط هو الذي يستطيع المصادقة والتحرك بعد عتبة النظام.

عدم الإنكار Nonrepudiation

- التيقن من تحديد الجهة التي قامت بعمل يتعلق بالمعلومات وعدم القدرة على إنكار قيامها فعلا بهذا العمل.
- تتوفر حجة إثبات بأن التصرفات تمت من جهة محددة في وقت معين.
- هناك وسائل عديدة تؤمن القدرة على اظهار سلامة ومنشأ البيانات المتداولة إلكترونيا والتأكيد على أن وسائل إثبات ذلك لا يمكن دحضها كالتوقيع الإلكتروني والمصادقة الإلكترونية.

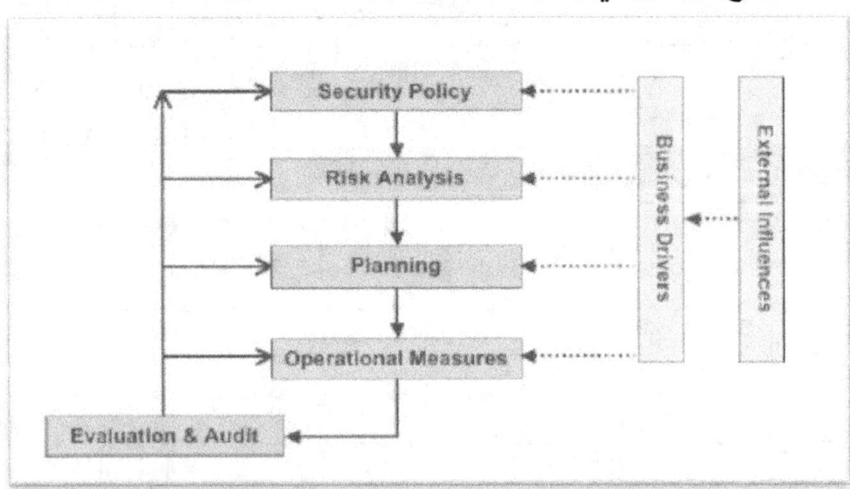

الشكل رقم(119) يبين العوامل المؤثرة فى أمن المعلومات
ITIL V3 Foundation-The Art of Service Pty Ltd

عناصر الإطار الأمنى

- استراتيجية أمن المعلومات
- منظومة\إدارة أمن المعلومات

- سياسات أمن المعلومات
- السيطرة و التحدم فى أمن المعلومات.
- عمليات أمن المعلومات.
  - إدارة مخاطر أمن المعلومات
  - إستراتيجية الإتصالات.
  - إستراتيجية التدريب و التوعية.

خط الأساس الأمنى:

⬅ مستوى الأمان الذي تتبناه منظمة تكنولوجيا المعلومات من أجل أمنها الخاص ومن وجهة نظر "العناية الواجبة" الجيدة.

حادث أمني:

⬅ أي حادث قد يتعارض مع تحقيق متطلبات أمان اتفاقية مستوى الخدمة و يمثل نوعا من التهديد للأفراد و المؤسسة.

الإطار الأمني

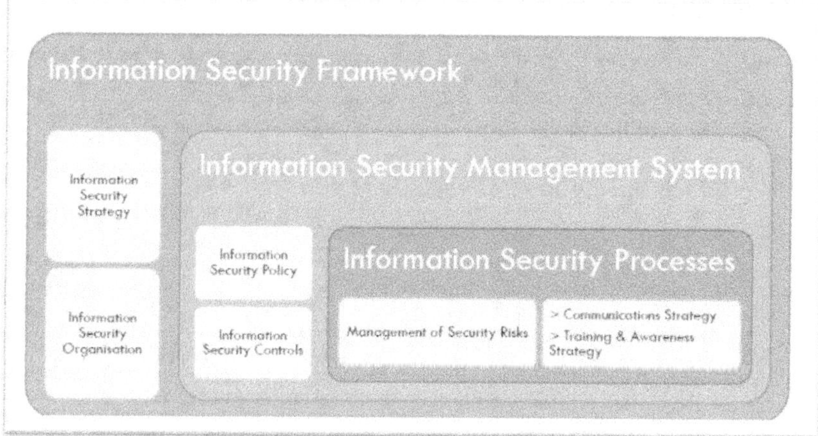

الشكل رقم (120) يبين الإطار الأمنى لإدارة أمن المعلومات
ITIL® V3 FOUNDATION CERTIFICATION E-LEARNING COURSE.

علاقة ممارسة أمن المعلومات بالممارسات الأخرى

- تصميم الأمن في خدمات تكنولوجيا المعلومات الجديدة والمتغيرة هو جزء من ممارسة تصميم الخدمة.
- دمج عناصر التحكم في الأمن في التطبيقات هو جزء من ممارسة تطوير وإدارة البرامج
- ضمان أحقية الأشخاص في استخدام الخدمة قبل منحهم حق الوصول هو جزء من ممارسة إدارة طلب الخدمة.

عوامل نجاح ممارسة إدارة أمن المعلومات PSF

- تطوير وإدارة سياسات وخطط أمن المعلومات
- التخفيف من مخاطر أمن المعلومات
- ممارسة واختبار خطط إدارة أمن المعلومات
- دمج أمن المعلومات في جميع جوانب نظام قيمة الخدمة.

عمليات ممارسة إدارة أمن المعلومات

- إدارة حوادث أمن المعلومات.
- التدقيق والمراجعة.

إدارة حوادث أمن المعلومات

- هناك العديد من الأنواع المختلفة للحوادث الأمنية.
- يتراوح الحادث من جهاز عميل واحد يتأثر بفيروس إلى هجوم يتسبب في أضرار بالغة للبنية الأساسية أو خرق كبير لمعلومات شديدة الحساسية.
- تتم إدارة الحوادث الأمنية باتباع دليل ممارسات إدارة الحوادث .
- قد تتطلب الحوادث الأمنية الأكثر أهمية إدارة متخصصة .
- يجب على كل منظمة تحديد ما إذا كان الحادث يتطلب إدارة متخصصة للحوادث الأمنية أو يمكن إدارته باستخدام عملية التعامل العادية.

تتضمن هذه العملية عددا من الأنشطة كما فى الشكل رقم (121) وتحول المدخلات إلى مخرجات.

المدخلات

- سياسة أمن المعلومات.
- معلومات الخدمة والأصول.
- أدوات المراقبة والأحداث.
- أدوات إدارة الحوادث والأحداث الأمنية (SIEM)
- التصعيدات من مكتب الخدمة.
- مصادر البيانات والتطبيقات الجيدة المعروفة.

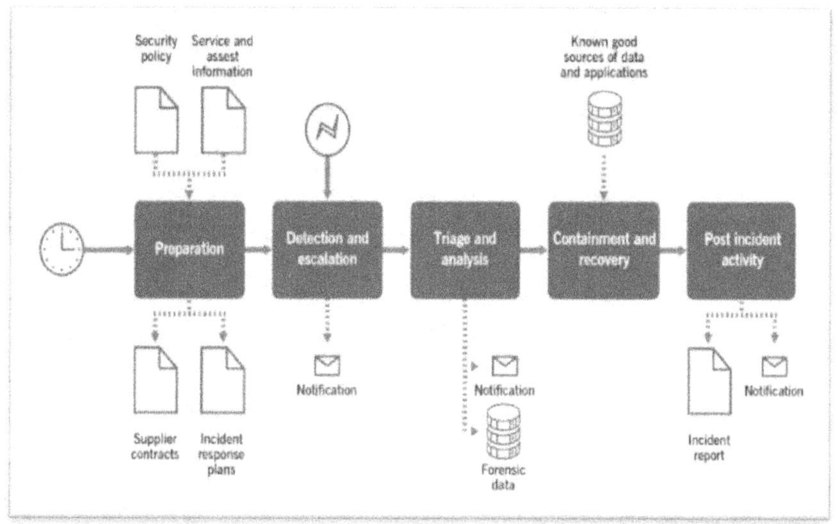

الشكل رقم (121) يبين مسار عملية إدارة أمن المعلومات.
ITIL4 Practices-AXELOS Copyright-2020.

المخرجات

- خطط الاستجابة للحوادث
- عقود الموردين
- إخطار الجهات التنظيمية أو هيئات الحوكمة أو الأطراف الأخرى بالحوادث
- استعادة المعلومات والخدمات
- تقارير الحوادث
- اقتراحات التحسين

الأنشطة

- التحضير.
- الكشف والإبلاغ و التصعيد.
- الفرز والتحليل.
- الاحتواء والتعافي.
- الأنشطة بعد الحادث.

التحضير

- قبل وقوع حادث أمني يجب على المنظمة:
  - تنفيذ إجراءات للتحضير لحوادث أمنية محتملة في المستقبل.
  - الإتفاق على الاتصالات التي ستتم أثناء وقوع حادث أمني.

➤ قد تشمل الاتصالات الهيئات الحاكمة، والهيئات التنظيمية، ووكالات إنفاذ القانون، والصحافة، والعملاء، والموظفين الداخليين، والمستخدمين، والموردين، وأي أصحاب مصلحة آخرين متأثرين.

• تحديد ونشر السياسات والإجراءات لإدارة الحوادث الأمنية.

• تحديد الخدمات والأصول الحرجة التي تحتاج خطط استجابة محددة لها.

• تحديد كيفية الإبلاغ عن الحوادث الأمنية والاختراقات.

• تحديد التهديدات والثغرات التي تحتاج إلى إدارة أمنية خاصة.

• توثيق خطط الاستجابة للحوادث لسيناريوهات محددة.

• إشراك الشركاء والموردين لتوفير المنتجات والخدمات التي قد تكون مطلوبة لدعم سيناريوهات محددة.

• اختبار خطط الاستجابة للحوادث.

الكشف والتصعيد

➤ يتم الكشف عن حوادث أمن المعلومات من خلال أدوات المراقبة.

➤ يتم دعمها من خلال أدوات الارتباط، و أدوات إدارة الحوادث والأحداث الأمنية (SIEM).

➤ قد يتم الكشف عن الحوادث أيضًا من قبل الأشخاص.

➤ قد يتم الإبلاغ عنها إلى مكتب الخدمة أو إلى فريق الاستجابة للحوادث الأمنية اعتمادًا على من اكتشف الحادث وطبيعته.

➤ يتم تصعيد الحادث إلى الشخص أو الفريق المناسب اعتمادًا على خطة الاستجابة للحادث المحددة.

➤ يتضمن ذلك تجميع فريق الاستجابة لحوادث أمن الكمبيوتر (CSIRT).

➤ يتم إرسال إشعار أولي إلى السلطات التنظيمية أو الحوكمة المناسبة.

الفرز والتحليل

➤ قد تكون هناك حاجة إلى الحفاظ على الأدلة لاستخدامها في إجراءات مستقبلية.

➤ يجب جمع البيانات الجنائية قبل إجراء أي تحليل لمنع التلوث.

➤ يتم التأكد من طبيعة وخطورة الحادث الأمني من خلال فحص الأنظمة ونقاط النهاية والتطبيقات وملفات السجل وما إلى ذلك.

➤ يمكن إرسال إشعار إضافي إلى السلطات التنظيمية أو الحوكمة، عندما يتم فهم طبيعة وخطورة الحادث.

الاحتواء والاسترداد

- ⮞ يتم عزل الأنظمة والخدمات المتأثرة عن الإنترنت و عن بقية المؤسسة.
- ⮞ إجراء المزيد من التحليل و في الوقت نفسه الحد من خطر حدوث المزيد من الضرر.
- ⮞ يمكن استعادة الخدمات إذا كان ذلك ممكنًا باستخدام أنظمة بديلة.
- ⮞ بعد اكتمال التحليل يتم إيقاف تشغيل الأنظمة المتأثرة، ومسح التخزين، وإعادة بناء الأنظمة من مصادر معروفة وموثوقة.
- ⮞ تعتبر العمليات التجارية متعافية عندما يمكن القيام بالمهام بدون تهديد بحادث آخر أو المزيد من الضرر من الحادث الأصلي.

النشاط بعد الحادث

- ⮞ يتم مراقبة الأنظمة والخدمات للتأكد من إزالة التهديد.
- ⮞ يتم إجراء تحليل الدروس المستفادة لتحديد فرص التحسين.
- ⮞ يتم إنشاء تقرير الحادث ومشاركته حسب الاقتضاء.

عملية التدقيق والمراجعة

يتم إجراء التدقيق والمراجعة بشكل منتظم وفقًا لجدول زمني.

قد يتم أيضًا إجراء التدقيق بسبب حادث كبير أو من خلال النتائج المستمدة من تقييم التهديد أو تقييم نقاط الضعف.

تتضمن هذه العملية عددا من الأنشطة كما فى الشكل رقم (122) وتحول المدخلات التالية إلى مخرجات.

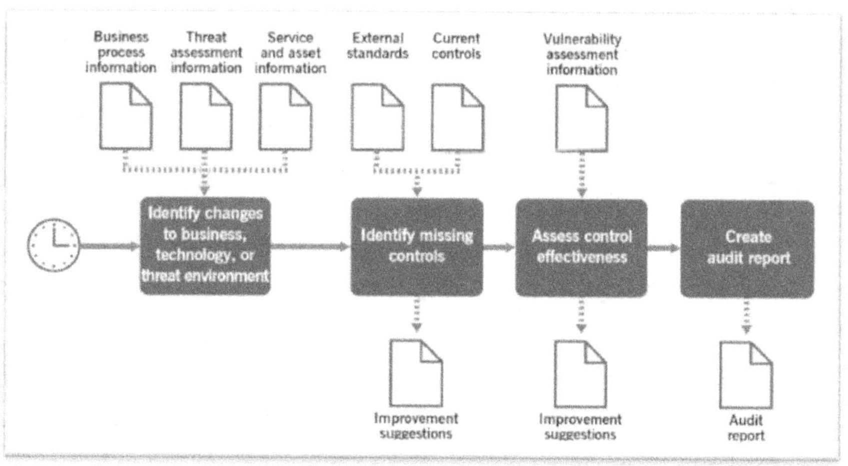

الشكل رقم (122) يبين مسار عملية التدقيق و المراجعة الأمنية.
ITIL4 Practices-AXELOS Copyright-2020.

المدخلات

- معلومات حول عملية العمل
- معلومات حول تقييم التهديدات
- معلومات حول الخدمة والأصول
- المعايير الخارجية
- الضوابط الحالية
- معلومات حول تقييم الثغرات الأمنية

المخرجات

- اقتراحات التحسين
- تقرير التدقيق

الأنشطة

- تحديد التغييرات التي تطرأ على بيئة العمل و التكنولوجيا والتهديدات.
- تحديد عناصر التحكم المفقودة.
- تقييم فعالية عناصر التحكم.
- إنشاء تقرير تدقيق.

تحديد التغييرات التي تطرأ على بيئة العمل أو التكنولوجيا أو التهديد

- يتم تقييم العمليات التجارية لتحديد التغييرات التي قد تؤثر على متطلبات أمن المعلومات.
- يتم تقييم التغييرات في نقاط الضعف المتعلقة بالتكنولوجيا.
- يتم تقييم جميع عناصر التكنولوجيا التي تستخدمها المنظمة وليس فقط تكنولوجيا المعلومات (IT).
- يتم تحديد التغييرات التي تطرأ على بيئة التهديد من خلال تقييم التهديد.

تحديد عناصر التحكم المفقودة

- تحليل بيئات العمل والتكنولوجيا والتهديد وعناصر التحكم الموصى بها.
- تحديد قائمة عناصر التحكم المقترحة التي يجب أن تكون موجودة.
- قد يحدد ناتج تقييم نقاط الضعف عناصر التحكم المفقودة.
- تتم مقارنة قائمة عناصر التحكم الموصى بها بعناصر التحكم الحالية ويتم التوصية بالتحسينات.

تقييم فعالية عناصر التحكم

- يتم تقييم كل عنصر تحكم موجود لتحديد نقاط الضعف المحتملة في عمله.
- قد تتعلق هذه الثغرات بنطاق التحكم أو بتكوين التحكم و ما إذا كان يوفر المستوى المناسب من الحماية.
- تعتمد الطريقة المستخدمة لتقييم الفعالية على نوع التحكم.
- يوصى بالضوابط الجديدة بناءً على النتائج المستخلصة من تقييم الفعالية.

عناصر التقييم

- تقييم الضوابط الفنية باستخدام تقييم الثغرات.
- تقييم ضوابط السياسة العملية من خلال مراجعة السجلات ومقابلة الموظفين.
- مراجعة حقوق الوصول من خلال مقارنة معلومات الدليل بسجلات طلبات الوصول الممنوحة.
- تحليل قيمة التدريب من خلال اختبار معرفة الموظفين.
- التأكد من خضوع الأطراف الثالثة والموردين لتقييم مناسب رسمى.
- تحديد الضوابط غير الفعّالة من خلال تقييم مخرجات تقييم الثغرات.

إنشاء تقرير تدقيق

يتم إنشاء تقرير تدقيق بناءً على النتائج المستخلصة من المراحل السابقة.

يتضمن هذا التقرير معلومات عالية المستوى يمكن تقديمها إلى الهيئة الحاكمة للمنظمة، بالإضافة إلى توصيات مفصلة لضوابط جديدة ومحسّنة.

أنشطة إدارة أمن المعلومات

- ◄ تتم هذه الإجراءات على المستويات التالية:-
  - التنظيمية ـ الإجرائية ـ الفنية ـ المادية.
- ◄ قائمة الإجراءات تشمل:-
  - التقييم ـ التصحيح ـ القمع ـ الكشف ـ التخفيض ـ الوقاية.

سياسة أمن المعلومات

- ◄ يجب أن تحظى السياسة بالدعم الكامل من الإدارة التنفيذية العليا.
- ◄ يجب أن تعتمد السياسات من قبل إدارة وتكنولوجيا المعلومات و الإدارة التنفيذية العليا داخل العمل.
- ◄ يجب التصديق على الامتثال لها بشكل منتظم ويجب مراجعة جميع سياسات الأمن وتعديلها عند الضرورة على أساس سنوي على الأقل.
- ◄ يجب أن تشمل سياسة أمن المعلومات مجموعة من سياسات الأمن المحددة الداعمة.
- ◄ يجب أن تغطي السياسة جميع مجالات الأمن وأن تكون مناسبة وتلبي احتياجات العمل.
- ◄ يجب أن تكون متاحة على نطاق واسع لجميع العملاء والمستخدمين.
- ◄ يجب الإشارة إلى امتثالها في جميع تقارير مستوى الخدمة واتفاقيات مستوى الخدمة والعقود والاتفاقيات.

نظام إدارة أمن المعلومات (ISMS)

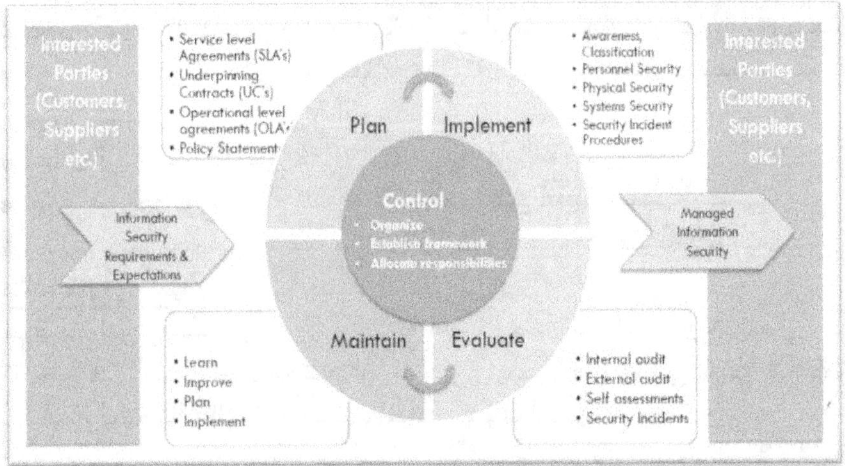

الشكل رقم (123) يبين نظام إدارة أمن المعلومات

ITIL® V3 FOUNDATION CERTIFICATION E-LEARNING COURSE.

التحكم في تنفيذ النظام

- التنظيم
- إنشاء إطار عمل أمن المعلومات.
- تحديد المسؤوليات.

قائمة سياسات أمن المعلومات

- سياسة أمن المعلومات الشاملة.
- سياسة استخدام وإساءة استخدام أصول تكنولوجيا المعلومات.
- سياسة التحكم في الوصول.
- سياسة التحكم في كلمة المرور.
- سياسة البريد الإلكتروني.
- سياسة الإنترنت.
- سياسة مكافحة الفيروسات.
- سياسة تصنيف المعلومات.
- سياسة تصنيف المستندات.
- سياسة الوصول عن بعد.
- سياسة تتعلق بوصول الموردين إلى الخدمات و المكونات.
- سياسة التخلص من الأصول.

عناصر تنفيذ إجراءات أمن المعلومات

التقييم	التخطيط
التدقيق الداخلي	اتفاقيات مستوى الخدمة (SLA)
التدقيق الخارجي	العقود الأساسية (UC)
التقييم الذاتي	اتفاقيات المستوى التشغيلي (OLA)
الحوادث الأمنية	بيانات السياسة
الصيانة	التنفيذ
التعلم	التوعية والتصنيف
التحسين	أمن الموظفين
التخطيط	الأمن المادي
التنفيذ	أمن الأنظمة
	إجراءات الحوادث الأمنية

الجدول يبين مراحل إجراءات أمن المعلومات.

علاقة إدارة أمن المعلومات بالعمليات الأخرى

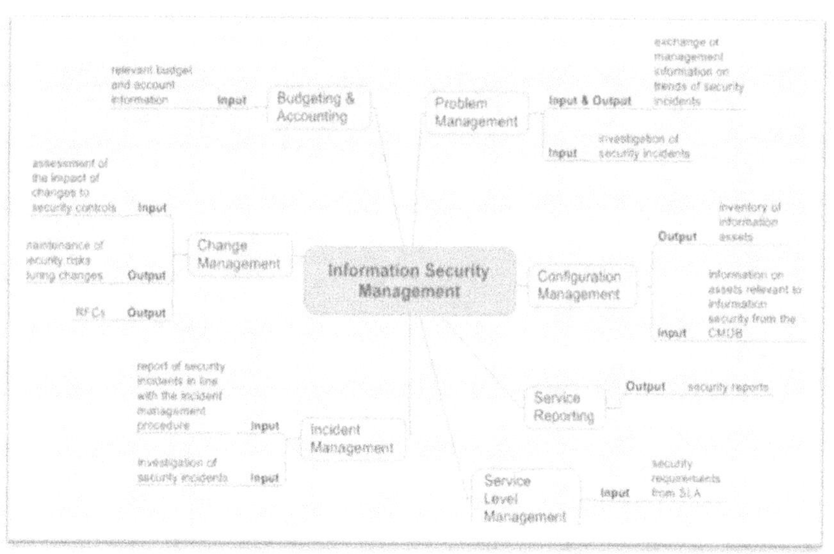

الشكل رقم (124) يبين علاقة إدارة أمن المعلومات بالعمليات الأخرى.
ISO/IEC 20000 Foundation-Ivanka Menken

211

الشكل رقم (124) يبين علاقة إدارة أمن المعلومات بالعمليات الأخرى كما يلى:

الميزانية و المحاسبة

مدخل معلومات الميزانية و المحاسبة ذات الصلة بأمن المعلومات.

إدارة التغيير

مدخل تقييم تأثير التغيرات فى الضوابط الأمنية.

مخرج الحفاظ على التعليمات الأمنية و تجنب المخاطر أثناء التغيرات.

إدارة الحوادث

مدخل الإبلاغ عن الحوادث الأمنية بما يتماشى مع إجراءات إدارة الحوادث.

مدخل التحقيق فى الحوادث الأمنية.

إدارة المشكلات

مدخل التحقيق فى المشكلات الأمنية و تبادل معلومات عن إتجاهات المشكلات و الحوادث الأمنية.

إدارة التكوين

مدخل معلومات و تقارير عن عناصر التكوين ذات الصلة بأمن المعلومات.

مخرج جرد أصول و عناصر تكوين المعلومات.

تقارير الخدمة

مخرج إصدار التقارير الأمنية.

إدارة مستوى الخدمة

مدخل المتطلبات الأمنية من اتفاقيات مستوى الخدمة.

الفصل الثالث عشر: مرحلة تقييم الأداء.

قائمة متطلبات هذا البند في معيار الأيزو 20000

- عملية المراقبة والقياس والتحليل والتقييم.
- عملية إعداد التقارير الخاصة بالخدمة.

إجراءات التدقيق الداخلي

التدقيق الداخلي

يجب أن يكون لدى المنظمة برنامج تدقيق ويجب إجراء عمليات التدقيق على فترات مخططة.

مراجعة الإدارة

يجب على المنظمة إجراء مراجعات إدارية على فترات مخططة والاحتفاظ بمعلومات موثقة.

المستندات المطلوبة لإجراءات التدقيق

- سياسة إعداد التقارير الخاصة بالخدمة
- تقرير الخدمة
- إجراءات تدقيق إدارة الخدمة
- خطة تدقيق نظام إدارة الخدمة
- خطة عمل التدقيق الداخلي
- قائمة مراجعة التدقيق الداخلي
- جدول التدقيق الداخلي
- تقرير التدقيق الداخلي
- جدول بيانات مراجعة نظام إدارة الخدمة
- جدول أعمال اجتماع مراجعة إدارة الخدمة

عملية المراقبة و إدارة الأحداث في أيتل 4

الغرض

مراقبة الخدمات ومكونات الخدمة بشكل منهجي، وتسجيل التغييرات المحددة في الحالة التي تم تحديدها كأحداث والإبلاغ عنها.

المراقبة

الملاحظة والرصد المتكرر لنظام أو ممارسة أو عملية أو خدمة أو كيان عنصر تكوين لاكتشاف الأحداث والتأكد من معرفة الحالة الحالية.

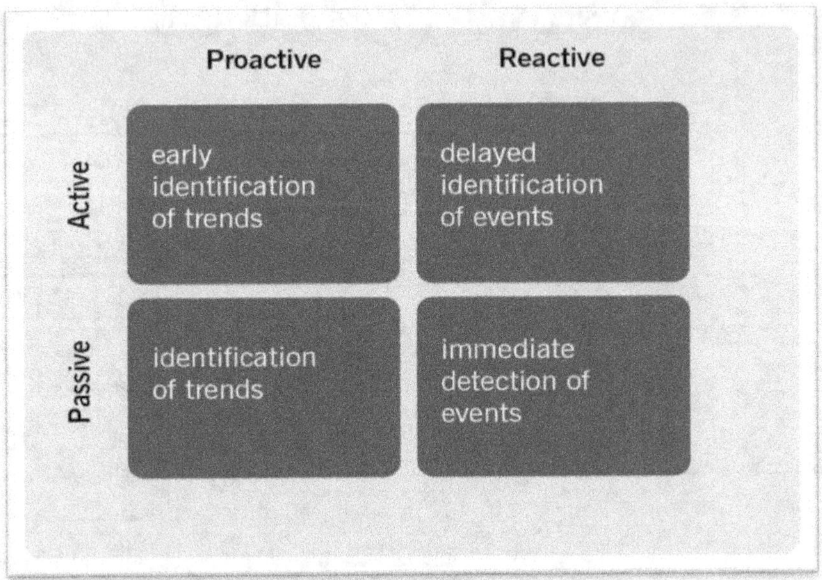

الشكل رقم (125) يبين أنواع المراقبة.
ITIL4 Practices-AXELOS Copyright-2020.

<u>الحدث</u>
أي تغيير في الحالة له أهمية تتعلق بإدارة الخدمة أو عنصر تكوين (CI).
<u>المقياس Metric</u>
قياس أو حساب يتم مراقبته أو الإبلاغ عنه للإدارة أولإجراءات التحسين.
<u>العتبة Threshold</u>
قيمة المقياس الحرجة التي يجب أن تؤدي إلى استجابة محددة مسبقًا.
<u>التنبيه Alert</u>
إشعار ببلوغ حد معين أو تغير شيء ما أو حدوث فشل.
<u>أنشطة ما بعد الحدث</u>

- حدوث الحدث.
- اكتشاف الحدث والتصفية والإشعار.
- تحديد أهمية الحدث (نوع الحدث) (إشعار أو التحذير أو الاستثناء).
- ارتباط مع الحدث.
- استجابة للحدث.
- مراجعة الحدث ومعالجته وإغلاقه.

<u>عمل أدوات المراقبة</u>

- يتم استطلاع حالة وحدات التكوين من خلال أداة مراقبة.
- معرفة الحالة الحالية للخدمات ومكوناتها أمر ضروري لإدارتها.

- ➤ يتم معرفة المعلومات المتعلقة بصحة الخدمة وأدائها.
- ➤ تقوم أداة المراقبة بالإخطار التلقائي بالحادث عند شروط معينة.
- ➤ يتم الإستجابة لطلب من أداة مراقبة لجمع بيانات مستهدفة محددة.
- ➤ الاستجابة بشكل مناسب للأحداث المؤثرة على الخدمة التي حدثت بالفعل (المراقبة التفاعلية reactive monitoring).
- ➤ اتخاذ إجراءات استباقية بناءً على تحليل الأنماط للأحداث الماضية لمنع حدوث أحداث سلبية مستقبلية (المراقبة الاستباقية proactive monitoring) كما فى الشكل رقم(122).
- ➤ استجواب مكونات الخدمة بواسطة أدوات المراقبة تسمى (مراقبة نشطة active monitoring).
- ➤ جمع الإخطارات المرسلة من وحدات التكوين إلى أدوات المراقبة تسمى (مراقبة سلبية passive monitoring).

إجراءات المراقبة

- ➤ تحديد ما يجب مراقبته.
- ➤ تنفيذ المراقبة والحفاظ عليها.
- ➤ إنشاء والحفاظ على عتبات ومعايير لتحديد الأحداث وتصنيفها.
- ➤ إنشاء والحفاظ على سياسات لإدارة الأحداث.
- ➤ تنفيذ وتحسين العمليات والأتمتة للمراقبة وإدارة الأحداث.

نطاق عمل ممارسة المراقبة وإدارة الأحداث

- ● تحديد وتحسين نطاق المراقبة.
- ● تنفيذ وصيانة المراقبة المستمرة.
- ● إنشاء وصيانة قواعد تحديد الأحداث وتصنيفها ومعالجتها.
- ● تنفيذ العمليات وأدوات الأتمتة لتشغيل قواعد إدارة الأحداث المحددة.
- ● المعالجة المستمرة للأحداث وفقًا للقواعد والعمليات المتفق عليها والمنفذة.
- ● تقديم معلومات حول الحالة الحالية والتاريخية للخدمات والموارد الخاضعة للمراقبة لأصحاب المصلحة المعنيين في نموذج متفق عليه.

عوامل نجاح ممارسة المراقبة وإدارة الأحداث PSFs

- ● إنشاء وصيانة الأساليب/النماذج التي تصف الأنواع المختلفة من الأحداث وقدرات المراقبة اللازمة لاكتشافها.
- ● ضمان توفر بيانات المراقبة الكافية والمناسبة في الوقت المناسب لأصحاب المصلحة المعنيين.
- ● ضمان اكتشاف الأحداث وتفسيرها واتخاذ الإجراءات اللازمة بشأنها في أسرع وقت ممكن إذا لزم الأمر.

عمليات أنشطة ممارسة المراقبة وإدارة الأحداث

- عملية تخطيط المراقبة.
- عملية التعامل مع الأحداث.
- مراجعة المراقبة وإدارة الأحداث.

عملية تخطيط المراقبة.

تتضمن هذه العملية عددا من الأنشطة كما فى الشكل رقم (126) وتحول المدخلات التالية إلى مخرجات.

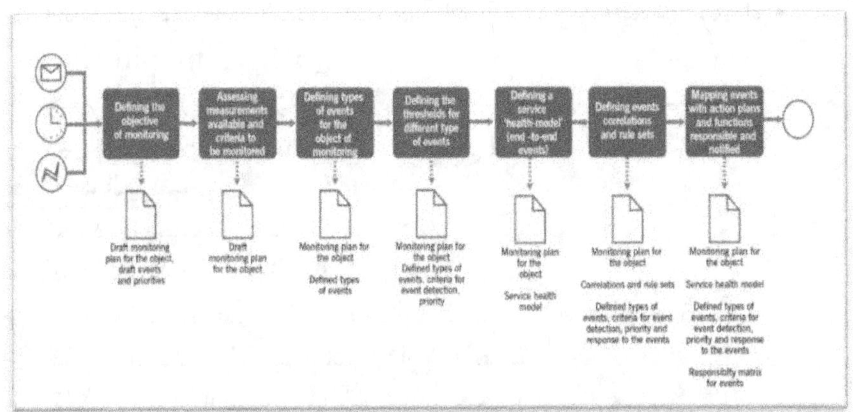

الشكل رقم (126) يبين مسار عملية تخطيط المراقبة.
ITIL4 Practices-AXELOS Copyright-2020.

المدخلات

- معايير صحة الخدمة من تصميم الخدمة
- اتفاقيات مستوى الخدمة SLAs
- عتبات أداء الخدمة من ممارسات إدارة التوافر والسعة والأداء
- بنود ونصوص المعرفة
- كتالوج الخدمة
- بيانات عناصر التكوين

المخرجات

- خطة مراقبة لعنصر تكوين (كائن)
- نموذج صحة الخدمة
- أنواع محددة من الأحداث
- معايير اكتشاف الأحداث
- الأولوية والاستجابة للأحداث
- مصفوفة المسؤولية عن الأحداث

الأنشطة

- تحديد هدف المراقبة
- تقييم القياسات المتاحة والمعايير التي يجب مراقبتها
- تحديد أنواع الأحداث لهدف المراقبة
- تحديد الحدود لأنواع مختلفة من الأحداث
- تعريف نموذج صحة الخدمة (الأحداث الشاملة)
- تحديد ارتباطات الأحداث ومجموعات القواعد
- ربط الأحداث بخطط العمل والوظائف المسؤولة والإشرافية للعلم.

عملية التعامل مع الأحداث

تتضمن هذه العملية عددا من الأنشطة كما فى الشكل رقم (127) وتحول المدخلات التالية إلى مخرجات.

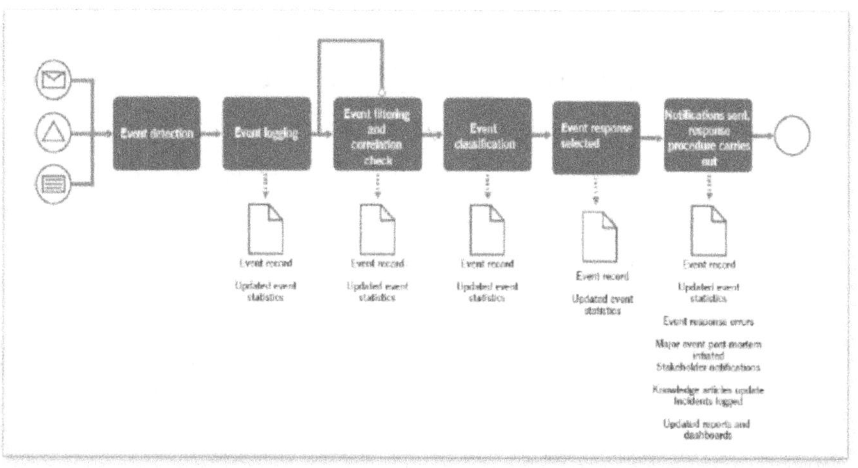

الشكل رقم (127) يبين مسار عملية التعامل مع الأحداث.
ITIL4 Practices-AXELOS Copyright-2020.

المدخلات

- إشعارات من كائنات المراقبة وأدوات المراقبة
- خطة المراقبة

المخرجات

- سجل الحدث
- تحديث إحصائيات الأحداث
- أخطاء الاستجابة للحدث
- بدء تحليل ما بعد الحدث الرئيسي
- إشعارات أصحاب المصلحة

- تحديث مقالات المعرفة
- الحوادث المسجلة
- تحديث التقارير ولوحات المعلومات

الأنشطة

- اكتشاف الحدث
- تسجيل الحدث
- تصفية الحدث والتحقق من الارتباط (قد يكون تكراريًا)
- تصنيف الحدث
- تحديد استجابة الحدث
- إرسال الإشعارات وتنفيذ إجراءات الاستجابة.

عملية القياس و التقارير في أيتل4

الغرض

- الغرض من ممارسة القياس والتقارير هو دعم اتخاذ القرارات الجيدة والتحسين المستمر من خلال تقليل مستويات عدم اليقين.
- يتحقق ذلك من خلال جمع البيانات ذات الصلة حول مختلف الكائنات المُدارة والتقييم الصحيح لهذه البيانات في سياق مناسب.

المؤشرات

- يمكن تعريف عوامل النجاح الحرجة التشغيلية (CSFs) بناءً على هذه العوامل.
- يمكن الاتفاق على مجموعة من مؤشرات الأداء الرئيسية ذات الصلة (KPIs) والتي يمكن قياس النجاح من خلالها.
- عامل النجاح الحرج (CSF) شرط أساسي ضروري لتحقيق النتائج المقصودة.
- مؤشر الأداء الرئيسي (KPI) مقياس يستخدم لتقييم النجاح في تحقيق هدف.

مؤشرات الأداء الرئيسية والسلوك

- يمكن أن تعمل مؤشرات الأداء الرئيسية للأفراد كمحفز تنافسي، وهذا من شأنه أن يؤدي إلى نتائج إيجابية.
- يمكن أن يكون لتحديد الأهداف للأفراد جانب سلبي أيضًا، مما يؤدي إلى سلوكيات غير مناسبة أو غير مناسبة.
- من الأفضل أن يتم تحديد مؤشرات الأداء الرئيسية التشغيلية للفرق بدلاً من التركيز بشكل وثيق على الأفراد.

<u>التقارير</u>

الغرض من التقارير هو دعم اتخاذ القرارات الجيدة، لذا يجب أن يكون محتواها ذا صلة بمتلقي المعلومات ومرتبطًا بالموضوع المطلوب.

نطاق عمل ممارسة القياس وإعداد التقارير

● تحديد نهج القياس وإعداد التقارير.

● ضمان اتباع النهج المتفق عليه في جميع أنحاء المؤسسة.

● دمج أنشطة القياس وإعداد التقارير بشكل متسق في تدفقات القيمة.

● الحفاظ على جودة تقارير الإدارة وتلبية احتياجات المؤسسة ومتطلباتها.

● مراجعة وتحسين القياسات والتقارير بشكل مستمر في جميع أنحاء المؤسسة.

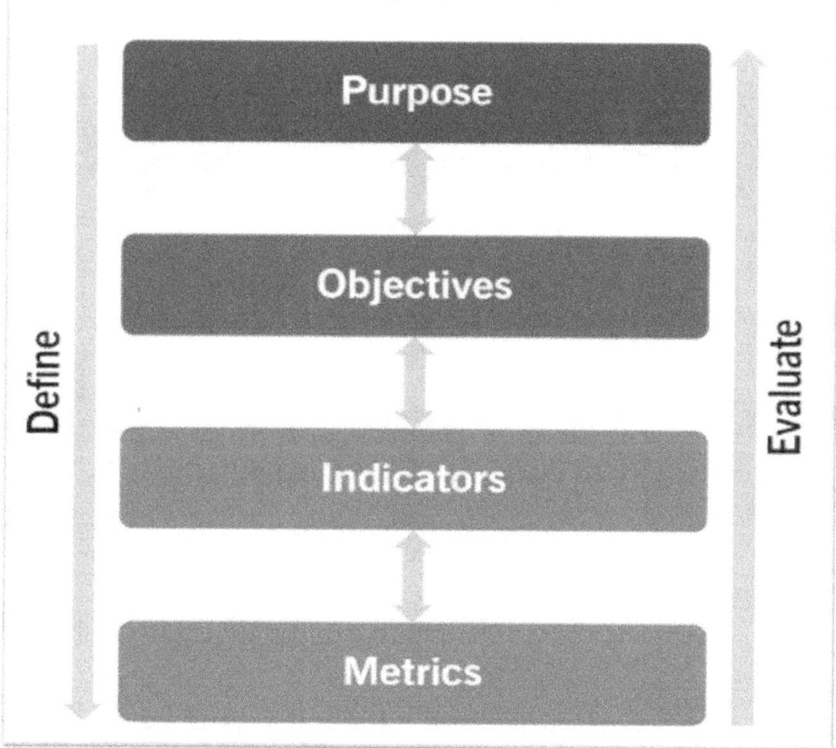

الشكل رقم (128) يبين نموذج التخطيط و التقييم.
ITIL4 Practices-AXELOS Copyright-2020.

<u>عوامل نجاح ممارسة القياس وإعداد التقارير PSF</u>

● التأكد من أن القياسات مدفوعة بالأهداف

● ضمان جودة وتوافر بيانات القياس

● ضمان تقديم تقارير فعالة لدعم عملية صنع القرار.

عمليات ممارسة القياس و إعداد التقارير

- تصميم نظام القياس وإعداد التقارير.
- إعداد التقارير والتقييم.

تصميم نظام القياس وإعداد التقارير

تتضمن هذه العملية عددا من الأنشطة كما فى الشكل (129) وتحويل المدخلات إلى مخرجات.

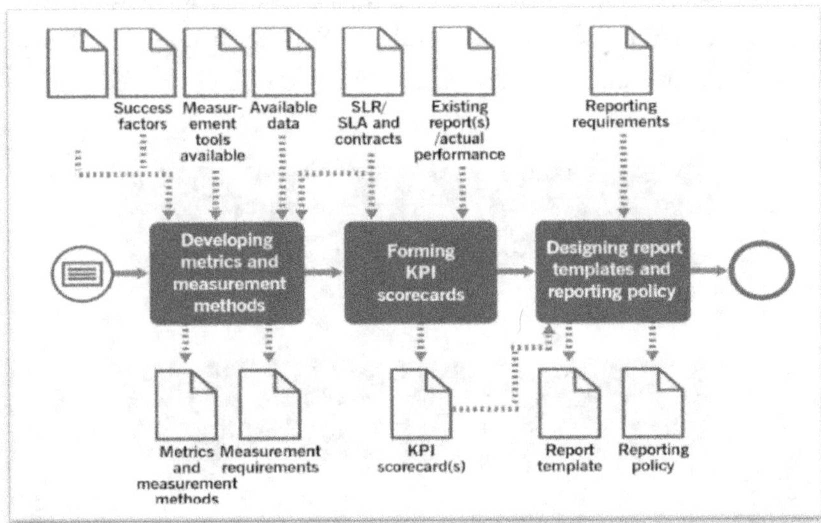

الشكل رقم (129) يبين مسار عملية تصميم نظام القياس.
ITIL4 Practices-AXELOS Copyright-2020.

<u>المدخلات</u>

- الغرض والأهداف
- عوامل النجاح
- أدوات وإمكانات القياس
- البيانات المتاحة
- مستندات الإتفاقيات SLRs / SLAs والعقود
- التقرير (التقارير) الحالي/الأداء الفعلي
- متطلبات تقديم التقارير

<u>المخرجات</u>

- المقاييس.
- متطلبات القياس.
- طرق القياس.

- بطاقة (بطاقات) أداء مؤشرات الأداء الرئيسية.
- نموذج (نماذج) التقرير.
- سياسة الإبلاغ و التقارير.

<u>الأنشطة</u>

- تطوير المقاييس وطرق القياس.
- تشكيل بطاقات الأداء KPI
- تصميم قوالب التقارير وسياسة إعداد التقارير.

إعداد التقارير والتقييم

تتضمن هذه العملية عددا من الأنشطة كما فى الشكل (130) وتحول المدخلات إلى مخرجات.

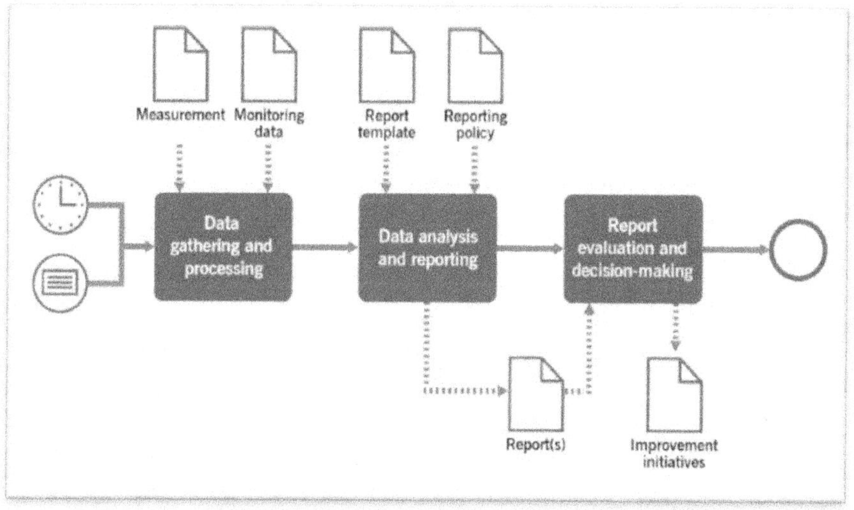

الشكل رقم (130) يبين مسار إعداد التقارير و التقييم.
ITIL4 Practices-AXELOS Copyright-2020.

<u>المدخلات</u>

- قياسات
- بيانات الرصد
- قالب التقرير
- سياسة الإبلاغ

<u>المخرجات</u>

- التقارير التشغيلية
- التقارير التحليلية
- مبادرات التحسين

<u>الأنشطة</u>

- جمع البيانات ومعالجتها.
- تحليل البيانات وإعداد التقارير.
- تقييم التقرير واتخاذ القرار.

التدقيق الداخلي

- يتطلب المعيار وجود برنامج تدقيق داخلي يقوم بمراجعة جميع جوانب نظام إدارة الخدمة خلال فترة زمنية معينة.
- يعتبر التدقيق الداخلي تحذير مبكر مفيد لأية مشكلات قد تظهر في التدقيق الخارجي.
- يجب أن تضمن عمليات التدقيق الداخلي عدم وجود مفاجآت أثناء عملية تدقيق الشهادات السنوية ويجب أن تتيح للجميع درجة أعلى من الثقة في نظام إدارة الخدمة.
- يجب التركيز على العمليات الهامة المعنية، ومجالات المشاكل التي تم تحديدها في عمليات التدقيق السابقة و التي تم تحديد مخاطر كبيرة فيها.
- لا يوجد ترتيب معين يجب أن تتم بموجبه عمليات التدقيق الداخلي.
- يجب أن يكون المدققون مؤهلين بشكل مناسب إما من خلال الخبرة أو التدريب (أو كليهما) ويجب أن يكونوا محايدين أي لا يشاركون في إعداد أو تشغيل نظام إدارة الخدمة.
- يجب تحديد الجدول الزمني للتدقيق وخطة عمل ما بعد التدقيق.
- يجب توثيق جميع إجراءات و نتائج و توصيات التدقيق الداخلي.
- يرغب المدقق الخارجي دائمًا في الاطلاع على أحدث تقرير للتدقيق الداخلي وتتبع أي إجراءات ناشئة عنه.

مراجعة الإدارة

- تعد المراجعة الإدارية جزءًا رئيسيًا آخر من تقييم نظام إدارة الخدمة.
- إذا تمت بشكل صحيح و احتوت كل الأمور ستجعل عمليات التدقيق (الداخلية والخارجية) واضحة و فعالة.
- يعد معيار ISO20000 محددًا جدًا فيما يتعلق بما يجب أن تغطيه هذه المراجعات ولكنه لايحدد عدد المرات التي يجب أن تتم فيها.
- المخطط الزمنى لمراجعة الإدارة يحدده ما يناسب المؤسسة.
- الحد الأدنى المقبول عمومًا للتكرار هو على الأرجح مرة واحدة سنويًا، وفي هذه الحالة يجب أن تكون مراجعة كاملة تغطي كل ما يتطلبه المعيار.

- النهج الأكثر شيوعًا هو تقسيم مراجعة الإدارة إلى قسمين سنويا.
- بعض المؤسسات تخطط مراجعة ربع سنوية للمجالات الرئيسية مع مراجعة أكثر اكتمالا على أساس نصف سنوي.
- في المرحلة الأولى لنظام إدارة الخدمة من المناسب إجراء مراجعة شهرية.
- في جميع الحالات، يجب تدوين كل مراجعة إدارية وتتبع الإجراءات الناتجة حتى اكتمالها.

الفصل الرابع عشر: مرحلة التصحيح والتحسين المستمر

قائمة متطلبات هذا البند في معيار الأيزو 20000

- ➢ عملية التحسين المستمر للخدمة.
- ➢ خطة تحسين الخدمة.
- ➢ إجراءات التحسين المستمر للخدمة.
- ➢ إجراءات إدارة عدم المطابقة.
- ➢ سجل عدم المطابقة والإجراءات التصحيحية.

عملية التحسين المستمر للخدمة.

الغرض

الغرض من ممارسة التحسين المستمر هو مواءمة ممارسات المنظمة وخدماتها مع احتياجات العمل المتغيرة من خلال التحسين المستمر للمنتجات أو الخدمات أو الممارسات أو أي عنصر مشارك في إدارة المنتجات والخدمات.
الحفاظ على القيمة الناتجة عن نظام قيمة الخدمة وزيادتها.
تحسين القدرة الإجمالية على تقديم الخدمات وإدارتها بكفاءة.

التحسين

تغيير يتم تقديمه يؤدي إلى زيادة القيمة لواحد أو أكثر من أصحاب المصلحة.

الرؤية

طموح محدد لما ترغب المنظمة في أن تصبح عليه في المستقبل.

العمل كالمعتاد

المهام الروتينية المتكررة التي يمكن تنفيذها من قبل أشخاص يتمتعون بالمهارات الفنية المناسبة دون الحاجة إلى إدارتها كمشروع.

سجل التحسين

قاعدة بيانات أو مستند منظم يستخدم لتسجيل وإدارة مبادرات التحسين طوال دورات حياتها.

آليات التغذية الراجعة و التحسين المستمر

- تصور المستخدم النهائي والعميل للقيمة التي تم إنشاؤها.
- كفاءة وفعالية أنشطة سلسلة القيمة.
- فعالية حوكمة الخدمة بالإضافة إلى ضوابط الإدارة.
- الواجهات بين المنظمة وشبكة شركائها والموردين.
- الطلب على المنتجات والخدمات.
- بمجرد تلقي التغذية الراجعة، يمكن تحليلها لتحديد فرص التحسين أو المخاطر أو المشكلات والتحقق منها.

نطاق عمل ممارسة التحسين المستمر

- إنشاء ورعاية ثقافة التحسين المستمر.
- التخطيط والحفاظ على مناهج وطرق التحسين في جميع أنحاء المنظمة.
- التخطيط وتسهيل التحسينات المستمرة طوال دورات حياتها.
- تقييم فعالية التحسينات و المخرجات والنتائج والكفاءة والمخاطر والتكاليف.
- توليد ودمج الملاحظات حول تنفيذ التحسينات ونتائجها.

عوامل نجاح ممارسة التحسين المستمرPSF

- إنشاء والحفاظ على نهج فعال للتحسين المستمر.
- ضمان التحسين الفعال والناجح في جميع أنحاء المنظمة.

أنشطة التحسين المستمر

1. تشجيع التحسين المستمر في جميع أنحاء المؤسسة
2. تأمين الوقت والميزانية اللازمة للتحسين المستمر
3. تحديد وتسجيل فرص التحسين
4. تقييم وترتيب أولويات فرص التحسين
5. إعداد دراسات جدوى لإجراءات التحسين
6. تخطيط وتنفيذ التحسينات
7. قياس وتقييم نتائج التحسين
8. تنسيق أنشطة التحسين عبر المؤسسة

التحسين المستمر و نظام إدارة القيمة

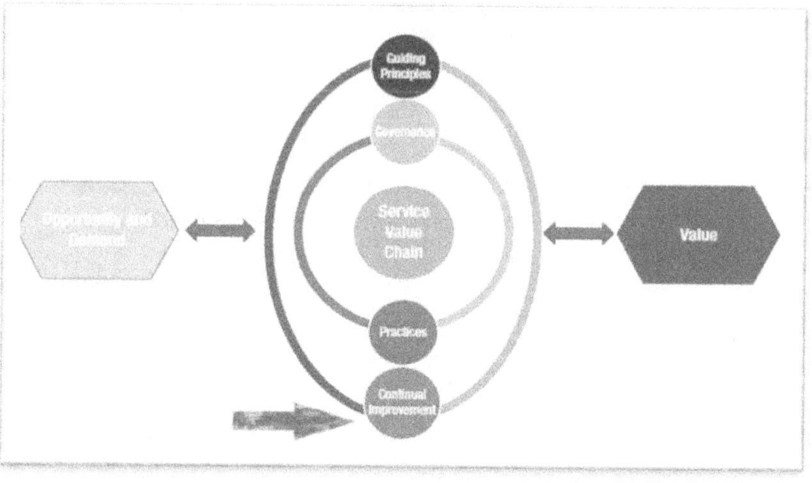

الشكل رقم (131) يبين التحسين المستمر فى نظام إدارة القيمة.
Become ITIL® 4 Foundation Certified-Abhinav Krishna Kaiser.

نموذج التحسين المستمر

- يوفر نموذج التحسين المستمر ITIL إرشادات عالية المستوى تدعم مبادرات التحسين.

- يزيد استخدام هذا النموذج من احتمالية نجاح مبادرات التحسين.

- يركز النموذج على قيمة العميل ويربط جهود التحسين بالرؤية التنظيمية.

- يعزز النموذج نهجًا تكراريًا للتحسين حيث يتم تقسيم العمل إلى أجزاء قابلة للإدارة لها أهداف محددة يمكن تحقيقها تدريجيًا.

- عند استخدام هذا النموذج، من المهم استخدام المنطق والحس السليم.

- لا يلزم تنفيذ الخطوات بطريقة خطية وقد يكون من الضروري إعادة التقييم والعودة إلى خطوة سابقة في نقاط مختلفة.

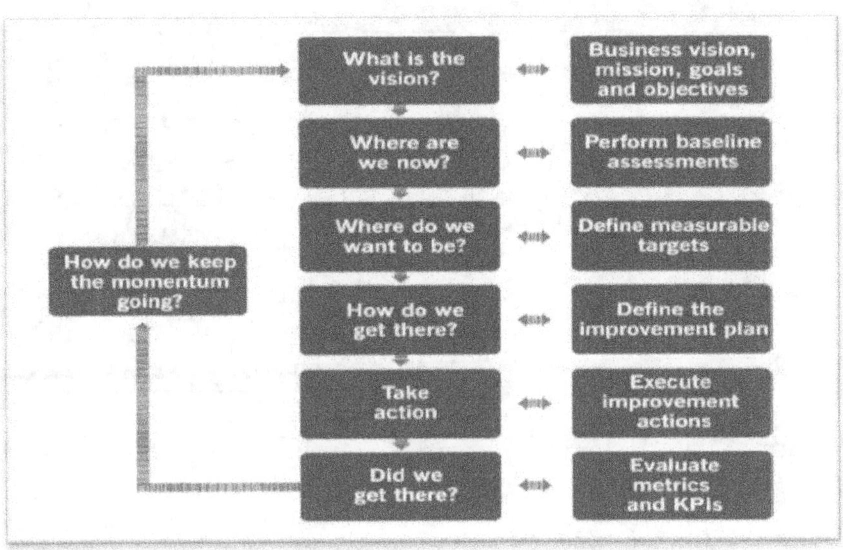

الشكل رقم (132) يبين نموذج التحسين المستمر من أيتل4.
ITIL4 Practices-AXELOS Copyright-2020.

نموذج السبع خطوات

كل خطوة تعني سياقات مختلفة وبالتالي وجهات نظر و إجراءات مختلفة و يتم تحديد الإجراءات نفسها بناءً على الصناعة و نوع التحسين استراتيجي أو تكتيكي أو تشغيلي وما هو ثابت هو تدفق الخطوات الواجب اتباعها متتالية كما بالشكل رقم (132).

يعتبر النموذج أكثر أهمية لأنه يتوافق مع التنظيم والرؤية والرسالة ويتكامل بسلاسة مع تدفقات العمليات التجارية وبالتالي فإن النتائج تتماشى أيضًا مع ما

تتوقعه المؤسسة.

1) ما هى الرؤية؟ يجب تحديد رؤية و مهمة و أهداف و غايات.

2) أين نحن الآن؟ تقييم الوضع الحالى.

3) إلى أين نرغب؟ تحديد أهداف مقاسة.

4) كيف؟ تحديد خطة التحسين.

5) بدء العمل و التنفيذ.

6) هل تحقق الهدف؟ قياسات التقييم.

7) كيف نحافظ على الإستمرارية؟ العودة إلى الخطوة الأولى.

عملية إدارة مبادرات التحسين المستمر

تتضمن هذه العملية عددا من الأنشطة كما فى الشكل (133) وتحول المدخلات إلى مخرجات.

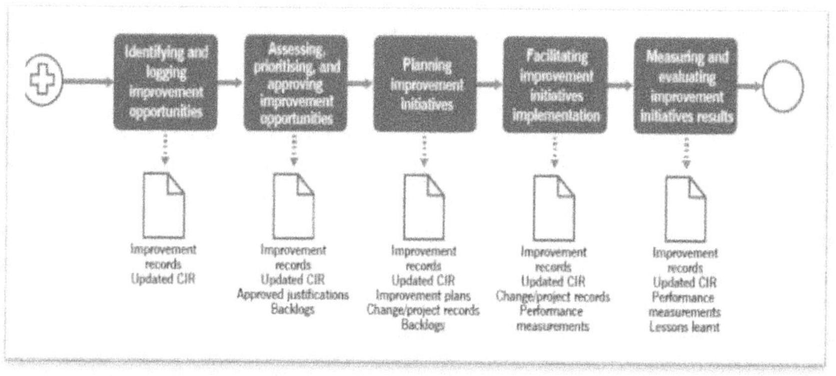

الشكل رقم (133) يبين مسار عملية إدارة مبادرات التحسين المستمر.
ITIL4 Practices-AXELOS Copyright-2020.

المدخلات

➢ رؤية المنظمة ورسالتها وأهدافها.

➢ مراجعة ما بعد الحادث.

➢ نتائج إدارة المشكلات.

➢ المقاييس الأساسية.

➢ مقاييس هدف الممارسة والإنجاز.

➢ مقاييس رضا العملاء.

➢ مراجعة ممارسات إدارة دورة حياة المنتج.

➢ ملاحظات المستخدمين والعملاء.

➢ تقارير التقييم.

➢ تقارير التدقيق.

➢ سجل التحسين المستمر.

227

<u>المخرجات</u>

- ➢ سجل التحسين.
- ➢ تحديث سجل التحسين المستمر .CIR
- ➢ مسودة مبرر العمل.
- ➢ مبرر العمل المعتمد.
- ➢ خطط التحسين.
- ➢ قياسات الأداء.
- ➢ سجلات التغيير والمشروع.
- ➢ مقاييس محدثة.
- ➢ الدروس المستفادة.

<u>الأنشطة</u>

- ➢ تحديد فرص التحسين وتسجيلها.
- ➢ تقييم مبادرات التحسين وإعطائها الأولوية والموافقة عليها.
- ➢ تخطيط مبادرات التحسين.
- ➢ تسهيل تنفيذ مبادرات التحسين.

قياس وتقييم نتائج مبادرات التحسين.

قائمة المراجع

<u>REFERENCES LIST</u>

1- Introducing ITIL Best Practices for IT Service Management-Service & Operations Management Work Group, Mary Lou Alter, 2015.
2- ITIL® V3 FOUNDATION CERTIFICATIONE-LEARNING COURSE.2019.
3- PV203 IT Services Management-Eva Hladká.2020
4- PV203 IT Services Management-Vladimir Vágner-2023.
5- ITIL V3 Foundation-The Art of Service Pty Ltd.
6- The Official Introduction to the ITIL Service Lifecycle TSO @ Blackwell and other Accredited Agents.2020.
7- IT Service Management based on ITIL v4.2-Ing. Aleš Studený.2019.
8- IT Service Management -Van Haren Publishing.
9- ITIL 4 Foundation Certification Learning Course-MORWAN ELGASIM.2020.
10- ITIL 4-Foundation Become Certified-Abhinav Krishna Kaiser.2020.
11- Introductory-Overview-of-ITIL4-2020.
12- ITI 4-Essentials EXAM-2020.
13- ITIL4 -Service IT+ Inc.2019.
14- ITIL 4-High Velocity IT-2020.
15- ITIL 4-Digital and IT Strategy -2020.
16- ITIL4-Create Deliver and Support-2020.
17- Introductory Overview of ITIL4-2020.
18- ITIL4-Practices-AXELOS.com, 2020.
19- Guide To Implementing The ISO 20000-V9 Copyright CertiKit.2019.
20- ISO 20000 MANAGE ENGINE.2023.
21- Advisera.com-ISO 20000 Documentation Toolkit.2020.

تعريف بالمؤلف

- الإسم: خالد عبدالفتاح يوسف.
- تاريخ الميلاد:12\10\1960.
- الإقامة: الإسكندرية-مصر.
- المؤهل العلمى: بكالوريوس هندسة-اتصالات.
- الجامعة: جامعة الإسكندرية.
- البريد الإلكترونى: khaledyssf3@gmail.com

الخبرات و الوظائف:

- عمل فى مجالات التحكم الألى و نظم المعلومات.
- شارك و ساهم فى تنفيذ و استلام و تشغيل و صيانة العديد من مشروعات نظم التحكم الألى و نظم المعلومات فى قطاع البترول بالإسكندرية.
- شغل العديد من الوظائف الإدارية منها مدير قطاع الآجهزة الرقمية و مدير عام نظم المعلومات.
- قدم العديد من المحاضرات و الدورات التدريبية فى مجالات العمل.
- له عدد من المؤلفات العلمية و الأدبية.